非可加测度论与多准则决策

武建章　张　强　著

科学出版社
北　京

内 容 简 介

本书介绍基于非可加测度与非线性积分的多准则决策理论与方法. 内容包括四个部分. 第一部分是基础理论, 介绍非可加测度表示形式和特殊类型、非线性积分的类型与集成特性. 第二部分详细阐述多准则决策环境下非可加测度的确定方法. 第三部分和第四部分分别研究 Sugeno 积分与 Choquet 积分理论拓展与决策应用.

本书可作为高等院校管理科学、系统工程、应用数学和相关专业高年级本科生、研究生的教材或参考书, 也可供企业管理人员、工程技术人员和教师使用和参考.

图书在版编目(CIP)数据

非可加测度论与多准则决策/武建章, 张强著. —北京: 科学出版社, 2014.3

ISBN 978-7-03-039883-3

Ⅰ. ①非… Ⅱ. ①武… ②张… Ⅲ. ①测度论-研究 ②决策论-研究 Ⅳ. ①O174.12 ②O225

中国版本图书馆 CIP 数据核字 (2014) 第 036378 号

责任编辑: 徐园园 赵彦超 / 责任校对: 张凤琴
责任印制: 赵德静 / 封面设计: 耕者设计工作室

科学出版社 出版
北京东黄城根北街 16 号
邮政编码: 100717
http://www.sciencep.com

北京凌奇印刷有限责任公司 印刷

科学出版社发行 各地新华书店经销

*

2014 年 3 月第 一 版 开本: 720×1000 1/16
2014 年 3 月第一次印刷 印张: 13 1/4
字数: 256 000

POD定价: 68.00元
(如有印装质量问题, 我社负责调换)

前　言

非可加测度与非线性积分是对经典测度与积分理论的拓展, 更适宜于描述和处理事物间的非可加性与关联性. 近年来, 已被成功应用于人工智能、合作博弈、企业管理、图像处理、信息集成、多准则决策分析等诸多领域. 非可加测度以基于集合包含关系的单调性约束替代经典测度的可加性的刚性约束, 能柔性地描述普遍存在于决策准则间的各种交互作用. 而基于非可加测度的多种形式的非线性积分, 尤其是 Sugeno 积分与 Choquet 积分, 可作为集成函数来融合候选方案在各准则上的评价信息, 且具有很好的集成性质与公理化特征.

本书旨在对非可加测度与非线性积分理论及其多准则决策应用等方面的国内外相关研究成果进行系统阐述与分析. 本书内容包括四个部分.

第一部分是理论基础. 介绍非可加测度的定义及其 4 种等价表示形式, 非线性积分的各种类型及内在联系. 介绍特殊类型非可加测度的定义, 并详细分析其数学性质及其适用的决策情境. 在系统阐述多准则集成函数的集成性质的基础上, 总结分析 Sugeno 积分与 Choquet 积分的集成性质与公理化特性, 并指出它们与传统集成函数间的关系. 从公理化的角度分析各种概率型交互作用指标, 说明 Shapley 重要性及交互作用指标更适宜用于多准则决策分析.

第二部分是非可加测度确定方法. 系统阐述多准则决策分析框架下的各种非可加测度确定方法. 从建模思路、初始条件、求解原理及步骤、结果特征、软件实现与决策应用等方面对最小二乘法、最大分割法、TOMASO 法、最大熵方法等基于训练集的主要方法进行分析与评述. 详细介绍 Kappalab 软件包的功能命令与使用方法. 总结分析基于多准则关联偏好信息的非可加测度确定方法.

第三部分是 Sugeno 积分理论拓展与决策应用. 介绍区间值与模糊值 Sugeno 积分的各种定义并分析其数学性质. 从格值 Sugeno 积分定义及其组合分解定理角度, 研究直觉模糊值 Sugeno 积分的相关定义、性质及决策应用. 在拓展格值 Sugeno 积分的组合分解定理的基础上, 给出区间直觉模糊值 Sugeno 积分的定义, 并分析其与传统 Sugeno 积分的组合分解关系, 进而给出基于区间直觉模糊值 Sugeno 积分离散形式的多准则决策方法与实例应用.

第四部分是 Choquet 积分理论拓展与决策应用. 介绍区间值与模糊 Choquet 积分的定义和决策实例分析. 在分析直觉模糊值运算性质与比较方法的基础上, 给出直觉模糊值 Choquet 积分 (IFCI) 与直觉模糊值共轭 Choquet 积分 (IFCCI) 的概念, 研究二者的集成性质与特征, 以及与传统直觉模糊集成函数的内在联系, 并以决策实例对基于 IFCI 与 IFCCI 的多准则决策方法进行验证与分析. 阐述非单调 Choquet 积分的拓展方式与规律, 详细分析其求解方法.

本书得到国家自然科学基金项目(Nos.71201110, 71371030, 71071018, 71201089)的支持, 以及河北省重点学科 “技术经济及管理”、2013 年北京市科协专项经费项目 (出版学术专著)、教育部博士点基金项目 (No.20111101110036)、河北社会科学基金项目 (No.HB12YJ085) 和河北软科学项目 (No.13454208D) 的资助. 在此向本书撰写和出版过程给予帮助和支持的各位领导、老师、同仁、同学、朋友和家人表示感谢.

限于作者的学识与水平, 书中难免存在疏漏和不足, 恳切希望批评指正.

联系邮箱: yswjz@163.com.

作　者

2013 年 8 月

目　录

第二部分　非可加测度确定方法

第三部分 Sugeno 积分理论拓展与决策应用

第四部分 Choquet 积分理论拓展与决策应用

第 1 章　绪　　论

多准则决策分析 (multiple criteria decision analysis, MCDA), 或称多准则决策 (multiple criteria decision making, MCDM), 是管理学与运筹学界极其活跃的研究领域之一, 其理论及方法已广泛应用于工程、经济、管理及军事等诸多领域. 由于社会经济环境的日益复杂性, 决策者在选择最佳或满意方案时, 已不再是依据单一的准则, 而不得不均衡考虑多种相互关联, 甚至是相互制约、矛盾的因素或目标.

尽管各种多准则决策分析的方法、模型及技术不尽相同, 但多准则决策分析的基本组成元素却是非常简单的: 即一个有限或无限的候选方案集 (或称为行动方案集); 至少两个决策准则; 至少一个决策者. 多准则决策分析的目标就是帮助决策者对各候选方案进行选择、排序、分类. 多准则决策分析的目标是帮助决策者对各候选方案进行选择、排序、分类. 由于多准则决策分析涉及两个或多个相互关联的决策准则, 其核心问题是在评价诸多候选方案时如何综合考虑所有的决策准则. 例如, 现有两个候选方案 a, b 及 n 个决策准则. 通常情况下, 候选方案 a 在某些准则上的评价值要优于候选方案 b, 而候选方案 b 在其他准则上却优于候选方案 a. 在此种情形下, 多准则决策分析要解决的主要问题是综合评判 (comprehensive judgment), 即如何通过一种合理有效的途径或方法来全面集成两个候选方案 a, b 在 n 个准则上的评价值或偏好关系. 多准则决策分析理论发展至今, 已形成了解决综合评判这一集成问题 (aggregation problem) 的诸多方法. 例如, 层次分析法 (analytic hierarchy process, AHP)、网络分析法 (analytic network process, ANP)、TOPSIS(technique for order preference by similarity to an ideal solution)、TOMASO(tool for ordinal multiple attribute sorting and ordering)、MACBETH(measuring attractiveness by a categorical based evaluation technique) 等方法.

尽管各种多准则决策分析方法的方式和途径不尽相同, 但大多数方法有着共同的数学基础, 即多准则集成过程 (multiple criteria aggregation procedures, MCAP). 而这一过程的核心概念是集成函数 (aggregation function). 其实, 上述各种多准则决策分析方法更多地注重集成的过程与步骤, 而最终仍需要通过集成函数来融合各准则上的评价值或偏好关系, 生成综合评价值或综合偏好关系. 换句话说, 集成函数在多准则决策分析理论及方法中起着至关重要的作用.

在多准则决策分析领域, 应用最为广泛的集成函数是加权算术平均 (weighted

arithmetic mean, WAM). 以加权算术平均等基于经典可加测度的线性集成函数来融合各准则上的评价信息的主要假设前提是各决策准则相互独立、互不依赖. 但是, 鉴于现实决策环境的复杂性与决策信息的不确定性, 决策问题往往涉及的是多个相互制约、相互矛盾的关联准则.

非可加测度 (nonadditive measure), 或称模糊测度 (fuzzy measure), 或称 Choquet 容度 (Choquet capacity), 以关于集合包含关系的单调性这一较弱的约束条件取代了经典测度可加性的刚性约束. 进而, 以基于非可加测度的各种非线性积分 (nonlinear integral), 或称模糊积分 (fuzzy integral), 为集成函数的多准则决策分析方法不仅可以充分考虑决策准则的相对重要性, 而且可以灵活地描述和处理决策准则间的任意交互作用. 此外, 作为集成函数的非纯属积分, 尤其是 Choquet 积分和 Sugeno 积分, 有着很好的集成性质与公理化特征. 但是, 基于非可加测度与非线性积分的多准则决策分析方法在实际应用中需要对每个决策准则子集的测度进行赋值, 面临着指数级复杂性, 极大地限制了其实际应用能力.

为克服这一指数级复杂性, 一方面, 众多学者提出了多种特殊类型的非可加测度来达到减少所涉及的参数数量的目的. 最早出现的特殊测度是满足 λ-可加性的 λ-测度, 该类测度只需要 $n-1$ 个参数, 但表述能力也存在较大缺陷. 其后出现了可能性测度, 及其对偶测度 —— 必要性测度. 此外, 还有可分解测度、k 序可加测度、p 对称非可加测度、k 宽容与 k 不宽容非可加测度等.

另一方面, 大量的文献对非可加测度的确定方法进行了研究. 综合来看, 非可加测度的确定方法可以分成两类: 一类是以历史决策数据构成的训练集为基础, 利用遗传算法、最小二乘法、梯度下降法、最大分割法等优化算法生成非可加测度. 严格来说, 这类方法是一种基于历史数据的 “有导师学习方法”, 需要一定数量的历史决策案例才能模拟出决策者对关联决策准则的偏好信息. 此类方法有一定的决策辅助作用, 但更偏向于机器学习的范畴, 有悖于多准则决策分析的常理. 另一类方法则基于多准则关联偏好信息来生成非可加测度. 多准则关联偏好信息是指决策者对各决策准则的相对重要性以及准则间的关联关系的主观判断. 决策者提供的这些初步信息需要进一步整理、提炼、加工, 才能转化为非可加测度. 相比于基于训练集的确定方法, 基于多准则关联偏好信息的确定方法更适用于多准则决策分析. 但是, 从国内外的研究现状来看, 此类方法的研究成果相对较少, 尤其缺乏合理的、有效的、易用的代表方法.

鉴于决策环境的日益复杂性与不确定性, 决策过程中决策者时间与精力限制、数据缺乏等原因, 多准则决策分析中不可避免地涉及大量的、模糊的、不确定的信息. 而模糊集、直觉模糊集以及区间直觉模糊集是描述和处理这些信息的有效数学工具. 因此, 有必要将实值非可加测度与非线性积分理论进行拓展于模糊集、直觉模糊等领域, 并对它们的集成性质与特性进行研究和分析, 为不确定信息环境下的多准则决策分析提供更多的理论与方法. 该方向的国内外研究成果较为广泛和深入, 已形成了较为完整成熟的理论体系.

1.1 国内外研究现状分析

1.1.1 非可加测度定义及其特殊类型

经典测度是线段长度、平面图形面积等概念的推广, 其典型特征是可加性. 例如, 两个不相交的平面区域之和的面积等于这两个区域的面积之和. 然而, 可加性在许多现实情况下无法满足, 如两个人合作的工作效率往往大于或小于两个人工作效率之和. 非可加测度, 或称模糊测度, 或称 Choquet 容度, 以关于集合包含关系的单调性这一较弱的约束条件取代了经典测度可加性的刚性约束. 从多准则决策角度来看, 非可加测度是定义于决策准则集上的正规单调函数, 且空集函数值为零. 决策准则集的每一子集的非可加测度值可以解释为该子集的权重或重要性, 而单调性意味着子集的权重不能因为新准则的加入而减少. 对决策准则集的每一子集赋予测度值, 虽能柔性的描述决策子集之间的各种交互作用, 但也面临着指数级的复杂性.

为解决这一指数级复杂性, 减少确定的参数数量, 众多学者提出各种特殊类型的非可加测度. Sugeno[1] 提出了满足 λ-可加性的 λ-测度. 确定 λ-测度只需 $n-1$ 个参数. 但 λ-测度在表示能力方面存在着一个重要缺陷[2]: 只能表示各准则间的一类交互作用, 即要么全部准则间存在正的交互作用, 要么全部为负的交互作用, 要么全部彼此完全独立. Zadeh[3] 提出了满足模糊可加性的可能性测度, 及其对偶测度, 必要性测度. 确定这组对偶测度也只需 $n-1$ 个参数. Weber[4] 拓展了以上两种特殊的非可加测度, 提出基于 t-余模算子的可分解测度. 事实上, λ-测度与可能性测度是可分解测度的特例, 分别是满足 λ-和、逻辑和的可分解测度. 确定可分解测度也只需 $n-1$ 个参数, 但存在着与 λ-测度类似的缺陷.

为了减少所需参数的同时, 能有效描述准则间的交互作用, Grabisch[5] 从集函数的默比乌斯表示形式[6] 出发, 提出了 k 序可加测度的定义. k 序可加测度是非可加测度的 k 阶线性近似表示. 随着 k 的增加, k 序可加测度的参数增多, 其表现能力会逐渐增加. 1 序可加测度就是经典的可加测度, n 序可加测度就是一般的非可加测度. 2 序可加测度在解决了算法的复杂性, 同时很好地保证了测度的精确性, 因此在实际中有广泛的应用. Miranda 等[7] 基于无差异子集的概念拓展了经典的对称测度, 提出了 p 对称非可加测度, 用于描述匿名决策等特殊的多准则决策类型. Marichal[8] 于 2007 年提出的 k 宽容与 k 不宽容非可加测度则分别描述只需要满足 k 个决策准则即可与不满足 k 个决策准则时即否决的决策环境. k 宽容与

k 不宽容非可加测度是一组对偶测度. 确定 k 序可加测度、p 对称非可加测度、k 宽容与 k 不宽容非可加测度这三类特殊测度时所需的参数数量与 k 或 p 的值有直接的关系. 通常, k 或 p 的值越小, 所需确定参数数量越少. 随着 k 或 p 值从 1 到 n 的变化, 这三类特殊测度均可以覆盖势为 n 的决策准则集上所有的非可加测度.

1.1.2　非可加测度的交互作用指标

非可加测度在多准则决策分析[9,10] 及合作博弈理论 (cooperative game theory)[11,12] 中起着十分重要的作用. 通常, 每一个子集的测度值体现了该子集的重要性, 单调性约束则使非可加测度能够更加柔性地描述诸元素之间的或互补、或冗余的交互现象. 非可加测度的各种交互作用指标 (interaction index) 则是诸元素间的交互现象的数值体现.

从理论角度来看, 交互作用指标是对合作博弈中的概念 "值"(value)[13] 的推广. 以多准则决策分析或合作博弈为背景, Murofushi 与 Soneda[14], Grabisch[9] 等拓展 Shapley 值[12] 提出 Shapley 交互作用指标; Grabisch 与 Roubens[15,16] 拓展 Banzhaf 值[17] 提出 Banzhaf 交互作用指标, 拓展概率型值[18], 提出概率型交互作用指标, 拓展了半值 (semivalues)[19], 提出了基于势的概率型交互作用指标; Marichal 与 Roubens[20] 则提出链交互作用系数; Kojadinovic[21] 提出了交互作用量指标.

Grabisch 与 Roubens[15] 对 Shapley 交互作用指标以及 Banzhaf 交互作用指标进行了公理化描述, 指出二者均满足线性、哑元性、对称性、递归性等公理. Fujimoto 等[22] 则对概率型交互作用指标与基于势的概率型交互作用指标进行了公理化刻画, 指出 Shapley 交互作用指标、Banzhaf 交互作用指标、链交互作用系数只是概率型及基于势的概率型交互作用指标的特例. Kojadinovic[21] 则指出交互作用量指标满足单元素集合无交互作用值、对称性、正值性、边际独立性、单调性等性质.

在多准则决策分析领域, 被普遍接受且广泛应用的是 Shapley 值及 Shapley 交互作用指标. 每一决策准则的 Shapley 值的数学表示为该准则对其不属于的所有准则子集的边际贡献量的算术平均值[15]. 在实际应用中该值通常作为相应准则的全局重要性的度量. 各准则的 Shapley 值构成了决策准则集上的一概率分布, 即经典的可加概率测度. 两个准则的 Shapley 交互作用指标值则是两准则在不包含它们的子集上体现的边际交互作用量的算术平均值[15,21,22], 其值域为 $[-1,1]$. 一般来讲, 负的交互作用指标值则表示两准则是相互冗余的; 正的交互作用指标值则表示两准则是协同互补的; 交互作用指标值为零则可理解为两个准则是彼此独立的.

1.1.3 非可加测度确定方法

为了克服基于非可加测度与非线性积分的多准则决策方法在确定非可加测度时所面临的指数级复杂性, 许多学者提出了多种基于决策方案训练集确定非可加测度的方法, 并开发出相应的实用性软件. 这类方法通常基于决策方案训练集构造优化模型求得最优或满意的非可加测度. 训练集是由一些典型的候选方案或构造的特殊候选方案, 以及这些方案的预期评价值或偏好关系构成的集合. 优化模型的约束条件通常包括边际条件、单调性、交互作用指标等约束. 按优化模型目标函数的不同, 可将基于训练集的非可加测度确定方法大致划分成以下几类.

(1) 最小二乘法. 目标函数为使得训练集中各候选方案的非线性积分评价值 (如 Choquet 积分值) 与决策者给出的预期评价值之间误差的平方和最小. 基于遗传算法, Wang 等[23] 提出了确定广义非可加测度的方法; Chen 与 Wang[24] 提出了确定 λ-测度的算法; Grabisch[25] 给出了确定 k 序可加测度的算法; Combarroa 和 Miranda[26] 则提出确定任意凸类型的非可加测度 (如 k 序可加测度, p 对称非可加测度等) 的算法. 最小二乘法的目标函数是二次的, 其最优解可能不唯一[27,28]. 为减少求解算法复杂性, Ishii 与 Sugeno[29], Grabisch[30] 等学者提出了 HLMS(heuristic least mean squares) 求解方法. 该方法以 Choquet 积分或 Sugeno 积分作为集成函数, 利用梯度下降的原理进行求解非可加测度, 具有计算量较小、所需样本集小的特点, 但较适于一般非可加测度, 不适于求解几类特殊的非可加测度.

(2) 最大分割法. Marichal 和 Roubens[31] 提出一种确定非可加测度的线性规划模型, 其目标函数为使得训练集中各候选方案相应的非线性积分值之间的差别最大化. 该方法不需提前给定训练集中各候选方案的预期评价值, 只需提供训练集中所有方案一个不完全弱序关系. 该方法计算量较少, 但所求结果也存在不唯一的现象, 且容易求得极端值.

(3) 最大熵方法. Marichal[32,33] 拓展了经典测度的申农熵[34] 的概念, 提出了非可加测度熵的概念, 并用它来度量非可加测度所包含的不确定性或信息量的大小. 最大熵方法的目标函数即最大化所求非可加测度的熵值. Kojadinovic[35] 提出的最小变差方法实质上是最大化二阶 Havrda-Charvat 熵[36]. 通常, 最大熵方法的目标函数为一严格凹函数, 其最优解是唯一的.

(4) TOMASO 方法. Roubens[37] 提出的 TOMASO 方法的基本原理是利用 "静值" 的概念描述各决策方案在各决策准则上的优劣, 进而利用 Choquet 积分来集成相应静值, 构建优化模型求得最优非可加测度. Roubens[37] 提出了类似于最大分割法的线性目标函数, 但易导致所求最优解为极端值或无解的情形. Meyor 与

Roubens[38] 进而提出改进的二次规划模型. Marichal 等则开发出了实现以上两种算法的同名软件 TOMASO[38,39].

此外, 学者还提出一些确定非可加测度的其他方法. 例如, Labreuche 与 Grabisch[40] 拓展传统的 MACBETH 方法[41] 提出基于 Choquet 积分的 MACBETH 方法; Yue 等[42] 提出基于 Takagi-Sugeno 模糊模型[43] 的确定方法; Angilella 等[44] 拓展可加的稳健序性回归 (robust ordinal regression)[45] 提出了基于 Choquet 积分的非可加的稳健序性回归来确定 2 序可加测度.

在应用软件方面, Grabisch, Kojadinovic 和 Meyer 共同开发了 Kappalab 软件包. Kappalab[46,47] 是 "laboratory for capacities" 的缩写, 称为非可加测度实验室. Kappalab 软件包是在 GNUR[48] 统计软件下开发的, 主要处理非空有限集上的非可加测度和有关非线性积分的有关运算, 如非可加测度、默比乌斯表示, Shapley 重要性和交互作用系数三者之间的转换; 计算 Choquet 与 Sugeno 积分值; 构建和表述决策方案训练集, 调用和执行非可加测度确定方法. Kappalab 提供了一个类似于 MATLAB 的操作环境, 功能强大, 能实现上面所述的基于训练集的非可加测度确定方法, 并能对所得结果进行较为细致的分析.

基于训练集的非可加测度确定方法核心环节之一就构建合适的、符合决策者偏好的训练集. 训练集中的各候选方案之间序关系应满足一定的条件, 比如 $\forall x, y, z \in X$, 应有 $x \succ y$, $y \succ z \Rightarrow x \succ z$. 不满足这类条件经常会导致优化模型无可行解的情况. 虽然, 基于训练集的确定方法在实际应用十分广泛, 但严格来说, 这种方法是"有导师的学习方法", 并不符合多准则决策的常理[47]. 比如, 通常候选方案的期望全局值是很难确定的. 另外, 如果训练集中候选方案过少, 则无法较准确地描述决策的偏好, 候选方案过多, 无疑会极大地增加决策者的工作量.

因此, 有必要从另一角度, 即依据决策者对各准则重要性及其间交互作用的主观判断, 来探索非可加测度的确定方法. 我们将此类方法称为基于多准则关联偏好信息的非可加测度确定方法. 国内外学者对此方向进行了积极的探索.

Takahagi[49] 于 2008 年提出了基于菱形成对比较方法 (diamond pairwise comparisons, DPC) 与 phi(s) 转换的非可加测度确定方法. 该方法借助一个菱形来直观表示两两决策准则的相对重要性及其间的交互作用程度, 然后利用层次分析法的最大特征向量法求出各准则的全局重要性, 最后通过 phi(s) 转换与基于交互作用程度的聚类分析方法求得非可加测度. 该方法的运算过程较为复杂繁琐, 且转换原理的合理性还有待进一步论证. 章玲、周德群[50] 于 2008 年利用准则间的直接关联矩阵和最大熵原则给出了一种基于决策者主观判断确定 k 序可加测度的方法. 作者[159] 于 2010 年将基于 DPC 与 phi(s) 转换的非可加测度确定方法应用于供应商评价与选择领域, 实证了该方法的有效性. 作者于 2010 年提出了基于 DPC 的 2 序可加测度确定方法[160] 和基于 DPC 与最大熵原则的非可加测度确定方法[78]. 与

文献 [49] 的方法相比, 文献 [161] 提出的方法在保证计算结果正确性的前提下, 还具有原理清晰、操作简便等特点. 文献 [160] 和 [161] 还提出了基于 Choquet 积分的等价值方案曲线的概念, 初步研究了等价值方案曲线的一些性质, 可以有效地帮助决策者在菱形成对比较法中估计两个准则间的交互作用程度. 此外, 作者[162] 于 2010 年提出了基于 AHP 与最大熵原则的 2 序可加测度确定方法, 并以企业资源计划软件选型的实际决策问题验证了方法的可行性与有效性. 相比基于 DPC 的非可加测度确定方法, 该方法更易理解与操作.

1.1.4 非线性积分的类型及其理论拓展

非可加测度柔性的描述了关联决策准则的重要性及准则间的交互作用, 而基于非可加测度的非线性积分则可以作为集成函数来融合各决策准则上评价值, 得到决策方案的全局评价值, 进而体现决策者对各候选方案的偏好.

非线性积分是基于非可加测度的各种积分形式的统称. 主要包括 Sugeno 积分[1]、对称 Sugeno 积分[51]、(N) 模糊积分[52]、Choquet 积分[53]、类 Choquet 积分 (Choquet-like integral)[54]、泛积分 (Pan-integral)[55−57]、Upper 积分[58,59]、Lower 积分[59,60]、可能性积分[2,61]、基于集合划分的非线性积分[2]、广义勒贝格积分[62] 等.

从结构形式上来看, 各种非线性积分的主要区别体现在其涉及的数学运算上. 例如, 在离散情况下, Sugeno 积分涉及 “取大” 与 “取小” 两种运算; Choquet 积分涉及 “加” 和 “乘” 运算; 泛积分涉及 “泛加” 与 “泛乘” 运算; 广义勒贝格积分则涉及 “伪加” 与 “伪乘” 运算.

在诸多非线性积分形式中, Choquet 积分和 Sugeno 积分在准则决策分析中有较为广泛的应用[9,47,63]. Choquet 积分是于 1953 年由学者 Choquet 提出[53]. Schmeidler[64,65] 于 1986 年将其进行研究并应用于不确定性决策, 于 1989 年对其特征进行公理化描述, 为后续研究提供了较好的理论基础[47]. Murofushi 与 Sugeno[66] 对 Choquet 积分可以作为一种基于非可加测度的非线性积分形式进行了解释. Sugeno 积分于 1974 年由日本学者 Sugeno[1] 提出. 自 1985 年以来, 该积分被日本学者推广应用于木材质量评估[29]、工业产品设计评价[67]、核能源应用的公众态度评估 [68]、彩色图像的主观评估[69] 等多准则决策分析领域[63]. Grabisch[9,63] 在 1995 和 1996 年对这两种积分与传统的集成函数之间的关系进行分析, 并对它们在多准则决策中应用进行回顾与总结. 自此以后, 这两种积分在多准则分析领域, 尤其是多准则决策中的应用更加广泛[47,70]. Marichal[71−74] 对 Choquet 积分和 Sugeno 积分作为多准则决策分析中集成函数的集成性质进行了公理化描述.

对 Sugeno 积分的理论拓展主要有两类方式: 一是对 “取大” 和 “取小” 两种算子进行拓展, 如替换为 t-余模或 t-模[75], 得到泛积分[55−57]; 二是对非可加测度和被积分函数的值域进行拓展. Zhang 和 Meng[76] 提出格值函数关于格值非可加测度的格值 Sugeno 积分. Zhang 与 Guo[77,78], Cho 等[79] 研究了集值函数的 Sugeno 积分. Zhang 和 Wang[80], Zhang 与 Guo[77] 提出了模糊集值映射与模糊值映射的 Sugeno 积分. Guo 等[81] 和 Wu 等[82] 研究了关于区间值和模糊值非可加测度的 Sugeno 积分. Ban 和 Fechete[83] 提出了直觉模糊值被积函数关于直觉模糊值[84,85] 非可加测度的直觉模糊值 Sugeno 积分. 需要指出的是, 区间值模糊集与直觉模糊集在决策意义上有不同的含义, 但其数学表达却是同构的[86−88]. 进而, 直觉模糊值 Sugeno 积分与区间值 Sugeno 积分在数学表述上也是同构的.

Choquet 积分的拓展情况类似于 Sugeno 积分的拓展, 也可以归结为两类: 一是将传统的加、减运算进行拓展, 如替换为 t-余模或 t-模, 得到类 Choquet 积分; 二是将其值域进行拓展, 进而得到集值 Choquet 积分[89,90]、区间值 Choquet 积分[91,92]、模糊值 Choquet 积分[93−96]. 由于直觉模糊集上的各种运算有其特殊性[84,85], 尤其是其减法运算的确定比较困难, Choquet 积分[97,98] 在直觉模糊集领域的拓展有一定的特殊性和局限性.

对 Choquet 积分的拓展还有一特殊的方向, 即基于非单调非可加测度 Choquet 积分的拓展. 非单调非可加测度[96] 是指非空有限集上空集的函数值为零的集函数, 不再强调其必须满足规范性和单调性. 基于非单调非可加测度的 Choquet 积分不再满足递增性, 简称为非单调 Choquet 积分[99]. Yang 等[95] 提出了利用线性规划和遗传算法来求解区间值和模糊值非单调 Choquet 积分值. Meyer 和 Roubens[100] 利用扩张原理和 Choquet 积分的默比乌斯表示形式给出了模糊值非单调 Choquet 积分值的简便计算方法, 并对其在模糊多准则决策中的应用给予了详细的介绍.

1.2　本书内容与体系

基于非可加测度的多准则决策分析可以有效地描述和处理复杂环境下的充满关联性、模糊性以及不确定性的决策信息, 是一个新兴且发展迅速的研究领域. 本书对相关研究成果进行仔细梳理和系统归纳, 力图能呈现该领域的研究现状和发展趋势. 在第 1 章绪论之后, 将以基础理论、非可加测度确定方法、Sugeno 与 Choquet 积分理论拓展与决策应用等 4 个部分来展开论述, 各部分的内容体系如图 1.1 所示.

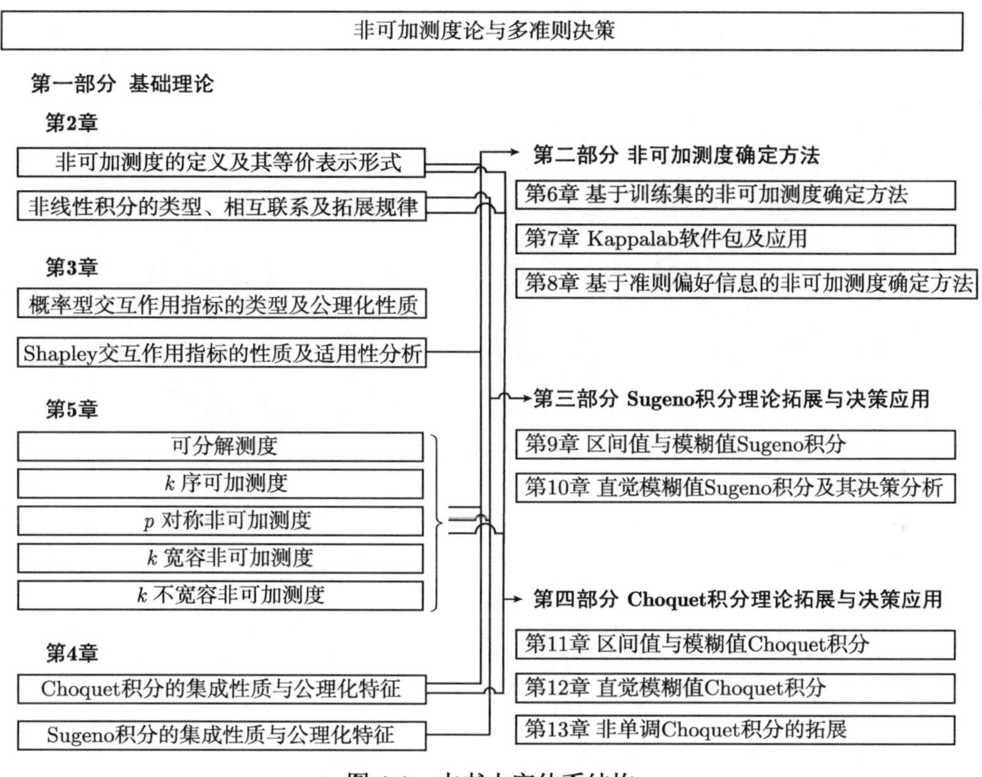

图 1.1　本书内容体系结构

第一部分　基础理论

经典测度是对事物的长度、面积、体积、质量等概念的数学抽象, 其本质特征是满足可加性. 但是, 在客观实际中, 对事物的度量往往不满足可加性, 如两个人合作的工作效率往往大于或小于两个人单独工作效率之和[2]. 非可加测度, 或称为模糊测度, 或称为 Choquet 容度, 以基于集合包含关系的单调性约束代替了经典测度的可加性约束, 更能柔性灵活地度量和描述事物间的关联性与非可加性. 非线性积分, 或称模糊积分, 则是基于非可加测度的 Sugeno 积分、Choquet 积分等多种积分形式的统称.

下面通过一个例子来引入非可加测度及非线性积分与多准则决策分析的关系, 进而阐述基于非可加测度论的多准则决策分析的几个研究方向和内容.

例　设某多准则决策的准则集为 $X=\{x_1,x_2,x_3\}$, 某候选方案 y 在各准则上获得的评价值为 y_1,y_2,y_3. 获得方案 y 的综合评价值的最简单且常用方法就是求其加权算术平均值: $\omega_1y_1+\omega_2y_2+\omega_3y_3$, 其中, $\omega_1,\omega_2,\omega_3$ 分别为 3 个准则的权重, $\omega_1,\omega_2,\omega_3>0$, $\omega_1+\omega_2+\omega_3=1$. 显然, 权重向量 $(\omega_1,\omega_2,\omega_3)$ 构成了准则集 $X=\{x_1,x_2,x_3\}$ 上的一个概率测度, 概率测度的一个典型特征是具有可加性, 即任意两个不交子集的概率测度值 (权重) 等于其子集测度值 (权重) 之和. 如子集 $\{x_1,x_2\}$ 的权重即为 $\omega_1+\omega_2$.

从多准则决策角度来看, 基于概率测度的加权算术平均算子求综合评价值的前提是决策准则间相互独立, 即准则子集的权重即为该子集所包含准则的权重之和. 但现实情况是, 决策准则间经常存在着相互关联、相互影响, 或互补或冗余的关系. 可能两个准则的重要性要大于或小于这两个准则的重要性之和, 不再满足可加性的刚性要求. 而单调性约束是比可加性更宽容、更能反映准则间关联本质的约束条件. 即不管决策准则间是独立、冗余、互补的关系, 新决策准则的加入所带来的重要性增加量可以为零, 可以小于、等于, 或大于新准则的重要性, 但绝不会导致重要性减少. 因此, 满足基于集合包含关系的单调性约束的非可加测度更适合于描述决策准则间的关联关系.

现在就面临一个问题. 非可加测度可以表示准则间的关联关系, 那么, 准则的重要性以及它们之间或互补或冗余的关系如何来表示和度量? 答案是利用非可加测度的各种概率型重要性与交互作用指标, 比如 Shapley 重要性及交互作用指标, 来度量准则的重要性以及任意多个准则间的整体互补或冗余的交互作用. 相应地,就需要研究各种交互作用指标的公理化特点, 进而明确那一种指标更适合用于多准则决策分析. 此部分内容见本书第 3 章.

第二个问题, 用权重向量表示准则重要性时, 可以用加权算术平均算子, 或其他算子, 如加权几何平均、有序加权平均等, 来集成候选方案的综合评价值. 用非可加测度表示准则间重要性与关联关系时, 拿什么来集成候选方案在各准则上的评价值, 如例中的 y_1, y_2, y_3, 生成综合评价值? 答案是利用基于非可加测度的各种非线性积分, 如 Choquet 积分和 Sugeno 积分. 非线性积分角色就相当于传统的基于权重向量的集成算子, 那么研究各种非线性积分的集成特性、集成公理, 以及它们与传统集成算子间的关系等问题也就顺理成章地成为多准则决策分析的一个重要研究内容. 此部分内容的介绍见本书第 4 章.

第三个问题, 用非可加测度表示准则的重要性及其间的交互作用, 需要对每个决策准则子集的测度进行赋值. n 个决策准则构成的准则集共有 2^n 个子集, 怎么解决确定非可加测度时所面临的指数级复杂度? 可以从两个方面入手. 一是想法减少所需确定参数, 即只确定部分具有代表性的子集的测度值. 此部分内容在第 5 章介绍, 各种特殊类型非可加测度本质上是给出了选择代表子集的原则和理由. 二是使用一些辅助确定方法来减少工作量, 即本书第二部分的研究内容.

第四个问题, 在确定测度值或表示候选方案在准则上的评价值时, 赋予其一个精确值往往缺乏说服力. 比如, 某些情况下, 某准则的重要性程度为 0.3, 就不如重要程度大约在 0.3 左右, 或在 0.25—0.35, 更适合体现和表述决策者判断的主观性. 因此, 有必要对非可加测度及非线性积分理论进行拓展, 与区间集、模糊集、直觉模糊集等能够描述决策者主观判断和表述不确定性信息的相关理论结合, 为复杂信息环境下的关联多准则决策分析提供理论依据与方法支持. 这是本书第三部分与第四部分的研究内容.

下面从非可加测度的定义出发, 展开本书内容的介绍.

第 2 章　非可加测度与非线性积分

鉴于多准则决策分析在实际应用中通常只涉及有限个决策准则或决策方案，本书重点针对有限集上非可加测度与非线性积分进行研究和阐述.

设 $X = \{x_1, \cdots, x_n\}$ 为包含 n 个元素的非空有限集合，其幂集记为 $\mathcal{P}(X)$，X 的任意子集 $S \subset X$ (包括空集 $\varnothing$ 和全集 X) 的势记为 $|S|$，R 表示实数集.

2.1　非可加测度的定义及其表示形式

定义 2.1[1,53]　称非空有限集 X 上的集函数 $\mu : \mathcal{P}(X) \to [0,1]$ 为非可加测度，或称模糊测度，或称 Choquet 容度，若满足下列条件:

(1) $\mu(\varnothing) = 0$, $\mu(X) = 1$, (边界条件)

(2) $S, T \subset X$ 则 $S \subset T \Rightarrow \mu(S) \leqslant \mu(T)$. (单调性约束)

称非空有限集 X 上的非可加测度[2,5,46,55,58,101] 为

可加的：如果对任意两不交子集 $S, T \subset X$，有 $\mu(S \cup T) = \mu(S) + \mu(T)$;

次可加的：如果对任意两不交子集 $S, T \subset X$，有 $\mu(S \cup T) \leqslant \mu(S) + \mu(T)$;

超可加的：如果任意两不交子集 $S, T \subset X$，有 $\mu(S \cup T) \geqslant \mu(S) + \mu(T)$;

模糊可加的：如果中任意两子集 $S, T \subset X$，有 $\mu(S \cup T) = \mu(S) \vee \mu(T)$;

基于势的(对称的)：如果对任意 $S \subset X$，$\mu(S)$ 的测度值只与 $|S|$ 有关;

0-1 非可加测度：如果任意子集的非可加测度值只取 0 或 1.

显然，非可加测度是正规单调集函数，且空集的函数值为零. 从决策分析的角度来看[20]，对于准则集 X 的任意子集 S，非可加测度值 $\mu(S)$ 可以解释为集合 S 的权重或重要性，单调性则意味着子集的权重不能因为新准则的加入而减少. 可以看出，“非可加”的含义就是“不一定是可加的”. 在有限准则集上，满足可加性的非可加测度即为经典概率测度，这时非可加测度即退化为权重向量. 满足次可加的非可加测度则意味着决策准则间全部存在冗余关系. 相反，满足超可加的非可加测度意味着决策准则间全部存在互补关系. 模糊可加是一种特殊次可加关系. 基于势的非可加测度则意味每个决策准则的重要性程度都一样，每个准则与其他准则的交互作用也都是一样的，每个准则没有明显区别于其他准则的特征，这种测度可应用于表述匿名决策的情形.

下面讨论集函数的 4 种常用的变换形式，以及它们与非可加测度的等价表示定理，这是非可加测度论的重要理论基础.

定义 2.2[102] 设 $\upsilon, \omega : \mathcal{P}(X) \to R$ 为非空有限集 X 上的集函数, 称 ω 是 υ 的一种表示, 如果存在一个可逆的变换 $\mathcal{T}$, 使得

$$\omega = \mathcal{T}(\upsilon) \text{ 且 } \upsilon = \mathcal{T}^{-1}(\omega),$$

其中, $\mathcal{T}^{-1}$ 为 $\mathcal{T}$ 的逆变换.

下面引入非空有限集 X 上的任意集函数 $\upsilon : \mathcal{P}(X) \to R$ 的 4 种变换形式.

定义 2.3[58,101] 非空有限集 X 上的任意集函数 $\upsilon : \mathcal{P}(X) \to R$ 的对偶表示记为 υ^*, 定义为

$$\upsilon^*(S) = \upsilon(X) - \upsilon(X \backslash S), \quad \forall S \subset X.$$

显然, 其逆变换为

$$\upsilon(S) = \upsilon^*(X) - \upsilon^*(X \backslash S), \quad \forall S \subset X.$$

不难验证, 非可加测度的对偶表示仍满足定义 2.1 的边界条件与单调性约束. 因此, 可称其为非可加测度的对偶测度.

定义 2.4[6] 非空有限集 X 上的任意集函数 $\upsilon : \mathcal{P}(X) \to R$ 的默比乌斯表示记为 m, 定义为

$$m(S) = \sum_{T \subset S} (-1)^{|S|-|T|} \upsilon(T), \quad \forall S \subset X. \tag{2.1}$$

相应地, 其逆变换可定义为

$$\upsilon(S) = \sum_{T \subset S} m(T), \quad \forall S \subset X. \tag{2.2}$$

定义 2.5[5,102] 非空有限集 X 上的任意集函数 $\upsilon : \mathcal{P}(X) \to R$ 的 Shapley 交互作用指标表示记为 I_{Sh}, 定义为

$$I_{\mathrm{Sh}}(S) = \sum_{T \subset X \backslash S} \frac{(|X| - |T| - |S|)!|T|!}{(|X| - |S| + 1)!} \sum_{L \subset S} (-1)^{|S|-|L|} \upsilon(L \cup T), \quad \forall S \subset X. \tag{2.3}$$

其逆变换为

$$\upsilon(S) = \sum_{T \subset X} \beta_{|S \cap T|}^{|T|} I_{\mathrm{Sh}}(T), \quad \forall S \subset X.$$

其中, $\beta_k^l = \sum_{j=0}^{k} \begin{pmatrix} k \\ l \end{pmatrix} B_{l-j}$, $B_k = -\sum_{l=0}^{k-1} \frac{B_l}{k-l+1} \begin{pmatrix} k \\ l \end{pmatrix}, k > 0$, $B_0 = 1$.

上述定义中, B_k, $k = 0, 1, 2, \cdots$, 被称为伯努利数(Bernoulli numbers). 由此定义可见, Shapley 交互作用指标表示的逆变换较为复杂, 所以, 在实际应用中常常以默比乌斯表示为桥梁, 实现其与非可加测度值之间的转换.

集函数的默比乌斯表示与 Shapley 交互作用指标表示有如下关系:

$$I_{\mathrm{Sh}}(S)=\sum_{T\supset S}\frac{1}{|T|-|S|+1}m(T), \tag{2.4}$$

$$m(S)=\sum_{T\supset S}B_{|T|-|S|}I_{\mathrm{Sh}}(T). \tag{2.5}$$

定义 2.6[15,102] 非空有限集 X 上的任意集函数 $v:\mathcal{P}(X)\to R$ 的 Banzhaf 交互作用指标表示记为 I_{B}, 定义为

$$I_{\mathrm{B}}(S)=\frac{1}{2^{(|X|-|S|)}}\sum_{T\subset X\backslash S}\sum_{L\subset S}(-1)^{|S|-|L|}v(L\cup T),\quad \forall S\subset X, \tag{2.6}$$

其逆变换为

$$v(S)=\sum_{T\subset X}\frac{1}{2^{|T|}}(-1)^{|T|-|S|}I_{\mathrm{B}}(T),\quad \forall S\subset X.$$

集函数的默比乌斯表示与 Banzhaf 交互作用指标表示有如下关系:

$$I_{\mathrm{B}}(S)=\sum_{T\supset S}\frac{1}{2^{|T|-|S|}}m(T),$$

$$m(S)=\sum_{T\supset S}\left(-\frac{1}{2}\right)^{|T|-|S|}I_{\mathrm{B}}(T).$$

集函数的 Banzhaf 交互作用指标表示与 Shapley 交互作用指标也可以直接转换[102]:

$$I_{\mathrm{Sh}}(S)=\sum_{T\supset S}\frac{1+(-1)^{(|T|-|S|)}}{(|T|-|S|+1)2^{(|T|-|S|+1)}}I_{\mathrm{B}}(T),$$

$$I_{\mathrm{B}}(S)=\sum_{T\supset S}\left(\frac{1}{2^{|T|-|S|-1}}-1\right)B_{|T|-|S|}I_{\mathrm{Sh}}(T),$$

其中, $B_k=-\sum_{l=0}^{k-1}\frac{B_l}{k-l+1}\begin{pmatrix}k\\l\end{pmatrix}, k>0,\ B_0=1.$

根据默比乌斯表示、Shapley 交互作用指标表示、Banzhaf 交互作用指标表示与非可加测度的相应变换及其逆变换形式, 以及非可加测度的边界条件与单调性约束条件, 可以分别得到集函数的默比乌斯表示、Shapley 交互作用指标表示、Banzhaf 交互作用指标表示对应于一个非可加测度的充要条件.

定理 2.1[5] 集函数 $m:\mathcal{P}(X)\to R$ 是集合 X 上的某一非可加测度的默比乌斯表示当且仅当

(1) $m(\varnothing)=0,\ \sum_{S\subseteq X}m(S)=1$, (边界条件)

(2) $\sum\limits_{x_i \in T \subset S} m(T) \geqslant 0,\ \forall S \subset X,\ \forall x_i \in S$. (单调性约束)

定理 2.2[70] 集函数 $I_{\mathrm{Sh}} : \mathcal{P}(X) \to R$ 是集合 X 上的某一非可加测度的 Shapley 交互作用指标表示当且仅当

(1) $\sum\limits_{S \subset X} B_{|S|} I_{\mathrm{Sh}}(S) = 0, \sum\limits_{x_i \in X} I_{\mathrm{Sh}}(\{x_i\}) = 1$, (边界条件)

(2) $\sum\limits_{S \subset X \backslash \{x_i\}} \beta_{|S \cap T|}^{|S|} I_{\mathrm{Sh}}(S \cup \{x_i\}) \geqslant 0,\ \forall x_i \in X, \forall T \subset X \backslash \{x_i\}$. (单调性约束)

其中, $\beta_k^l = \sum\limits_{j=0}^{k} \begin{pmatrix} k \\ l \end{pmatrix} B_{l-j},\ B_k = -\sum\limits_{l=0}^{k-1} \dfrac{B_l}{k-l+1} \begin{pmatrix} k \\ l \end{pmatrix}, k > 0,\ B_0 = 1$.

定理 2.3[70] 集函数 $I_{\mathrm{B}} : \mathcal{P}(X) \to R$ 是集合 X 上的某一非可加测度的 Banzhaf 交互作用指标表示当且仅当

(1) $\sum\limits_{S \subset X} \left(-\dfrac{1}{2}\right)^{|S|} I_{\mathrm{B}}(S) = 0, \sum\limits_{S \subset X} \left(\dfrac{1}{2}\right)^{|S|} I_{\mathrm{B}}(S) = 1$, (边界条件)

(2) $\sum\limits_{S \subset X \backslash \{x_i\}} \left(\dfrac{1}{2}\right)^{|S|} (-1)^{|S|-|T|} I_{\mathrm{B}}(S \cup \{x_i\}) \geqslant 0,\ \forall x_i \in X, \forall T \subset X \backslash \{x_i\}$. (单调性约束)

以上集函数的四种表示形式, 在本书的理论研究和决策分析中起着重要的作用. 利用对偶变换可以得到非可加测度的对偶表示形式. 默比乌斯表示在定义 k 序可加测度、Choquet 积分性质研究与计算、非可加测度确定方法的建模等方面发挥着关键的作用. Shapley 和 Banzhaf 交互作用指标表示则用于描述和说明决策准则间的交互作用, 尤其是 Shapley 交互作用指标表示在实际决策分析中被普遍接受和广泛应用.

2.2 非线性积分的类型及其关系

非线性积分, 或称模糊积分, 是基于非可加测度的各种积分的统称[2,55,58]. 具体形式包括 Sugeno 积分[1]、Choquet 积分[53]、对称 Sugeno 积分[51]、类 Choquet 积分[54]、泛积分[55−57]、Upper 积分[58,59]、Lower 积分[59,60]、通用积分 (universal integral)[104]、广义勒贝格积分[62] 等.

定义 2.7[1,2,55,58] 设 $\mu : \mathcal{P}(X) \to [0,1]$ 为非空有限集 X 上的非可加测度, 函数 $f : X \to [0,1]$ 关于非可加测度 μ 的 (离散) Sugeno 积分定义为

$$(\mathrm{S}) \quad \int f \mathrm{d}\mu = \bigvee_{i=1}^{n} [f(x_{(i)}) \wedge \mu(X_{(i)})], \tag{2.7}$$

其中, $\vee,\wedge$ 分别是取大、取小算子, $_{(\cdot)}$ 为集合 X 上一个置换, 使得 $f(x_{(1)})\leqslant\cdots\leqslant f(x_{(n)})$, $X_{(i)}=\{x_{(i)},\cdots,x_{(n)}\}$.

离散形式的 Sugeno 积分还具有如下等价形式[70,72,73,103]:

$$\begin{aligned}(\mathrm{S})\quad\int f\mathrm{d}\mu&=\bigvee_{i=1}^{n}[f(x_{(i)})\wedge\mu(X_{(i)})]\\&=\bigwedge_{i=1}^{n}[f(x_{(i)})\vee\mu(X_{(i+1)})]\\&=\bigvee_{T\subset X}[(\bigwedge_{x_i\in T}f(x_i))\wedge\mu(T)]\\&=\bigwedge_{T\subset X}[(\bigvee_{x_i\in T}f(x_i))\vee\mu(X\backslash T)]\\&=\mathrm{median}[f(x_1),\cdots,f(x_n),\mu(X_{(2)}),\mu(X_{(3)}),\cdots,\mu(X_{(n)})],\end{aligned}$$

其中, $X_{(i+1)}=\varnothing$, median[ ] 表示中位值函数.

定义 2.8[53,55,58,74,165] 设 $\mu:\mathcal{P}(X)\to[0,1]$ 为非空有限集 X 上的非可加测度, 函数 $f:X\to R$ 关于非可加测度 μ 的 (离散)Choquet 积分定义为

$$(\mathrm{C})\quad\int f\mathrm{d}\mu=\sum_{i=1}^{n}[f(x_{(i)})-f(x_{(i-1)})]\mu(X_{(i)}),\tag{2.8}$$

或等价表示为

$$(\mathrm{C})\quad\int f\mathrm{d}\mu=\sum_{i=1}^{n}[\mu(X_{(i)})-\mu(X_{(i+1)})]f(x_{(i)}),\tag{2.9}$$

其中, $X_{(\cdot)}$ 为集合 X 上一个置换, 使得 $f(x_{(1)})\leqslant\cdots\leqslant f(x_{(n)})$, $f(x_{(0)})=0$, $X_{(i)}=\{x_{(i)},\cdots,x_{(n)}\}$, $X_{(n+1)}=\varnothing$.

Choquet 积分是对经典的勒贝格积分 (Lebesgue integral) 的拓展. 当 μ 为可加的, Choquet 积分退化为勒贝格积分.

离散形式的 Choquet 积分还可以等价表述为默比乌斯表示形式[54,55]:

$$(\mathrm{C})\int f\mathrm{d}\mu=\sum_{S\subset X}m(S)\bigwedge_{x_i\in S}f(x_i),\tag{2.10}$$

其中, m 是非可加测度 μ 的默比乌斯表示形式.

定义 2.9[2,52] 设集函数 $\mu:\mathcal{P}(X)\to[0,1]$ 为非空有限集 X 上的非可加测度, 函数 $f:X\to R$ 关于非可加测度 μ 的 (离散)(N) 模糊积分定义为

$$(\mathrm{N})\quad\int f\mathrm{d}\mu=\bigvee_{i=1}^{n}[f(x_{(i)})\mu(X_{(i)})],$$

其中, $_{(\,)}$ 为集合 X 上一个置换, 使得 $f(x_{(1)})\leqslant\cdots\leqslant f(x_{(n)})$, $X_{(i)}=\{x_{(i)},\cdots,x_{(n)}\}$.

例 2.1　设准则集 $X=\{x_1,x_2,x_3\}$, μ 为 X 上的非可加测度, 有

$$\mu(\varnothing)=0,\quad \mu(\{x_1\})=0.2,\quad \mu(\{x_2\})=0.3,\quad \mu(\{x_3\})=0.4,\quad \mu(\{x_1,x_2\})=0.4,$$

$$\mu(\{x_1,x_3\})=0.5,\quad \mu(\{x_2,x_3\})=0.8,\quad \mu(\{x_1,x_2,x_3\})=1.$$

函数 $f:X\to[0,1]$, 有 $f(x_1)=0.7$, $f(x_2)=0.6$, $f(x_3)=0.8$.

因 $f(x_2)<f(x_1)<f(x_3)$, 有 $X_{(1)}=\{x_2,x_1,x_3\}$, $X_{(2)}=\{x_1,x_3\}$, $X_{(3)}=\{x_3\}$, 则

$$\begin{aligned}
\text{(S)}\quad \int f\mathrm{d}\mu &= [f(x_{(1)})\wedge\mu(X_{(1)})]\vee[f(x_{(2)})\wedge\mu(X_{(2)})]\vee[f(x_{(3)})\wedge\mu(X_{(3)})]\\
&=[f(x_2)\wedge\mu(\{x_2,x_1,x_3\})]\vee[f(x_1)\wedge\mu(\{x_1,x_3\})]\vee[f(x_3)\wedge\mu(\{x_3\})]\\
&=[0.6\wedge 1]\vee[0.7\wedge 0.5]\vee[0.8\wedge 0.4]\\
&=0.6\vee 0.5\vee 0.4\\
&=0.6.
\end{aligned}$$

$$\begin{aligned}
\text{(C)}\quad \int f\mathrm{d}\mu =&[f(x_{(1)})-f(x_{(0)})]\mu(X_{(1)})+[f(x_{(2)})-f(x_{(1)})]\mu(X_{(2)})\\
&+[f(x_{(3)})-f(x_{(2)})]\mu(X_{(3)})\\
=&[0.6-0]\mu(\{x_2,x_1,x_3\})+[0.7-0.6]\mu(\{x_1,x_3\})+[0.8-0.7]\mu(\{x_3\})\\
=&0.6\times 1+0.1\times 0.5+0.1\times 0.4\\
=&0.69.
\end{aligned}$$

$$\begin{aligned}
\text{(N)}\quad \int f\mathrm{d}\mu &= [f(x_{(1)})\mu(X_{(1)})]\vee[f(x_{(2)})\mu(X_{(2)})]\vee[f(x_{(3)})\mu(X_{(3)})]\\
&=[0.6\times 1]\vee[0.7\times 0.5]\vee[0.8\times 0.4]\\
&=0.06\vee 0.35\vee 0.32\\
&=0.35.
\end{aligned}$$

同时, 也有

$$\begin{aligned}
\text{(S)}\quad \int f\mathrm{d}\mu &= \text{median}[f(x_1),\cdots,f(x_n),\mu(X_{(2)}),\mu(X_{(3)}),\cdots,\mu(X_{(n)})]\\
&=\text{median}[f(x_2),f(x_1),f(x_{(3)}),\mu(\{x_1,x_3\}),\mu(\{x_3\})]\\
&=\text{median}[0.6,0.7,0.8,0.5,0.4]\\
&=\text{median}[0.4,0.5,0.6,0.7,0.8]\\
&=0.6.
\end{aligned}$$

根据公式 (2.1) 可以得到 μ 的默比乌斯表示形式:

$$
\begin{aligned}
&m(\varnothing)=0,\\
&m(\{x_1\})=\mu(\{x_1\})=0.2,\quad m(\{x_2\})=\mu(\{x_2\})=0.3,\quad m(\{x_3\})=\mu(\{x_3\})=0.4,\\
&m(\{x_1,x_2\})=\mu(\{x_1,x_2\})-\mu(\{x_1\})-\mu(\{x_2\})=0.4-0.2-0.3=-0.1,\\
&m(\{x_1,x_3\})=\mu(\{x_1,x_3\})-\mu(\{x_1\})-\mu(\{x_3\})=0.5-0.2-0.4=-0.1,\\
&m(\{x_2,x_3\})=\mu(\{x_2,x_3\})-\mu(\{x_2\})-\mu(\{x_3\})=0.8-0.3-0.4=0.1,\\
&m(\{x_1,x_2,x_3\})=\mu(\{x_1,x_2,x_3\})-\mu(\{x_1,x_2\})-\mu(\{x_1,x_3\})-\mu(\{x_2,x_3\})\\
&\qquad\qquad +\mu(\{x_1\})+\mu(\{x_2\})+\mu(\{x_3\})\\
&\qquad\qquad =1-0.4-0.5-0.8+0.2+0.3+0.4=0.2,
\end{aligned}
$$

则根据公式 (2.10) 有

$$
\begin{aligned}
(\mathrm{C})\quad \int f\mathrm{d}\mu &= \sum_{S\subset X} m(S)\underset{x_i\in S}{\wedge} f(x_i)\\
&=m(\{x_1\})f(x_1)+m(\{x_2\})f(x_2)+m(\{x_3\})f(x_3)\\
&\quad +m(\{x_1,x_2\})[f(x_1)\wedge f(x_2)]+m(\{x_1,x_3\})[f(x_1)\wedge f(x_3)]\\
&\quad +m(\{x_2,x_3\})[f(x_2)\wedge f(x_3)]+m(\{x_1,x_2,x_3\})[f(x_1)\wedge f(x_2)\wedge f(x_3)]\\
&=0.2\times 0.7+0.3\times 0.6+0.4\times 0.8-0.1\times(0.7\wedge 0.6)-0.1\times(0.7\wedge 0.8)\\
&\quad +0.1\times(0.6\wedge 0.8)+0.2\times(0.7\wedge 0.6\wedge 0.8)\\
&=0.69.
\end{aligned}
$$

可以看出默比乌斯表示的 Choquet 积分计算过程, 虽然需要遍历所有的子集, 但不需要对函数值进行排序.

非线性积分还有多种类型[2,55,58], 比如, 对称 Sugeno 积分[51]、类 Choquet 积分[54]、泛积分 [55−57]、Upper 积分[58,59]、Lower 积分[59,60]、通用积分[104]、广义勒贝格积分[62] 等.

由于这些积分在多准则决策分析中的应用还不够成熟, 仍需要进行系统的研究, 在这里只进行简要叙述. Grabisch[51] 通过构建对称序结构及其上的默比乌斯表示提出了对称 Sugeno 积分, 将 Sugeno 积分推广到 $[-1,1]$. Mesiar[54] 基于伪加 "$\oplus$" 与伪乘 "$\odot$" 的伪算术运算提出类 Choquet 积分的概念, 当 "$\oplus=+,\ \odot=-$" 时, 类 Choquet 积分退化为 Choquet 积分. 杨庆季[56] 基于泛加 "$\oplus$" 与泛乘 "$\odot$" 算子提出了泛积分的概念, 当 "$\oplus=\vee,\ \odot=\wedge$" 时, 泛积分退化为 Sugeno 积分; 当 "$\oplus=+,\ \odot=-$" 且测度为可加时, 泛积分退化为勒贝格积分. Wang[55,58,60](王震源教授) 拓展勒贝格积分提出了 Upper 积分[58,59] 与 Lower 积分[59,60]. Klement 等[104] 则提出通用积分的概念, 而勒贝格积分、Sugeno 积分、Choquet 积分、类 Choquet

积分、(N) 模糊积分等只是它的特例. 张强教授等[62] 提出了广义勒贝格积分的概念, 而勒贝格积分、Sugeno 积分、Choquet 积分、(N) 模糊积分、泛积分等只是它的特例.

需要特别指出的是, 在诸多非线性积分形式中, Choquet 积分与 Sugeno 积分是多准则决策分析领域中应用最为广泛的两种形式.

第 3 章　交互作用指标的类型及公理化特征

现实决策问题中, 决策准则间往往存在着一定的关联性, 即它们通常不是相互独立、互不依赖的. 非可加测度以较弱的单调性约束代替经典测度可加性的刚性约束, 可以灵活地描述存在于决策准则间的关联性或交互作用. 比如, 超可加测度可以描述所有决策准则是互补的, 即存在正的交互作用的情形; 次可加测度表示所有决策准则是冗余的, 即存在负的交互作用; 可加测度 (经典测度) 意味着所有准则是独立的, 即不存在交互作用. 当然, 非可加测度也可以描述部分决策准则是互补的, 而剩余的决策准则是冗余的等更加复杂或细致的交互作用情形. 因此, 在实际决策应用中不可避免地会遇到如下问题: 给定的非可加测度究竟体现了决策准则间何种交互现象, 或如何用非可加测度来描述给定决策准则间的交互现象. 非可加测度的各类交互作用指标, 包括前面提到的 Shapley 和 Banzhaf 交互作用指标, 对非可加测度描述的决策准则间交互作用给出了数值上度量.

3.1　Shapley 交互作用指标

设决策准则集为 $X=\{x_1,\cdots,x_n\}$, $\mu:\mathcal{P}(X)\to[0,1]$ 为 X 上的非可加测度. 由定义 2.5 知, μ 的 Shapley 交互作用指标表示为

$$I_{\mathrm{Sh}}(S)=\sum_{T\subset X\backslash S}\frac{(|X|-|T|-|S|)!|T|!}{(|X|-|S|+1)!}\sum_{L\subset S}(-1)^{|S|-|L|}\upsilon(L\cup T),\quad \forall S\subset X.$$

Shapley 交互作用指标实质上是 Shapley 值[12] 的拓展形式. 当子集 $S=\{x_i\}$, 可得准则 $x_i(i=1,\cdots,n)$ 的 Shapley 值:

$$I_{\mathrm{Sh}}(\{x_i\})=\sum_{T\subset X\backslash\{x_i\}}\frac{(|X|-|T|-1)!|T|!}{|X|!}[\mu(T\cup\{x_i\})-\mu(S)].\tag{3.1}$$

$\forall T\subset X$, $\mu(T)$ 通常被理解为决策准则子集 T 的权重, 比如空集的权重为 0, 全集的权重为 1. 对于决策准则 $x_i\in X$ 及其不属于的子集 $T\subset X\backslash\{x_i\}$, 表达式 $\mu(T\cup\{x_i\})-\mu(T)$ 可以理解为 x_i 的加入带来的子集 T 权重或重要性的增加量, 可称为 x_i 对子集 T 的边际贡献量. 现在问题就是, 把这些边际贡献量按照一定的规则集成起来, 形成边际贡献总量. 考虑去掉 x_i 的准则集合 $X\backslash\{x_i\}$, 其子集按照势的大小可以分成: 势为 0, 势为 $1,2,\cdots$, 势为 $n-1$ 这 n 类子集. 因此, 可以假定这 n 类集

合的作用相同, 即每一类的权重系数为 $1/n$. 此外, 势为 $k \in \{0,1,\cdots,n-1\}$ 的子集共有 $\left(\begin{array}{c} k \\ n-1 \end{array}\right) = (n-1)!/((n-1-k)!k!)$ 个, 可以假定这些子集的作用是相同的, 故每个势为 k的集合的权重系数可以设为 $\left(\begin{array}{c} k \\ n-1 \end{array}\right)^{-1} = ((n-1-k)!k!)/(n-1)!$. 总体来看, 每个势为 k 的集合在总边际贡献量中的权重为

$$\frac{1}{n} \times \frac{(n-1-k)!k!}{(n-1)!} = \frac{(n-1-k)!k!}{n!}.$$

将上式中的 k 换为 $|T|$ 即为式 (3.1) 中每个集合对应前的系数. 可以证明所有准则的 Shapley 值之和为 1, 即 $\sum_{i=1}^{n} I_{\mathrm{Sh}}(\{x_i\}) = 1$, $(I_{\mathrm{Sh}}(\{x_1\}), I_{\mathrm{Sh}}(\{x_2\}), \cdots, I_{\mathrm{Sh}}(\{x_n\}))$ 构成了决策准则集上的一个概率测度.

在非可加测度 μ 的 Shapley 交互作用指标表示中, 当 $S = \{x_i, x_j\}$, 可得准则 x_i, x_j $(i,j = 1,2,\cdots,n$ 且 $i \neq j)$ 间的 Shapley 交互作用指标:

$$\begin{aligned} I_{\mathrm{Sh}}(\{x_i,x_j\}) = \sum_{T \subset X \setminus \{x_i,x_j\}} & \frac{(|X|-|T|-2)!|T|!}{(|X|-1)!}[\mu(T \cup \{x_i,x_j\}) - \mu(T \cup \{x_i\}) \\ & - \mu(T \cup \{x_j\}) + \mu(T)]. \end{aligned} \tag{3.2}$$

为了直观说明交互作用, 不妨假定决策准则集只包含两个准则 x_i 和 x_j, 即 $X = \{x_i, x_j\}$. 此种情况下, 如果有超可加关系 $\mu(\{x_i,x_j\}) > u(\{x_i\}) + u(\{x_j\})$, 则说明准则 x_i 和 x_j 之间存在着正的交互作用, 或者说两个准则是互补的; 如果有次可加关系 $\mu(\{x_i,x_j\}) < u(\{x_i\}) + u(\{x_j\})$, 则说明准则 x_i 和 x_j 之间存在着负的交互作用, 或者说两个准则是冗余的; 如果有可加关系 $\mu(\{x_i,x_j\}) = u(\{x_i\}) + u(\{x_j\})$, 则说明准则 x_i 和 x_j 间不存在任何交互作用, 即两个准则在该决策问题中是彼此独立的. 因此, 可以通过 $\mu(\{x_i,x_j\}) - [u(\{x_i\}) + u(\{x_j\})]$ 的值来描述准则 x_i 和 x_j 间交互作用的性质与大小.

然而, 当准则集包含更多准则时, 仅仅通过 $\mu(\{x_i,x_j\}) - [u(\{x_i\}) + u(\{x_j\})]$ 的值来确定准则 x_i 和 x_j 间交互作用就显得不尽合理. 正如 $I_{\mathrm{Sh}}(\{x_i,x_j\})$ 表达式 (3.2) 中所示, 此时还需考虑 $\{x_i\}$, $\{x_j\}$, $\{x_i,x_j\}$ 加入到非空准则子集 $T(T \subset X \setminus \{x_i,x_j\})$ 的情况. 并且,

$$\begin{aligned} & \mu(T \cup \{x_i,x_j\}) - \mu(T \cup \{x_i\}) - \mu(T \cup \{x_j\}) + \mu(T) \\ = & [\mu(T \cup \{x_i,x_j\}) - \mu(T)] - [\mu(T \cup \{x_i\}) - \mu(T)] - [\mu(T \cup \{x_j\}) - \mu(T)] \end{aligned}$$

可以看作是对应于准则子集 T 的准则 x_i 和 x_j 间的边际交互作用. 下面就要集成这些交互作用形成总交互作用量, 集成过程如 Shapely 值类似. 考虑去掉 $\{x_i,x_j\}$ 的准

则集合 $X\backslash\{x_i,x_j\}$, 其子集按照势的大小可以分成: 势为 0, 势为 $1,2,\cdots$, 势为 $n-2$ 这 $n-1$ 类子集. 假定这 $n-1$ 类集合的作用相同, 权重系数为 $1/(n-1)$. 此外, 势为 $k\in\{0,1,\cdots,n-2\}$ 的子集共有 $\begin{pmatrix} k \\ n-2 \end{pmatrix}=(n-2)!/((n-2-k)!k!)$ 个, 故假定每个势为 k 的集合的权重系数可以设为 $\begin{pmatrix} k \\ n-2 \end{pmatrix}^{-1}=((n-2-k)!k!)/(n-2)!$. 故每个势为 k 的集合在总交互作用量中的权重为

$$\frac{1}{n-1}\times\frac{(n-2-k)!k!}{(n-2)!}=\frac{(n-2-k)!k!}{(n-1)!}.$$

将上式中的 k 换为 $|T|$ 即为式 (3.2) 中每个集合对应前的系数. 可以证明所有两个准则 x_i 和 x_j 的 Shapley 交互作用值 $I_{\rm Sh}(\{x_i,x_j\})\in[-1,1]$. 当 $I_{\rm Sh}(\{x_i,x_j\})>0$, 可以认为两个准则存在正的交互作用, 即总体来看两准则是互补的; 当 $I_{\rm Sh}(\{x_i,x_j\})<0$, 可以认为两个准则存在负的交互作用, 即总体来看两准则是冗余的; 当 $I_{\rm Sh}(\{x_i,x_j\})=0$, 可以认为两个准则间不存在交互作用, 即总体来看两准则是独立的.

3.2 概率型交互作用指标

现在来看 Banzhaf 交互作用指标 (见定义 2.6 或式 (2.6)):

$$I_{\rm B}(S)=\frac{1}{2^{(|X|-|S|)}}\sum_{T\subset X\backslash S}\sum_{L\subset S}(-1)^{|S|-|L|}v(L\cup T),\quad \forall S\subset X.$$

Banzhaf 交互作用指标实质上是对 Banzhaf 值[17] 进行的拓展. 在式 (2.6) 中, 当子集 $S=\{x_i\}$, 可得准则 $x_i(i=1,\cdots,n)$ 的 Banzhaf 值:

$$I_{\rm B}(\{x_i\})=\sum_{T\subset X\backslash\{x_i\}}\frac{1}{2^{|X|-1}}[\mu(T\cup\{x_i\})-\mu(T)].$$

当 $S=\{x_i,x_j\}$, 可得准则 x_i, $x_j(i,j=1,\cdots,n$ 且 $i\neq j)$ 间的 Banzhaf 交互作用指标值:

$$I_{\rm B}(\{x_i,x_j\})=\sum_{S\subset X\backslash\{x_i,x_j\}}\frac{1}{2^{|X|-2}}[\mu(T\cup\{x_i,x_j\})-\mu(T\cup\{x_i\})-\mu(T\cup\{x_j\})+\mu(T)].$$

通过与 Shapley 值及交互作用公式的对比, 不难发现, 以上两种类型的值及交互作用指标在结构上存在着很多相同的地方, 只是每个子项所乘系数不同. Banzhaf 值前的系数可做如下解释: 去掉 x_i 的其他准则构成的集合 $X\backslash\{x_i\}$ 包含了 2^{n-1} 个子集, 假定每个子集对准则 x_i 的总边际贡献量的作用是相同的, 则表达式 $[\mu(T\cup\{x_i\})-\mu(T)]$ 的权重系数可以设为 $1/2^{n-1}$. 同样地, 集合 $X\backslash\{x_i,x_j\}$ 包含了 2^{n-2}

个子集, 故 x_i, x_j 的 Banzhaf 交互作用指标公式中的表达式 $[\mu(T\cup\{x_i,x_j\})-\mu(T\cup\{x_i\})-\mu(T\cup\{x_j\})+\mu(T)]$ 前的系数为 $1/2^{n-2}$.

其实, 不管是 Shapley 交互作用指标还是 Banzhaf 交互作用指标, 子集 $S\subset X$ 的交互作用指标中的系数都构成了幂集 $\mathcal{P}(X\backslash S)$ 上的概率测度. 如式 (3.1) 中, 有

$$\sum_{T\subset X\backslash\{x_i\}}\frac{(|X|-|T|-1)!|T|!}{|X|!}=1.$$

这两种交互作用指标都属于概率型交互作用指标, 或更确切地说, 属于基于势的概率型交互作用指标.

定义 3.1[16,22] 非空有限集 X 上非可加测度 $\mu:\mathcal{P}(X)\to R$ 的概率型交互作用指标, 记为 I_{P}, 定义为

$$I_{\mathrm{P}}(S)=\sum_{T\subset X\backslash S}p_T^S(X)\sum_{L\subset S}(-1)^{|S|-|L|}v(L\cup T),\quad\forall S\subset X,$$

其中, $\forall S\subset X$, 系数 $\{p_T^S(X)\}_{T\subset X\backslash S}$ 构成了幂集 $\mathcal{P}(X\backslash S)$ 上的一个概率分布. 当系数 $p_T^S(X)$, $T\subset X\backslash S$, 的值仅依赖于集合 S, T, X 的势, 即 $\forall s\in\{0,\cdots,n\}$, 存在非负数列 $\{p_t^s(n)\}_{t=0,\cdots,n-s}$ 满足

$$\sum_{t=0}^{n-s}\begin{pmatrix}n-s\\t\end{pmatrix}p_t^s(n)=1 \text{ 且 } \forall S\subset X,T\subset X\backslash S \text{ 有 } p_T^S(X)=p_t^s(n),$$

此时, 称 $I_{\mathrm{P}}(S)$ 为基于势的概率型交互作用指标.

当 $S=\{x_i\}$ 时, $I_{\mathrm{P}}(S)$ 即为概率型值[18] 或基于势的概率型值 (又称半值)[19]. 概率型交互作用指标及基于势的概率型交互作用指标是对概率型值及基于势的概率型值的拓展. 可以证明, Shapley 交互作用指标与 Banzhaf 交互作用指标都是基于势的概率型交互作用指标[16,22]. 此外, 链交互作用指标[20] 也是基于势的概率型交互作用指标, 也是对 Shapley 值的拓展.

定义 3.2[20] 非空有限集 X 上非可加测度 $\mu:\mathcal{P}(X)\to R$ 的链交互作用指标记为 I_{Ch}, 定义为

$$I_{\mathrm{Ch}}(S)=\sum_{T\subset X\backslash S}\frac{|S|}{|S|+|T|}\begin{pmatrix}|X|\\|S|+|T|\end{pmatrix}^{-1}\sum_{L\subset S}(-1)^{|S|-|L|}v(L\cup T),\quad\forall S\subset X.$$

值得指出的是[22], 默比乌斯表示 (见定义 2.4) 其实也是基于势的概率型交互作用指标 (当 $|T|=0$, $p_t^s(n)=1$; 否则, $p_t^s(n)=0$), 当然也是概率型交互作用指标.

例 3.1 设准则集 $X=\{x_1,x_2,x_3\}$, μ 为 X 上的非可加测度, 有

$$\mu(\varnothing)=0,\quad\mu(\{x_1\})=0.2,\quad\mu(\{x_2\})=0.3,\quad\mu(\{x_3\})=0.4,\quad\mu(\{x_1,x_2\})=0.4,$$

$$\mu(\{x_1,x_3\})=0.5,\quad \mu(\{x_2,x_3\})=0.8,\quad \mu(\{x_1,x_2,x_3\})=1,$$

则集合 $\{x_1\}$ 的 Shapley 值为

$$\begin{aligned}
I_{\mathrm{Sh}}(\{x_1\})=&\sum_{T\subset X\setminus\{x_1\}}\frac{(|X|-|T|-1)!|T|!}{|X|!}[\mu(T\cup\{x_1\})-\mu(T)]\\
=&\frac{(|X|-|\varnothing|-1)!|\varnothing|!}{|X|!}[\mu(\varnothing\cup\{x_1\})-\mu(\varnothing)]\\
&+\frac{(|X|-|\{x_2\}|-1)!|\{x_2\}|!}{|X|!}[\mu(\{x_2\}\cup\{x_1\})-\mu(\{x_2\})]\\
&+\frac{(|X|-|\{x_3\}|-1)!|\varnothing|!}{|X|!}[\mu(\{x_3\}\cup\{x_1\})-\mu(\{x_3\})]\\
&+\frac{(|X|-|\{x_2,x_3\}|-1)!|\{x_2,x_3\}|!}{|X|!}[\mu(\{x_2,x_3\}\cup\{x_1\})-\mu(\{x_2,x_3\})]\\
=&\frac{2!|}{3!}\times 0.2+\frac{1!}{3!}\times 0.1+\frac{1!}{3!}\times 0.1+\frac{2!}{3!}\times 0.2=\frac{1}{6}.
\end{aligned}$$

集合 $\{x_1,x_2\}$ 的 Shapley 值为

$$\begin{aligned}
I_{\mathrm{Sh}}(\{x_1,x_2\})=&\sum_{T\subset X\setminus\{x_1,x_2\}}\frac{(|X|-|T|-2)!|T|!}{(|X|-1)!}[\mu(T\cup\{x_1,x_2\})\\
&-\mu(T\cup\{x_1\})-\mu(T\cup\{x_2\})+\mu(T)]\\
=&\frac{(|X|-|\varnothing|-2)!|\varnothing|!}{(|X|-1)!}[\mu(\varnothing\cup\{x_1,x_2\})-\mu(\varnothing\cup\{x_1\})\\
&-\mu(\varnothing\cup\{x_2\})+\mu(\varnothing)]\\
&+\frac{(|X|-|\{x_3\}|-2)!|\{x_3\}|!}{(|X|-1)!}[\mu(\{x_3\}\cup\{x_1,x_2\})\\
&-\mu(\{x_3\}\cup\{x_1\})-\mu(\{x_3\}\cup\{x_2\})+\mu(\{x_3\})]\\
=&\frac{1!}{2!}[0.4-0.2-0.3+0]+\frac{1!}{2!}[1-0.5-0.8+0.4]=0.
\end{aligned}$$

集合 $\{x_1\}$ 的 Banzhaf 值为

$$\begin{aligned}
I_{\mathrm{B}}(\{x_1\})=&\sum_{T\subset X\setminus\{x_1\}}\frac{1}{2^2}[\mu(T\cup\{x_1\})-\mu(T)]\\
=&\frac{1}{4}\times 0.2+\frac{1}{4}\times 0.1+\frac{1}{4}\times 0.1+\frac{1}{4}\times 0.2=0.15.
\end{aligned}$$

集合 $\{x_1\}$ 的链交互作用值为

$$I_{\mathrm{Ch}}(\{x_1\})=\sum_{T\subset X\setminus\{x_1\}}\frac{1}{|T|+1}\begin{pmatrix}3\\1+|T|\end{pmatrix}^{-1}[\mu(T\cup\{x_1\})-\mu(T)]$$

$$
\begin{aligned}
&=\frac{1}{3}[\mu(\varnothing\cup\{x_1\})-\mu(\varnothing)]\\
&\quad+\frac{1}{|\{x_1\}|+1}\begin{pmatrix}3\\1+|\{x_1\}|\end{pmatrix}^{-1}[\mu(\{x_2\}\cup\{x_1\})-\mu(\{x_2\})]\\
&\quad+\frac{1}{|\{x_3\}|+1}\begin{pmatrix}3\\1+|\{x_3\}|\end{pmatrix}^{-1}[\mu(\{x_3\}\cup\{x_1\})-\mu(\{x_3\})]\\
&\quad+\frac{1}{|\{x_2,x_3\}|+1}\begin{pmatrix}3\\1+|\{x_2,x_3\}|\end{pmatrix}^{-1}[\mu(\{x_2,x_3\}\cup\{x_1\})-\mu(\{x_2,x_3\})]\\
&=\frac{1}{3}\times 0.2+\frac{1}{6}\times 0.1+\frac{1}{6}\times 0.1+\frac{1}{3}\times 0.2=\frac{1}{6}.
\end{aligned}
$$

为了方便比较, 表 3.1 列出所有子集合对应的各种类型交互作用值.

表 3.1　例 3.1 中各子集的 4 种基于势的概率型交互作用指标值

A	$\mu(A)$	$I_{\mathrm{Sh}}(A)$	$I_{\mathrm{B}}(A)$	$I_{\mathrm{Ch}}(A)$	$m(A)$
$\{x_1\}$	0.2	1/6	0.15	1/6	0.2
$\{x_2\}$	0.3	11/30	0.35	11/30	0.3
$\{x_3\}$	0.4	7/15	0.45	7/15	0.4
$\{x_1,x_2\}$	0.4	0	0	1/30	−0.1
$\{x_1,x_3\}$	0.5	0	0	1/30	−0.1
$\{x_2,x_3\}$	0.8	0.2	0.2	1/6	0.1
$\{x_1,x_2,x_3\}$	0.1	0.2	0.2	0.2	0.2

3.3　交互作用指标的公理化特征

交互作用指标通常是基于多准则决策和合作博弈论的背景下提出的. 究竟哪一种指标更适合描述准则的重要性以及准则间的交互作用. 下面从公理化特征角度来分析各交互作用指标的适用性.

首先分析各决策准则的总体重要性.

设集合 X 上所有非可加测度构成的集合为 $\mathcal{G}$, 则称函数 $I:\mathcal{G}\times X\to R$ 为集合 X 上的值函数, 记非可加测度 μ 的值函数为 I^{μ}. 有关值函数的数学公理描述如下[19,22].

线性公理(linearity axiom): 集合 X 上的值函数 $I:\mathcal{G}\times X\to R$ 是关于第一个自变量的线性函数, 即对 $\forall\mu,\upsilon\in\mathcal{G}$, $c\in R$, 有 $I^{(\mu+\upsilon)}=I^{\mu}+I^{\upsilon}$ 且 $I^{c\mu}=c\cdot I^{\mu}$.

哑元公理(dummy axiom): 如果准则 x_i 是一哑元, 即对于任意 $S\subset X\backslash\{x_i\}$ 有 $\mu(S\cup\{x_i\})=\mu(S)+\mu(\{x_i\})$, 则 $I^{\mu}(\{x_i\})=\mu(\{x_i\})$.

单调性公理(monotonicity axiom): $\forall\mu\in\mathcal{G}$, $\forall x_i\in X$, 有 $I^{\mu}(\{x_i\})\geqslant 0$.

对称性公理(symmetry axiom): $\forall \mu \in \mathcal{G}$, 对集合 X 上的任意置换 πX, 其相应的非可加测度记为 $\pi\mu$, 则有 $I^{\mu}(\{x_i\}) = I^{\pi\mu}(\pi\{x_i\})$.

有效性公理(efficiency axiom): $\forall \mu \in \mathcal{G}$, $\sum\limits_{x_i \in X} I^{\mu}(\{x_i\}) = \mu(X) = 1$.

线性公理意味着值函数关于非可加测度是线性变换稳定的. 哑元公理意味着哑元型决策准则的重要程度等于其非可加测度值. 单调性公理意味着每个准则的边际贡献期望值是非负的 (因非可加测度满足单调性约束). 对称性公理说明值与决策准则的名称或序号没有关系. 有效性公理则说明各决策准则的值之和为 1, 即重要性之和为 1.

Shapley 值是唯一满足线性公理、哑元公理、单调性公理、对称性公理及有效性公理的值函数[15,19,21,22]. 因此, Shapley 值比较适宜描述决策准则的总体重要性.

再来考虑决策准则间的交互作用.

设集合 X 上所有非可加测度构成的集合为 $\mathcal{G}$, 则称函数 $I: \mathcal{G} \times \mathcal{P}(X) \to R$ 为集合 X 上的交互作用指标函数. 统一起见, 非可加测度 μ 的交互作用指标函数仍记为 I^{μ}. 有关交互作用指标函数的数学公理描述如下[15,20,22].

线性公理(linearity axiom): 对集合 X 的任意子集 $\forall S \subset X$, X 上的交互作用指标函数 $I: \mathcal{G} \times \mathcal{P}(X) \to R$ 是关于第一个自变量的线性函数.

哑元公理(dummy axiom): 如果准则 x_i 是一哑元, 即对于任意有 $\mu(S \cup \{x_i\}) = \mu(S) + \mu(\{x_i\})$, 则①$I^{\mu}(\{x_i\}) = \mu(\{x_i\})$; ②对 $\forall S \subset X \backslash \{x_i\}$ 且 $S \neq \varnothing$, 有 $I^{\mu}(S \cup \{x_i\}) = 0$.

对称性公理(symmetry axiom): $\forall \mu \in \mathcal{G}$, 对集合 X 上的任意置换 πX, 其相应的非可加测度记为 $\pi\mu$, 则有 $I^{\mu}(S) = I^{\pi\mu}(\pi S)$.

递归公理(recursive axiom): $\forall \mu \in \mathcal{G}$, $\forall S \subset X \backslash \{x_i\}$ 且 $|S| > 1$, 遵循如下递归公式:

$$I^{\mu}(S) = I^{\mu_{[S]}}([S]) - \sum_{K \subset S, K \neq S, K \neq \varnothing} I^{\mu^{X \backslash K}}(S \backslash K),$$

其中, $[S]$ 表示由子集 S 中所有元素构成的一个虚拟决策准则, $\mu_{[S]}$ 是定义于集合 $\mathcal{P}((X \backslash T) \cup [T])$ 上的函数: 对 $\forall S \subset X \backslash T$, 有 $\mu_{[T]}(S) = \mu(S)$, $\mu_{[T]}(S \cup \{[T]\}) = \mu(S \cup T)$. μ^S 是定义于集合 $\mathcal{P}(S)$ 上的函数: 对 $\forall T \subset S$, $\mu^S(T) = \mu(T)$.

线性公理意味着任意子集的交互作用指标函数对非可加测度的线性变换是稳定的. 哑元公理意味着哑元型决策准则的值等于其非可加测度值, 哑元型决策准则与其决策准则之间无交互作用 (因式子 $\mu(S \cup \{x_i\}) = \mu(S) + \mu(\{x_i\})$ 满足可加性). 对称性公理说明任何集合的交互作用指标函数值不依赖于各决策准则的名称或序号. 至于递归公理, 可以先来分析 $I^{\mu}(\{x_i, x_j\})$:

$$I^{\mu}(\{x_i, x_j\}) = I^{\mu_{[\{x_i, x_j\}]}}([\{x_i, x_j\}]) - I^{\mu^{X \backslash \{x_j\}}}(\{x_i\}) - I^{\mu^{X \backslash \{x_i\}}}(\{x_j\}),$$

即

$$I^{\mu_{[\{x_i,x_j\}]}}([\{x_i,x_j\}])=I^{\mu^{X\backslash\{x_j\}}}(\{x_i\})+I^{\mu^{X\backslash\{x_i\}}}(\{x_j\})+I^{\mu}(\{x_i,x_j\}),\qquad(3.3)$$

其中, 对于决策准则集 X 上的非可加测度 μ, $\mu_{[\{x_i,x_j\}]}$ 是将两个准则 x_i, x_j 看作是一个虚拟准则 $[\{x_i,x_j\}]$ 时得到的集函数, $\mu^{X\backslash\{x_i\}}$ 则是不包含决策准则 x_i 的所有子集及其相应的非可加测度值构成的集函数. 因此, 一个自然的要求就是 (如式 (2.9) 所示): 虚拟准则 $[\{x_i,x_j\}]$ 关于集函数 $\mu_{[\{x_i,x_j\}]}$ 的值等于准则 x_i 关于集函数 $\mu^{X\backslash\{x_j\}}$ 的值、准则 x_j 关于集函数 $\mu^{X\backslash\{x_i\}}$ 的值以及准则 x_i, x_j 间关于非可加测度 μ 的交互作用指标值之和. 显然, 拓展式 (2.9) 就得到了递归公理中的递归公式.

Shapley 交互作用指标函数是拓展 Shapley 值, 且满足线性公理、哑元公理、对称性公理及递归公理的唯一交互作用指标函数[15,21,22]. 因此, Shapley 交互作用指标函数比较适宜用来描述决策准则的总体重要性及其间的交互作用.

需要指出的是, 决策子集 $S\subset X$ 的 Shapley 交互作用指标值为零, 只是表示子集 S 中的各准则交互作用的期望值为零, 即有可能在对应于一些准则子集 $T\subset X\backslash S$ 上的边际交互作用为正, 而在其他准则子集 $T'\subset X\backslash S$ 上的边际交互作用为负, 进而可能使得平均意义上的交互作用为零, 并不是子集 S 中的各准则间完全不存在任何交互作用. 严格意义上来讲, 不能说这些准则是完全相互独立的. 从这个角度出发, Kojadinovic[21] 提出的交互作用量指标来刻画各决策准则间是否存在交互作用. 当交互作用量为零时, 各准则完全相互独立. 但交互作用量计算量较大且只是对交互作用量的描述, 不能对交互作用的正负进行描述, 在实际决策应用中很少使用.

总之, 从目前的理论发展来看, 在诸多概率型交互作用指标中, Shapley 值及交互作用指标最适宜用来描述决策准则的重要性及准则间的交互作用. 因此, 在本书中, 如无特殊说明, 准则间的重要性及交互作用值都指其 Shapley 值及交互作用指标值.

方便起见, 对于决策准则集 $X=\{x_1,\cdots,x_n\}$ 及其上的非可加测度 μ, 记决策准则 $x_i(i=1,\cdots,n)$ 的重要性为 I_i, 其值为该准则的 Shapley 值, 即 $I_i=I_{\mathrm{Sh}}(\{x_i\})$; 两个决策准则 x_i, $x_j\in X(i,j=1,\cdots,n$ 且 $i\neq j)$ 间的交互作用记为 I_{ij}, 其值为集合 $\{x_i,x_j\}$ 的 Shapley 交互作用指标值, 即 $I_{ij}=I_{\mathrm{Sh}}(\{x_i,x_j\})$; 记子集 $S\subset X$ 中所有准则的交互作用为 I_S 且令 $I_S=I_{\mathrm{Sh}}(S)$. 显然, $I_i\geqslant 0$ 且 $\sum\limits_{i=1}^{n}I_i=1$, $I_j\in[-1,1]$.

第 4 章　非线性积分的集成特性

4.1　传统集成函数与非线性积分

多准则决策分析是帮助决策者依据多个评价准则从多个候选方案中选择最优或满意方案的一门学科. 设候选方案集为 A, 决策准则集为 $X=\{x_1,\cdots,x_n\}$, 任意决策方案 $a\in A$ 可以用一个 n 维向量 $a=(a_1,\cdots,a_n)$ 来表示, 其中 $a_i(i=1,\cdots,n)$ 表示该候选方案关于准则 i 的评价值. 通常可以假定这些评价值是可公度的, 为了不失一般性, 可设 $a=(a_1,\cdots,a_n)\in[0,1]^n$. 多准则决策分析就是利用某一全局效用函数[105], 或称为集成函数[106−108], $f:A\to R$, 来构造决策者的偏好, 即定义候选方案集 A 上的二元关系 $\succeq$, 使得

$$a\succeq b\Leftrightarrow f(a)\geqslant f(b),\quad \forall a,b\in A.$$

最简单的集成函数为加权算术平均算子[106−108]:

$$\mathrm{WAM}_\omega(a)=\sum_{i=1}^{n}\omega_i a_i,$$

其中, ω_i 表示准则 x_i 的重要性或权重, $\sum\limits_{i=1}^{n}\omega_i=1$. 加权算术平均算子具备许多良好的数学特性, 在实际应用和理论研究中有很重要的地位.

另一重要的集成函数为有序加权平均算子[106,109−112]:

$$\mathrm{OWA}_\omega(a)=\sum_{i=1}^{n}\omega_i a_{(i)},$$

其中, $((1),(2),\cdots,(n))$ 为 $(1,2,\cdots,n)$ 的一个置换, 使得对任意 i, 有 $a_{(i-1)}\geqslant a_{(i)}$, ω_i 表示第 i 个最大量 $a_{(i)}$ 重要性或权重, $\sum\limits_{i=1}^{n}\omega_i=1$.

选择不同的权重向量, OWA 可以表示不同类型的集成算子. 当 $\omega_1=1$ 且 $\omega_2,\cdots,\omega_n=0$ 时, 有序加权平均算子就退化为取大算子: $\mathrm{Max}(a)$. 当 $\omega_n=1$ 且 $\omega_1,\cdots,\omega_{n-1}=0$ 时, 有序加权平均算子就退化为取小算子: $\mathrm{Min}(a)$. 更一般的情形, 当 $\omega_j=1$ 而其余权重为零时, 有序加权平均算子就退化为取第 j 位算子 (j 次序量): $\mathrm{Ord}_j(a)$. 当 n 为奇数时, 令 $\omega_{\frac{n+1}{2}}=1$ 且其余权重为零, 有序加权平均

算子就退化为中位数算子: Med(a). 当 n 为偶数时, 令 $\omega_{\frac{n}{2}}=\omega_{\frac{n}{2}+1}=0.5$ 且其余权重为零, 有序加权平均算子仍退化为中位数算子: Med(a). 当所有的权重都相等时, 即 $\omega_1=\cdots=\omega_n=1/n$, 有序加权平均算子退化为简单算术平均: SAM$(a)$. 当 $\omega_1=\cdots=\omega_j=0, \omega_{n+1-j}=\cdots=\omega_n=0$, 而其余权重取值都相等且为 $1/(n-2j)$ 时, 其中 j 的取值范围为 $1\leqslant j<n/2$, 有序加权平均算子退化为奥林匹克平均算子: $\mathrm{Oly}_j(a)$.

此外, 还有加权取小算子与加权取大算子. 对于任意给定的权重 $\omega_1,\omega_2,\cdots,\omega_n$ 且 $\bigvee\limits_{i=1}^{n}\omega_i=1$, 则加权取大算子为

$$\mathrm{wmax}(a)=\bigvee_{i=1}^{n}(\omega_i\wedge a_i),$$

加权取小算子为

$$\mathrm{wmin}(a)=\bigwedge_{i=1}^{n}(\omega_i\vee a_i).$$

Sugeno 积分与 Choquet 积分也可以作为集成函数应用多准则决策分析[9,63,108], 且具有良好的集成特征[70−74]. 方便起见, 决策方案 $a\in A$ 关于非可加测度 μ 的 Sugeno 积分值与 Choquet 积分值分别记为 $S_\mu(a)$ 与 $C_\mu(a)$.

下面给出 Choquet 与 Sugeno 积分与传统集成算子间的关系.

定理 4.1[74] 离散形式的 Choquet 积分是可加的 (即对任意 $a,a'\in A$, 有 $C_\mu(a_1+a'_1,\cdots,a_n+a'_n)=C_\mu(a)+C_\mu(a')$) 当且仅当存在一个向量 $\omega\in[0,1]^n$ 使得 $C_\mu(a)=\mathrm{WAM}_\omega(a)$, $\forall a\in A$. 此时, Choquet 积分所对应的非可加测度 μ 退化为经典的可加测度, 且有

$$\mu(T)=\sum_{i\in T}\omega_i,\quad T\subset N.$$

定理 4.2[70,74] 离散形式的 Choquet 积分是对称的 (即对任意一个 X 上的置换 π, 总有 $C_\mu(a_1,\cdots,a_n)=C_\mu(a_{\pi(1)},\cdots,a_{\pi(n)})$) 当且仅当存在一个向量 $\omega\in[0,1]^n$ 使得 $C_\mu(a)=\mathrm{OWA}_\omega(a)$, $\forall a\in A$. 此时 Choquet 积分所对应的非可加测度 μ 是基于势的 (对称的), 且有

$$\mu(T)=\sum_{i=n-|T|+1}^{n}\omega_i,\quad T\subset N \text{ 且 } T\neq\varnothing.$$

定理 4.3[73] 如果非空有限集 X 上的非可加测度 μ 是可能性测度 (即 μ 是模糊可加的), 则关于 μ 的 Sugeno 积分是可取大的 (即对任意 $a,a'\in A$, 有 $S_\mu(a_1\vee a'_1,\cdots,a_n\vee a'_n)=S_\mu(a)\vee S_\mu(a')$), 且存在一个向量 $\omega\in[0,1]^n$ 使得

$$S_\mu(a)=\bigvee_{i=1}^{n}(\omega_i\wedge a_i).$$

定理 4.4[73] 如果非空有限集 N 上的非可加测度 μ 是必要性测度 (即可能性测度的对偶测度), 则 S_μ 是可取小的 (即对任意 $a, a' \in A$, 有 $S_\mu(a_1 \wedge a'_1, \cdots, a_n \wedge a'_n) = S_\mu(a) \wedge S_\mu(a')$), 且存在一个向量 $\omega \in [0,1]^n$ 使得

$$S_\mu(a) = \bigwedge_{i=1}^{n}(\omega_i \vee a_i).$$

离散形式的 Sugeno 积分和 Choquet 积分还有如下关系.

定理 4.5[2,101,116] 如果非空有限集 X 上的非可加测度 μ 是 0-1 的, 则 $a \in [0,1]^n$ 关于 μ 的 Sugeno 积分值与 Choquet 积分值相等, 即 $S_\mu(a) = C_\mu(a)$.

定理 4.6[2,101,116] 设 μ 为非空有限集 X 上的非可加测度, 则 $a \in [0,1]^n$ 关于 μ 的 Sugeno 积分值与 Choquet 积分值有如下关系: $|S_\mu(a) - C_\mu(a)| \leqslant \dfrac{1}{4}$.

图 4.1 直观显示了本节所提到集成函数间的关系.

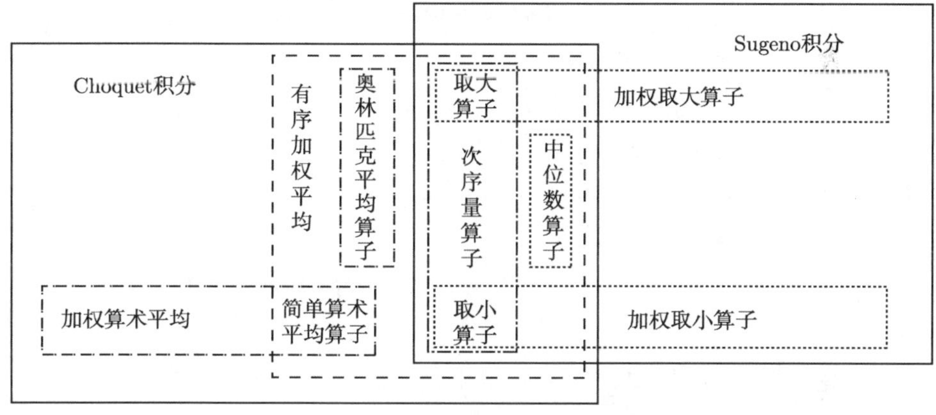

图 4.1 各集成函数之间的关系图

4.2 集成函数的集成性质

设 E 表示非空实数区间, 通常取 $E = [0,1]$, n 为大于等于 2 的整数, 则称函数 $f: E^n \to R$ 为集成函数. n 表示被集成值的个数. 下面介绍集成函数的集成性质的定义[108,113−115].

称集成函数为对称的, 如果对任一X上的置换π, 有 $f(a_1, \cdots, a_n) = f(a_{\pi(1)}, \cdots, a_{\pi(n)})$. 对称性意味着被集成量的序号或次序与最终集成结果无关, 即集成函数独立于准则的标签.

称集成函数为递增的, 如果任意 $a, a' \in E^n$, 有 $a_i \leqslant a'_i (i = 1, \cdots, n)$, 则一定有 $f(a) \leqslant f(a')$. 递增性是集成函数所必须具备的性质, 即候选方案 a 在每个准则上

的评价值都不劣于另一个候选方案 a', 则方案 a 的最终评价值也不能劣于方案 a' 的最终评价值. 换句话说, 候选方案在某一准则上的评价值的增加, 一定不能带来该方案总体评价值的降低.

称集成函数为一致递增的, 如果该集成函数是递增的, 并且有 $a_i < a'_i$ $(i = 1, \cdots, n) \Rightarrow f(a) < f(a')$. 如果说递增性意味着集成函数对任一准则上的评价值的增长给予非负响应的话, 那么一致递增性则意味着集成函数的响应是正向的, 即某一准则上的评价值的增长必然带来最终集成值的增长.

称集成函数为幂等的, 如果对于任意 $r \in E$, 有 $f(r, \cdots, r) = r$. 幂等性意味着候选方案在每个准则上的评价值都一样, 则最终集成值也不会出现其他值.

称集成函数为弱幂等的, 如果仅对闭区间 E 的左右两个端点 $\min(E)$ 和 $\max(E)$ 有 $f(\min(E), \cdots, \min(E)) = \min(E)$ 和 $f(\max(E), \cdots, \max(E)) = \max(E)$.

称集成函数为合取的, 如果对于所有 $a \in E^n$, 有 $f(a) \leqslant \bigwedge\limits_{i=1}^{n} a_i$. 合取性表示候选方案在各准则上评价值的最小值将是最终集成结果的一个上界, 因此被集成值中的最小值对总体集成值有重要影响.

称集成函数为析取的, 如果对于所有 $a \in E^n$, 有 $f(x) \geqslant \bigvee\limits_{i=1}^{n} a_i$. 与合取性相反, 析取性则意味着被集成值中最大值是最终集成结果的一个下界, 被集成值中的最大值对总体集成值有重要影响.

称集成函数为内部的, 或补偿的, 或有界的, 如果对于所有 $a \in E^n$, 有 $\bigwedge\limits_{i=1}^{n} a_i \leqslant f(x) \leqslant \bigvee\limits_{i=1}^{n} a_i$. 内部性意味着集成结果在被集成值的最小值与最大值之间, 大部分集成函数具有这个性质.

称集成函数对正数乘变换稳定的, 如果对于所有 $a \in E^n$, 任意 $r > 0$, $ra_i \in E$(此时 E 不要求为 $[0,1]$), 有 $f(ra_1, \cdots, ra_n) = rf(a)$.

称集成函数对正线性变换稳定的, 如果对于所有 $a \in E^n$, 任意 $r > 0$, $s \in R$ 且 $ra_i + s \in E$(此时 E 不要求为 $[0,1]$), 有 $f(ra_1 + s, \cdots, ra_n + s) = rf(a) + s$. 集成函数正线性变换稳定性意味着只要各准则上的评价值的取值区间是相同的, 则各候选方案的最终排序将是不变的.

称集成函数对标准取反运算稳定的, 如果有 $f(1 - a_1, \cdots, 1 - a_n) = 1 - f(a)$ 标准取反稳定性意味着对评价刻度的反转并不影响最终评价结果.

称集成函数对常向量取小稳定的, 如果对于所有 $a \in E^n$, $r \in E$, 有 $f(a_1 \wedge r, \cdots, a_n \wedge r) = f(a) \wedge r$.

称集成函数对常向量取大稳定的, 如果对于所有 $a \in E^n$, $r \in E$, 有 $f(a_1 \vee r, \cdots, a_n \vee r) = f(a) \vee r$; 对取小与取大稳定是关于以取大和取小为运算的集成函数的重要性质.

称集成函数在布尔向量与常向量间无补偿的, 如果对于 $r \in E$, 有 $f(re_T), f(e_T +$

$re_{N\backslash T}) \in \{f(e_T), r\}$ 其中, e_T 表示子集 T 的特征向量;

称集成函数为可加的, 如果对任意 $a, a' \in E^n$, 有 $f(a_1 + a'_1, \cdots, x_n + x'_n) = f(a) + f(a')$.

称集成函数为可取小的, 如果对任意 $a, a' \in E^n$, 有 $f(a_1 \wedge a'_1, \cdots, a_n \wedge a'_n) = f(a) \wedge f(a')$.

称集成函数为可取大的, 如果对任意 $a, a' \in E^n$, 有 $f(a_1 \vee a'_1, \cdots, a_n \vee a'_n) = f(a) \vee f(a')$.

称集成函数为同单调可加的, 如果对任意同单调的向量 $a, a' \in E^n$(即对任意 $i, j \in N$, 有 $(a_i - a_j)(a'_i - a'_j) \geqslant 0$), 有 $f(a_1 + a'_1, \cdots, a_n + a'_n) = f(a) + f(a')$.

称集成函数为同单调可取小的, 如果对任意同单调的向量 $a, a' \in E^n$ 有 $f(a_1 \wedge a'_1, \cdots, a_n \wedge a'_n) = f(a) \wedge f(a')$.

称集成函数为同单调可取大的, 如果对任意同单调的向量 $a, a' \in E^n$ 有 $f(a_1 \vee a'_1, \cdots, a_n \vee a'_n) = f(a) \vee f(a')$.

称集成函数为双对称的, 如果对任意的方阵

$$\boldsymbol{Y} = \begin{bmatrix} y_{11} & \cdots & y_{1n} \\ \vdots & & \vdots \\ y_{n1} & \cdots & y_{nn} \end{bmatrix} \in E^{n \times n},$$

有 $f(f(y_{11}, \cdots, y_{1n}), \cdots, f(y_{n1}, \cdots, y_{nn})) = f(f(y_{11}, \cdots, y_{n1}), \cdots, f(y_{1n}, \cdots, y_{nn}))$.

称集成函数为广义双对称的, 如果对任意的矩阵

$$\boldsymbol{Y} = \begin{bmatrix} y_{11} & \cdots & y_{1n} \\ \vdots & & \vdots \\ y_{p1} & \cdots & y_{pn} \end{bmatrix} \in E^{p \times n},$$

有 $f(f(y_{11}, \cdots, y_{1n}), \cdots, f(y_{p1}, \cdots, y_{pn})) = f(f(y_{11}, \cdots, y_{p1}), \cdots, f(y_{1n}, \cdots, y_{pn}))$. 假定矩阵 $\boldsymbol{Y}$ 是 n 个决策者对某候选方案在 p 个准则上的评价值构成的群决策矩阵, 如果想得到该候选方案的综合评价值, 可以这样进行集成: 先集成该候选方案在各个准则上的评价值 (先集成矩阵 $\boldsymbol{Y}$ 每行上的数值), 再将这些评价值集成起来, 形成方案最终评价值. 与这一集成过程相伴存在着另一集成过程: 即先集成该候选方案由某一决策者确定的综合评价值 (先集成矩阵 $\boldsymbol{Y}$ 每列上的数值), 再将这些评价值集成起来, 形成方案最终评价值. 因此广义双对称性要求这两个集成过程应该得相同的最终评价值.

称集成函数对可序化矩阵双对称的, 如果对任意的有序方阵

$$\boldsymbol{Y}=\begin{bmatrix} y_{11} & \cdots & y_{1n} \\ \vdots & & \vdots \\ y_{n1} & \cdots & y_{nn} \end{bmatrix}\in E^{n\times n},$$

以及 $(1,\cdots,n)$ 上的任意两个置换 π, π' 有 $f([f([y_{11},\cdots,y_{1n}]'_{\pi}),\cdots,f([y_{n1},\cdots,y_{nn}]'_{\pi})]_{\pi})=f([f([y_{11},\cdots,y_{n1}]_{\pi}),\cdots,f([y_{1n},\cdots,y_{nn}]_{\pi})]'_{\pi})$, 其中, 称方阵 $\boldsymbol{Y}$ 是有序方阵如果对任意的 $i\leqslant k$ 与 $j\leqslant l$, 有 $y_{ij}\leqslant y_{kl}$, 称方阵是可序化的, 如果该方阵可以通过调整某些行或某些列的次序成为有序方阵.

称集成函数对可序化矩阵广义双对称的, 如果对任意的有序矩阵

$$\boldsymbol{Y}=\begin{bmatrix} y_{11} & \cdots & y_{1n} \\ \vdots & & \vdots \\ y_{p1} & \cdots & y_{pn} \end{bmatrix}\in E^{p\times n},$$

以及 $(1,\cdots,n)$ 上的任意两个置换 π,π' 有 $f([f([y_{11},\cdots,y_{1n}]'_{\pi}),\cdots,f([y_{p1},\cdots,y_{pn}]'_{\pi})]_{\pi})=f([f([y_{11},\cdots,y_{p1}]_{\pi}),\cdots,f([y_{1n},\cdots,y_{pn}]_{\pi})]'_{\pi})$, 其中, 称矩阵 $\boldsymbol{Y}$ 是有序矩阵如果对任意的 $i\leqslant k$ 与 $j\leqslant l$, 有 $y_{ij}\leqslant y_{kl}$, 称矩阵是可序化的, 如果该矩阵可以通过调整某些行或某些列的次序成为有序矩阵.

4.3　非线性积分集成性质与公理化特性

首先来看 Sugeno 积分公理化特性.

定理 4.7[70−72]　设函数 $f:[0,1]^n\to R$, 以下命题是等价的:

(1) f 是递增的、幂等的、同单调可取小的、同单调可取大的.

(2) f 是递增的、对常向量取小稳定的、对常向量取大稳定的.

(3) f 是递增的、幂等的、在布尔向量与常向量间无补偿的.

(4) 存在集合 $X(|X|=n)$ 上的一个非可加测度 μ, 使得 $f=S_{\mu}$.

上述定理通过 3 个等价条件完成了对 Sugeno 积分公理化特征的完整刻画. 同时, 也说明了 Sugeno 积分满足递增性、幂等性等上述定理中所列出的集成性质. 此外, 如果非空有限集 X 上的非可加测度 μ 是基于势的 (对称的), 此时的 S_{μ} 满足对称性.

再来看 Sugeno 积分的子类集成函数: 加权取大算子与加权取小算子.

定理 4.8[70−72]　如果函数 $f:[0,1]^n\to R$ 满足弱幂等性、对常向量取大稳定的、可取大的当且仅当该函数是加权取大算子: $f=\mathrm{wmax}$.

定理 4.9[70−72] 如果函数 $f:[0,1]^n \to R$ 满足弱幂等性、对常向量取小稳定的、可取小的当且仅当该函数是加权取小算子: $f=\text{wmin}$.

下面分析 Choquet 积分及其子类集成函数的性质与公理化特征.

离散形式的 Choquet 积分满足递增性、一致递增性、幂等性、内部性或补偿性、对正数乘和正线性变换稳定性, 以及具有同单调可加性, 且对可序化矩阵双对称的.

定理 4.10[70,74] 设 $[0,1]\subset E$, 函数 $f:E^n\to R$, 则如下命题等价:

(1) f 是递增的、对正线性变换稳定的、同单调可加的.

(2) f 是递增的、对正线性变换稳定的、对可序化矩阵双对称的.

(3) 存在集合 $X(|X|=n)$ 上的一个非可加测度 μ, 使得 $f=C_\mu$.

定理 4.11[70,74] 设 $[0,1]\subset E\subset R^+$ 函数 $f:E^n\to R$, 则 E^n 上的 Choquet 积分恰恰是那些满足递增性、弱幂等性以及对同单调向量 $a,a'\in E^n$ 满足 $f(\gamma a+(1-\gamma)a')=\gamma f(a)+(1-\gamma)f(a')$, $\gamma\in[0,1]$, 的集成函数.

定理 4.12[70,74] 设 $[0,1]\subset E$ 函数 $f:E^n\to E$, 则 f 满足递增性、对正线性变换稳定性、对可序化矩阵广义双对称性当且仅当 f 是 C_μ.

加权算术平均算子 (WAM) 满足递增性、一致递增性、幂等性、对正线性变换稳定性、对标准取反运算稳定性、可加性和双对称性.

定理 4.13[70,74] 设 $[0,1]\subset E\subset R^+$ 函数 $f:E^n\to R$, 则 f 满足递增性、对正线性变换稳定性、可加性当且仅当 f 是 WAM.

定理 4.14[70,74] 设函数 $f:[0,1]^n\to[0,1]$, 则 f 满足递增性、对正数乘变换稳定性、对标准取反运算稳定性、双对称性当且仅当 f 是 WAM.

定理 4.15[70,74] 设函数 $f:[0,1]^n\to[0,1]$, 则 f 满足递增性、对正数乘变换稳定性、对标准取反运算稳定性、广义双对称性当且仅当 f 是 WAM.

有序加权平均算子 (OWA) 具有对称性、递增性、一致递增性、幂等性、对正线性变换稳定性、同单调可加性、可序化矩阵双对称性.

定理 4.16[70,74] 设 $[0,1]\subset E$, 函数 $f:E^n\to R$, 则如下命题等价:

(1) f 满足对称性、递增性、对正线性变换稳定性、同单调可加性.

(2) f 满足对称性、递增性、对正线性变换稳定性、可序化矩阵双对称性.

(3) 存在 $[0,1]^n$ 上的权重向量使得 $f=\text{OWA}$.

定理 4.17[70,74] 设 $[0,1]\subset E$, 函数 $f:E^n\to E$, 则 f 满足对称性、递增性、对正线性变换稳定性、对可序化矩阵广义双对称性当且仅当 $f=\text{OWA}$.

方便对照起见, 表 4.1 列出了各集成函数所具备的性质及其公理化特征.

表 4.1　各集成函数的集成性质与公理化特征

加权算术平均算子	有序加权平均算子	Choquet 积分	Sugeno 积分	加权取小算子	加权取大算子
递增性 (1)(2)(3)	递增性 (1)(2)(3)	递增性 (1)(2)(3)	递增性 (1)(2)(3)	递增性	递增性
一致递增性	一致递增性	一致递增性			
幂等性	幂等性	幂等性	幂等性 (1)(3)	幂等性	幂等性
弱幂等性	弱幂等性	弱幂等性	弱幂等性	弱幂等性 (1)	弱幂等性 (1)
内部的	内部的	内部的	内部的	内部的	内部的
正数乘变换稳定 (2)(3)	正数乘变换稳定	正数乘变换稳定	对常向量取小稳定 (2)	对常向量取小稳定 (1)	对常向量取小稳定 (1)
正线性变换稳定 (1)	正线性变换稳定 (1)(2)(3)	正线性变换稳定 (1)(2)(3)	对常向量取大稳定 (2)	对常向量取大稳定	对常向量取大稳定
同单调可加的	同单调可加的 (1)	同单调可加的 (1)	布尔向量与常向量间无补偿 (3)	布尔向量与常向量间无补偿	布尔向量与常向量间无补偿
可序化矩阵双对称性	可序化矩阵双对称性	可序化矩阵双对称性 (2)	同单调可取小 (1)	同单调可取小	同单调可取小
对可序化矩阵广义双对称性	对可序化矩阵广义双对称性 (3)	对可序化矩阵广义双对称性 (3)	同单调可取大 (1)	同单调可取大	同单调可取大
对标准取反运算稳定 (2)(3)	对称性 (1)(2)(3)			可取小 (1)	可取大 (1)
可加性 (1)	对可序化矩阵双对称的 (2)				
双对称性 (2)					
广义双对称 (3)					

注 1: 表中加括号的性质后跟随数字 (1)(2)(3) 分别表示某集成函数的公理化特征条件. 比如, 第 1 列中 “加权算术平均算子” 可以由标注数字 (1) 的 “递增性” “正线性变换性” “可加性” 等几个性质唯一确定, (见定理 4.13).

注 2: 各集成函数的某些公理特征之间的初始条件可能有所不同, 详细情况见有关定理的内容.

注 3: 定理 4.11 的内容没有在表中体现出来.

Sugeno 积分与 Choquet 积分可以灵活有效地描述和处理普遍存在于决策准则间从正到负的交互作用. 通过本章分析可以看出, Sugeno 积分与 Choquet 积分不仅可以表示诸多传统的集成函数, 还具有很好的集成性质, 而且通过比较少的公理化特征就可以完成对它们的刻画, 是适用于关联多准则决策分析的集成函数.

第 5 章　非可加测度的特殊类型

利用非可加测度描述决策准则的重要性以及准则间的交互作用, 需要对每个决策准则子集进行赋值. 对于涉及 n 个准则的决策问题, 除空集与决策准则全集的测度值分别为 0 与 1 外, 还需要对其余 2^n-2 个决策准则子集的测度值进行赋值. 这一赋值过程的指数级复杂度极大限制了非可加测度的实际应用能力. 为了合理有效地减少所需确定参数的数量, 学者们提出了可分解测度、k 序可加测度、p 对称测度、k 宽容与 k 不宽容测度等特殊类型的非可加测度.

5.1　可分解测度

Weber[4] 基于 t-余模[117,118] 的概念提出了一类特殊类型的非可加测度, 称为可分解测度.

定义 5.1[70,117,118]　称单位区间 $[0,1]$ 上的二元运算 "$\perp$" 为 t-余模, 如果对 $x,y,z\in[0,1]$, 满足以下条件:

(1) $x\perp 0=0\perp x=x$; (边界条件)

(2) $x\perp y=y\perp x$; (交换律)

(3) $(x\perp y)\perp z=x\perp(y\perp z)$; (结合律)

(4) $y\leqslant z\Rightarrow x\perp y\leqslant x\perp z$. (单调性)

下面是几种常见的 t-余模的类型.

逻辑和(logic sum): $x\vee y=\max(x,y)$;

有界和(bounded sum): $x\oplus y=\min(x+y,1)$;

代数和(algebraic sum): $x\dot{+}y=x+y-xy$;

激烈和(drastic sum):

$$x\dot{\vee}y=\begin{cases}1, & x>0,y>0,\\ r, & s=0,\\ s, & r=0;\end{cases}$$

λ-和 (λ-sum): $x\oplus_\lambda y=\min(x+y+\lambda xy,1)$, $\lambda\in(-1,\infty)$.

对于任意 t-余模 "$\perp$" 有下式成立:

$$x\vee y\leqslant x\perp y\leqslant x\dot{\vee}y,\quad \forall x,y\in[0,1].$$

定义 5.2[4,70]　设 $\perp$ 为 t-余模, 称非空有限集 X 上的集函数 $\mu:\mathcal{P}(X)\to[0,1]$ 为 $\perp$-可分解的, 或简称为可分解测度, 如果满足 $\mu(\varnothing)=0$, $\mu(X)=1$, 且对于任意两个不交子集 S,T, 有 $\mu(S\cup T)=\mu(S)\perp\mu(T)$.

据上述定义知, 可分解测度满足非可加测度的边界条件. 而由定义 5.1, t-余模的单调性使得可分解测度满足单调性. 确定包含 n 个决策准则的准则集 X 的可分解测度只需要 $n-1$ 个参数[70]. 显然, 经典的概率测度是有界和 $\oplus$- 可分解测度[70].

下面再介绍两类著名的可分解测度.

5.1.1　可能性测度

定义 5.3[3,70]　如果函数 $\pi:X\to[0,1]$ 满足 $\max\{\pi(x)|x\in X\}=1$, 则称之为集合 X 上的可能性分布(possibility distribution). 称集函数 $\mathrm{Pos}:\mathcal{P}(X)\to[0,1]$ 为集合 X 上的可能性测度(possibility measure), 如果存在集合 X 上的一个可能性分布 π, 使得对任意 $S\subset X$ 有

$$\mathrm{Pos}(S)=\max\{\pi(x)|x\in S\}.$$

特别地, 称 X 上的集函数 $\mathrm{Pos}_T:P(X)\to\{0,1\}$ 为基于集合 T 的 0-1 可能性测度, 如果

$$\mathrm{Pos}_T(S)=\begin{cases}1, & S\cap T\neq\varnothing,\\ 0, & S\cap T=\varnothing.\end{cases}$$

定理 5.1[3]　集函数 $\mathrm{Pos}:\mathcal{P}(X)\to[0,1]$ 是集合 X 上的可能性测度当且仅当对任意两个子集 $S,T\subset X$, 有

$$\mathrm{Pos}(S\cup T)=\mathrm{Pos}(S)\vee\mathrm{Pos}(T).$$

由上述定理可以得出, 可能性测度是关于逻辑和 "$\vee$" 的可分解测度, 即 $\vee$-可分解测度. 而 0-1 可能性测度是关于任意 t-余模 "$\perp$" 的可分解测度[70].

可能性测度的对偶测度称为必要性测度 (necessity measure).

定义 5.4[3,70]　称集函数 $\mathrm{Nec}:\mathcal{P}(X)\to[0,1]$ 为集合 X 上的必要性测度, 如果存在集合 X 上的一个可能性测度 Pos 使得对任意 $S\subset X$ 有

$$\mathrm{Nec}(S)=1-\mathrm{Pos}(X\backslash S).$$

特别地, 称基于集合 T 的 0-1 可能性测度对偶测度为基于集合 T 的 0-1 必要性测度, 记为 $\mathrm{Nec}_T:P(X)\to\{0,1\}$. 显然, 有

$$\mathrm{Nec}_T(S)=\begin{cases}1, & T\subset S,\\ 0, & T\not\subset S.\end{cases}$$

集合 X 上的必要性测度 Nec 也可以用 X 上的可能性分布 π 来表示:

$$\mathrm{Nec}(S)=1-\max\{\pi(x)|x\notin S\}.$$

对于任意 $S\subset X$, 有 $\mathrm{Pos}(S)=1$ 或 $\mathrm{Pos}(X\backslash S)=1$, 且有 $\mathrm{Nec}(S)=0$ 或 $\mathrm{Nec}(X\backslash S)=0$. 而且, 对于任意 $S\subset X$ 有 $\mathrm{Nec}(S)\leqslant\mathrm{Pos}(S)$.

定理 5.2[3] 集函数 $\mathrm{Nec}:\mathcal{P}(X)\to[0,1]$ 是集合 X 上的必要性测度当且仅当对任意两个子集 $S,T\subset X$, 有 $\mathrm{Nec}(S\cap T)=\mathrm{Nec}(S)\wedge\mathrm{Nec}(T)$.

可能性测度与必要性测度相关理论与实践受到广泛关注, 形成了较为完整的可能性理论[119].

5.1.2 λ-测度

定义 5.5[2,70,120] 设 $\lambda\in(-1,\infty)$, 称非空有限集 X 上的集函数 $g_\lambda:\mathcal{P}(X)\to[0,1]$ 为 λ-测度, 如果 $g_\lambda(X)=1$, 且对于任意两个不交子集 S,T, 有

$$g_\lambda(S\cup T)=g_\lambda(S)+g_\lambda(T)+\lambda g_\lambda(S)g_\lambda(T).$$

如果 $\lambda=0$, λ-测度是正规的可加测度, 即经典概率测度. 对 $\forall S\subset X$, 有 $g_\lambda(S)\in[0,1]$, 又 $\lambda\in(-1,\infty)$, 故 $1+\lambda g_\lambda(S)>0$. 因为

$$g_\lambda(\varnothing)=g_\lambda(\varnothing)+g_\lambda(\varnothing)+\lambda g_\lambda(\varnothing)g_\lambda(\varnothing),$$

进而, $g_\lambda(\varnothing)[1+\lambda g_\lambda(\varnothing)]=0$. 所以, $g_\lambda(\varnothing)=0$. 此外, 如果 $S\subset T\subset X$, 则有

$$\begin{aligned}g_\lambda(T)&=g_\lambda(S)+g_\lambda(T\backslash S)+\lambda g_\lambda(S)g_\lambda(T\backslash S)\\&=g_\lambda(S)+g_\lambda(T\backslash S)[1+\lambda g_\lambda(S)]\\&\geqslant g_\lambda(S),\end{aligned}$$

故 g_λ 也满足单调性. 因此, λ-测度 g_λ 是集合 X 上非可加测度.

可以看出, λ-测度是基于 λ-和的可分解测度. 单点集 $\{x_i\}$ 的 g_λ 测度值 $g_\lambda\{x_i\}$ 称为 λ-测度 g_λ 的测度密度[2,55,58]. λ-测度 g_λ 的测度值完全由其测度密度确定.

定理 5.3[2,55,58] 当 $\lambda\neq0$ 时, λ-测度 g_λ 的参数 λ 值 ($\lambda\neq0$ 时) 可由下面的方程来确定:

$$\frac{1}{\lambda}\left(\left(\prod_{i=1}^{n}(1+\lambda g_\lambda(\{x_i\}))\right)-1\right)=1,$$

当 $\sum\limits_{i=1}^{n}g_\lambda(\{x_i\})<1$ 时, 有 $\lambda>0$, λ-测度是超可加的; 当 $\sum\limits_{i=1}^{n}g_\lambda(\{x_i\})>1$ 时, 有 $\lambda<0$, λ-测度是次可加的. 当 $\sum\limits_{i=1}^{n}g_\lambda(\{x_i\})=1$ 时, 设定 $\lambda=0$, λ-测度是可加的, 即经典可加测度.

定理 5.4[2,55,58]　对于非空有限集 X 上的 λ-测度 g_λ, 若 $\lambda \neq 0$, 则对于任意 $S \subset X$, 其测度值为

$$g_\lambda(E) = \frac{1}{\lambda}\left[\prod_{i=1}^{n}(1+\lambda g_\lambda(\{x_i\})) - 1\right].$$

例 5.1[2,58]　设 $X = \{x_1, x_2, x_3\}$, X 上的 λ-测度 g_λ 的测度密度为

$$g_\lambda(\{x_1\}) = g_\lambda(\{x_2\}) = 0.2, \quad g_\lambda(\{x_3\}) = 0.1,$$

则由定理 5.3 可得

$$\frac{(1+\lambda g_\lambda(\{x_1\}))(1+\lambda g_\lambda(\{x_2\}))(1+\lambda g_\lambda(\{x_3\})) - 1}{\lambda} = 1,$$

即

$$\frac{(1+0.2\lambda)(1+0.2\lambda)(1+0.1\lambda) - 1}{\lambda} = 1,$$

进而, 有

$$0.004\lambda^2 + 0.08\lambda - 0.5 = 0.$$

解之, 可得 $\lambda = 5$ 或 -25. 因 $-25 < -1$, 舍去, 所以取 $\lambda = 5$.

进而, 由定理 5.4(或定义 5.5) 可得

$$\begin{aligned} g_\lambda(\{x_1, x_2\}) &= [(1+\lambda g_\lambda(\{x_1\}))(1+\lambda g_\lambda(\{x_2\})) - 1]/\lambda \\ &= [(1+0.2\times 5)(1+0.2\times 5) - 1]/5 \\ &= 0.6. \end{aligned}$$

类似地, 有 $g_\lambda(\{x_1, x_3\}) = g_\lambda(\{x_2, x_3\}) = 0.4$.

然而, λ-测度存在着一个重要缺陷[2,47]. 它只能表示各准则间的一类交互作用, 即要么全部准则间存在正的交互作用, 要么全部为负的交互作用, 要么全部彼此完全独立. λ-测度不能充分体现存在于决策准则间的多种交互作用, 减弱了非可加测度的表示能力. 可分解测度也存在着类似与 λ-测度的缺陷, 即其值往往完全由测度密度来确定, 在降低所需确定参数数量的同时, 极大的限制或削弱了非可加测度的描述能力.

基于此, 学者们提出了其他特殊类型的非可加测度[2,47]. 主要包括 k 序可加测度[5]、p 对称非可加测度[7]、k 宽容与 k 不宽容非可加测度[8] 等.

5.2 k 序可加测度

定义 5.6[2,5] 设 $k \in \{1, \cdots, n\}$. 非空有限集 X 上的非可加测度 μ 称为 k 序可加的, 如果它的默比乌斯表示形式对 $\forall S \subset X$ 且 $|S| > k$ 有 $m(S) = 0$, 并且至少存在一个子集 T, $|T| = k$, 使得 $m(T) \neq 0$.

对于 k 序可加测度, 只需要确定势小于等于 k 的集合的默比乌斯表示的值, 再通过默比乌斯表示与非可加测度的转换关系 (式 (2.2)), 即可确定所有子集的测度值. 因此, 确定包含 n 个准则的决策准则集上的一个 k 序可加测度, 最多需要

$$\sum_{j=1}^{k} \binom{n}{j} \leqslant 2^n$$

个参数. 比如, 当 $k = 1$ 时, 只需要确定 n 个参数; 当 $k = 2$ 时, 2 序可加测度需要确定 $[n(n+1)]/2$ 个参数. 随着 k 的增加, 非可加测度的参数也越多, 其表现能力就越强. 随着 k 值从 1 到 n 的变化, k 序可加测度可以覆盖非空有限集 X 上任意复杂度的非可加测度[2].

由默比乌斯表示与非可加测度的转换关系 (即式 (2.2)), 不难验证, 1 序可加测度就是经典的可加测度. 而对于 2 序可加测度有以下式子成立:

$$\begin{aligned}
&\mu(\{x_i\}) = m(\{x_i\}), \quad i = 1, \cdots, n, \\
&\mu(\{x_i, x_j\}) = m(\{x_i\}) + m(\{x_j\}) + m(\{x_i, x_j\}), \quad i, j = 1, \cdots, n \text{ 且 } i \neq j, \\
&\mu(S) = \sum_{x_i \in S} m(\{x_i\}) + \sum_{\{x_i, x_j\} \subset S} m(\{x_i, x_j\}) \\
&\quad\;\;\, = \sum_{\{x_i, x_j\} \subset S} \mu(\{x_i, x_j\}) - (|S| - 2) \sum_{x_i \in S} \mu(\{x_i\}), \quad S \subset X \text{ 且 } |S| > 2.
\end{aligned}$$

因此, 2 序可加测度也可以完全由其单个准则的测度值 $\mu(\{x_i\})$ 以及所有准则对的测度值 $\mu(\{x_i, x_j\})$ 来确定.

由默比乌斯表示与 Shapley 交互作用指标的转换关系 (式 (2.4)), 以及默比乌斯表示与 Banzhaf 交互作用指标的转换关系, 可以得到 k 序可加测度 μ 有如下性质[70]:

(1) 对任意 $S \subset X$ 且 $|S| > k$, 有 $I_{\mathrm{Sh}}(S) = I_{\mathrm{B}}(S) = 0$;

(2) 对任意 $S \subset X$ 且 $|S| = k$, 有 $I_{\mathrm{Sh}}(S) = I_{\mathrm{B}}(S) = m(S)$.

这意味着, k 序可加测度最多只考虑 k 个决策准则间的整体交互作用, 而假定大于 k 个决策准则间的整体交互作用为零. 需要指出的是, 2 序可加测度只涉及准则的重要性和两个准则间交互性, 而忽略 3 个及以上的准则间的交互作用, 很好地解决

了复杂性和表现能力之间的矛盾, 结构简单、表述灵活, 在实际多准则决策分析中被广泛接受和普遍应用[44].

此外, 对于 2 序可加测度, 任意子集的 Shapley 交互作用指标与 Banzhaf 交互作用指标完全相等, 即有: 若集合 X 上的非可加测度 μ 为 2 序可加的, 有

$$I_{\mathrm{Sh}}(S) = I_{\mathrm{B}}(S), \quad \forall S \subset X.$$

下面给出 2 序可加测度的交互作用值与其默比乌斯表示之间的关系:

$$\begin{cases} I_i = m(\{x_i\}) + \dfrac{1}{2} \displaystyle\sum_{\{x_i, x_j\} \subset X} m(\{x_i, x_j\}), \\ I_{ij} = m(\{x_i, x_j\}), \end{cases} \tag{5.1}$$

以及

$$\begin{cases} m(\{x_i\}) = I_i - \dfrac{1}{2} \displaystyle\sum_{\{x_i, x_j\} \subset X} I_{ij}, \\ m(\{x_i, x_j\}) = I_{ij}. \end{cases} \tag{5.2}$$

例 5.2(改编自文献 [121]) 假定某决策者要对表 5.1 中所列汽车进行综合评价并排序. 表 5.1 中第 1 列为汽车名称及型号, 第 2—5 列为各车型在价格 (准则 1)、0—100 公里/小时加速时间 (准则 2)、最大时速 (准则 3)、百公里油耗 (准则 4) 这四个方面 (准则) 的评价值. 方便起见, 简记准则集为 $X = \{1, 2, 3, 4\}$.

表 5.1　各车型在相应准则上的评价值

车型	价格	0—100 公里/小时加速时间	最大时速	百公里油耗
Audi A3 1.6 Attraction	0.151	0.960	0.962	0.341
BMW 316i	0.036	0.610	0.974	0.060
Daewoo Nexia 1.5i GL 5p	0.750	0.797	0.680	0.499
Ford Escort Cabrio 1.6 16V Luxury	0.197	0.601	0.834	0.069
Rover 111 Kensington SE 3p	0.808	0.582	0.153	0.900
Seat Ibiza 1.4 5p Slalom	0.703	0.486	0.171	0.532
VolksWagen Polo 1.6 3p Sportline	0.237	0.943	0.738	0.486

决策者认为各准则的重要性依次为

价格 (准则 1)、0—100 公里/小时加速时间 (准则 2)、百公里油耗 (准则 4)、最大时速 (准则 3), 即

$$\text{准则}1 \succ \text{准则}2 \succ \text{准则}4 \succ \text{准则}3.$$

进而, 决策者对各准则间的交互作用给出如下规定:

(1) 准则 1 与 2(价格与 0—100 公里/小时加速时间)、准则 1 与 3(价格与最大时速)、准则 2 与 4(0—100 公里/小时加速时间与百公里油耗)、准则 3 与 4(最大时速与百公里油耗) 是互补的, 即存在正的交互作用;

(2) 准则 1 与 4(价格与百公里油耗)、准则 2 与 3(0—100 公里/小时加速时间与最大时间) 间是冗余的, 即存在负的交互作用;

(3) 忽略 3 个及更多准则间的交互作用.

因此, 可以用一个 2 序可加测度来描述决策准则的重要性与其间的交互作用. 通过某种辅助算法[121], 可确定各准则的重要性 (Shapley 值) 以及准则间的交互作用值 (Shapley 交互作用指标值), 如表 5.2 所示.

表 5.2 各准则重要性及交互作用

	价格	0—100 公里/小时加速时间	最大时速	百公里油耗	重要性
价格	—	0.258	0.020	−0.157	0.438
0—100 公里/小时加速时间	0.258	—	−0.142	0.101	0.256
最大时速	0.020	−0.142	—	0.017	0.128
百公里油耗	−0.157	0.101	0.017	—	0.179

由表 5.2 可得, 各准则的重要性与交互作用为

$$I_1 = 0.438,\quad I_2 = 0.256,\quad I_3 = 0.128,\quad I_4 = 0.179,\quad I_{12} = 0.258,$$

$$I_{13} = 0.020,\quad I_{14} = -0.157,\quad I_{23} = -0.142,\quad I_{24} = 0.101,\quad I_{34} = 0.017,$$

对于 $S \subset X$ 且 $|S| \geqslant 3$ 时, 有 $I(S) = 0$.

根据式 (5.2) 可得, 各准则子集的默比乌斯表示值为

$$m(\{1\}) = 0.377,\quad m(\{2\}) = 0.221,\quad m(\{3\}) = 0.147,\quad m(\{4\}) = 0.156,$$

$$m(\{1,2\}) = 0.258,\quad m(\{1,3\}) = 0.020,\quad m(\{1,4\}) = -0.157,$$

$$m(\{2,3\}) = -0.142,\quad m(\{2,4\}) = 0.101,\quad m(\{3,4\}) = 0.017,$$

对于 $S \subset X$ 且 $|S| \geqslant 3$ 时, 有 $m(S) = 0$.

根据默比乌斯表示与非可加测度的转换关系 (即式 (2.2)), 可得各准则子集的非可加测度值, 如表 5.3 所示.

表 5.3 各准则子集的非可加测度

子集	测度值	子集	测度值	子集	测度值	子集	测度值
∅	0.000	{4}	0.156	{2,3}	0.226	{1,2,4}	0.947
{1}	0.377	{1,2}	0.856	{2,4}	0.478	{1,3,4}	0.708
{2}	0.221	{1,3}	0.544	{3,4}	0.360	{2,3,4}	0.510
{3}	0.147	{1,4}	0.383	{1,2,3}	0.861	{1,2,3,4}	1.000

进而可以用 Choquet 积分 (式 (2.8)) 来集成各车型在各准则上的评价值, 得到综合评价值, 如表 5.4 所示.

表 5.4　各车型的综合评价值及相应排名

	Audi A3	BMW 316i	Daewoo Nexia	Ford Escort	Rover 111	Seat Ibiza	VolksWagen Polo
Choquet 积分值	0.387	0.226	0.729	0.307	0.663	0.555	0.465
排名	5	7	1	6	2	3	4

故决策者认为车型 Daewoo Nexia 为最佳选择.

5.3　p 对称非可加测度

k 序可加测度拓展了可加性的定义, 而 Miranda 等[7] 则从无差异子集的角度拓展了对称测度的概念, 提出了 p 对称非可加测度.

为说明无差异子集的概念, 首先回顾一下有序加权平均算子. 该集成函数只关注候选方案在各准则上评价值的大小次序, 而不计较这些评价值究竟是在哪个准则上取得的. 正如定理 4.2 所述, 有序加权平均算子对应的非可加测度是基于势的, 也称为是对称的, 即其测度值只依赖于子集的势, 而不关注该子集的构成元素. 这就意味着所有的准则具有相同的重要性, 准则之间没有任何差异. 换句话说, 准则集 X 本身就是一个无差异子集. 当然, 准则集有可能包含 2 个或 3 个无差异子集, 其对应的非可加测度就可以称为 2 对称的或 3 对称的.

定义 5.7[7]　称非空有限集 X 中两个元素 x_i, x_j 关于 X 上的非可加测度 μ 是无差异的当且仅当对于任意 $A\subset X\backslash\{x_i,x_j\}$, 有

$$\mu(A\cup\{x_i\})=\mu(A\cup\{x_j\}).$$

元素 x_i, x_j 是无差异的, 则子集 $\{x_i,x_j\}$ 称为一个无差异子集.

可以拓展这一概念至更一般形式的情形.

定义 5.8[7]　设 μ 为非空有限集上 X 的非可加测度, 称子集 $S\subset X$ 为关于 μ 的无差异子集当且仅当对所有 $T_1,T_2\subset S$ 且 $|T_1|=|T_2|$, 则对任意子集 $P\subset X\backslash S$ 有

$$\mu(P\cup T_1)=\mu(P\cup T_2).$$

显然, 任意无差异子集的子集仍是无差异子集, 只包含一个准则的准则集合都是无差异子集.

例 5.3[7]　设子集 $S\subset X$ 为关于 X 上的非可加测度 μ 的无差异子集, 在上述定义中, 令 $P=\varnothing$, 则有

$$\mu(\{x_i\})=\mu(\{x_j\}),\quad \forall x_i,x_j\in S;$$

$$\mu(\{x_i, x_j\}) = \mu(\{x_k, x_l\}), \quad \forall x_i, x_j, x_k, x_l \in S.$$

定义 5.9[7] 称非空有限集 X 上的非可加测度 μ 为 2 对称的当且仅当存在集合 X 的一个分割$\{S, X\backslash S\}$ 且 $S, X\backslash S \neq \varnothing$, 使得 S 与 $X\backslash S$ 是关于 μ 的无差异子集, 但 X 不是无差异子集.

定义 5.10[7] 设非空有限集 X 的两个分割为 $\{S_1, \cdots, S_p\}$, $\{T_1, \cdots, T_r\}$, 称分割 $\{S_1, \cdots, S_p\}$ 比分割 $\{T_1, \cdots, T_r\}$ 粗糙, 如果

$$\forall S_i \in \{S_1, \cdots, S_p\}, \quad \exists\, T_j \in \{T_1, \cdots, T_r\}, \quad 使得\ T_j \subset S_i.$$

定义 5.11[7] 称非空有限集 X 上的非可加测度 μ 为 p 对称的当且仅当存在由集合 X 中无差异子集构成的最粗糙分割$\{S_1, \cdots, S_p\}$ 且 $\forall S_i \neq \varnothing, i \in \{1, \cdots, p\}$. 分割 $\{S_1, \cdots, S_p\}$ 称为 p 对称非可加测度 μ 的基础.

显然, 1 对称非可加测度就是对称的 (基于势的) 非可加测度. n 对称非可加测度就是一般的非可加测度.

对于 p 对称非可加测度 μ 的基础 $\{S_1, \cdots, S_p\}$, 集合 X 的任意子集 $S \subset X$ 都可以用一个 p 维向量 $(s_1, \cdots, s_p)$ 来表示, 其中 $s_i = |S \cap S_i|$. 而 s_i 的取值可以为 $\{0, 1, \cdots, |S_i|\}$, 即共有 $|S_i| + 1$ 个可能取值. 又

$$\mu(\varnothing) = \mu(\underbrace{0, \cdots, 0}_{p个} = 0, \quad \mu(X) = \mu(|S_1|, \cdots, |S_p|) = 1.$$

因此, 定义一个 p 对称非可加测度只需要确定 $(|S_1| + 1) \times \cdots \times (|S_p| + 1) - 2$ 个参数. 可以看出, 确定 p 对称非可加测度的参数数量不仅与最粗糙分割的子集数量有关, 还与各个子集的势的大小有关.

下例直观解释了 p 对称非可加测度的实际决策意义以及系数确定过程.

例 5.4[7] 现由四位老师 (包括两位数学老师 M_1, M_2 和两位物理老师 P_1, P_2) 来对一些学生进行综合评价, 四位老师可以看作这一决策问题的决策准则. 假定现在没有任何信息来帮助区分两位数学老师 M_1, M_2 孰优孰劣, 同样也不能对两位物理老师 P_1, P_2 在评价过程的重要性进行区分. 只是了解到, 此次评价过程更注重考查学生的数学水平.

因此, 可以得出如下决策信息:

(1) 在此次评价过程中, 决策准则集为 $X = \{M_1, M_2, P_1, P_2\}$;

(2) 两位数学老师 M_1, M_2 在整个评价过程的作用是完全相同的, 两位物理老师在整个评价过程中的作用也是完全相同的;

(3) 任一数学老师 M_i, $i = 1, 2$, 的评价都重要于任一物理老师 P_j, $j = 1, 2$, 的评价.

所以, $\{M_1, M_2\}, \{P_1, P_2\}$ 就成为此次决策过程中的无差异子集, 而 $\{\{M_1, M_2\}, \{P_1, P_2\}\}$ 恰恰是决策准则由无差异子集构成的集合 X 的最粗糙分割. 故可以用一个 2 对称非可加测度来描述决策准则的重要性.

下面来看如何确定准则集为 $X = \{M_1, M_2, P_1, P_2\}$ 上的 2 对称非可加测度. 任何子集 $S \subset X$ 都可以用一个 2 维向量来表示, 比如子集 $\{M_1\}$ 可以表示为 $(1,0)$, 而 $\{M_1, P_1, P_2\}$ 可表示为 $(1,2)$. 又据非可加测度的边界条件, 空集和全集的测度值分别为 0 和 1. 故确定此 2 对称非可加测度 μ 只需确定 $3\times 3-2=7$ 个参数. 例如, 该 2 对称非可加测度 μ 可以确定为

$$
\begin{aligned}
&\mu(M_i) = 0.3, \quad i = 1, 2;\\
&\mu(P_j) = 0.2, \quad j = 1, 2;\\
&\mu(M_1, M_2) = 0.5;\\
&\mu(P_1, P_2) = 0.3;\\
&\mu(M_i, P_j) = 0.8;\\
&\mu(M_1, M_2, P_j) = 0.9;\\
&\mu(P_1, P_2, M_i) = 0.85.
\end{aligned}
$$

可见, p 对称非可加测度基于无差异子集的概念拓展了对称测度, 并适合于描述匿名决策等特殊的多准则决策类型, 而 Marichal[8] 于 2007 年提出的 k 宽容与 k 不宽容非可加测度则适用于满足 k 个决策准则即可与不满足 k 个决策准则即否决的决策类型.

5.4 k 宽容与 k 不宽容非可加测度

k 宽容与 k 不宽容非可加测度与 Choquet 积分作为集成函数时的宽容与不宽容特性[122] 密切相关的.

首先来分析集成函数的宽容与不宽容特性. 设 $f : [0,1]^n \to [0,1]$ 为集成函数, 且超立方 $[0,1]^n$ 为一均匀分布的概率空间, 则集成函数 f 的数学期望可表示为

$$E(f) = \int_{[0,1]^n} f(x)\,\mathrm{d}x.$$

对于内部的 (或补偿的) 的集成函数 ($\min \leqslant f \leqslant \max$), 可以在区间值 $[E(\min), E(\max)]$ 内来刻画该集成函数的宽容与不宽容特性, 即定义如下 "与度(andness)" 和 "或度(orness)" 的概念[122]:

$$\text{andness}(f) = \frac{E(\max) - E(f)}{E(\max) - E(\min)},$$

$$\text{orness}(f)=\frac{E(f)-E(\min)}{E(\max)-E(\min)}.$$

集成函数的“与度”和“或度”分别描述了它的平均值接近取小函数与取大函数平均值的程度, 可以作为其宽容与不宽容的一个整体度量值. 当然还可以进一步细致刻画集成函数的宽容与不宽容程度.

称函数 $\text{OS}_k:[0,1]^n\to[0,1]$ 为第 k 个次序量函数, 即

$$\text{OS}_k(a)=a_{(k)},$$

其中, $a\in[0,1]^n$, $a_{(k)}$ 为 $a_1,\cdots,a_n$ 中第 k 个最小值, 则有期望

$$E(\text{OS}_k)=k/(n+1),\quad k\in\{1,\cdots,n\}.$$

进而, 集合 $\{E(\text{OS}_k)|k=1,\cdots,n\}$ 成为区间 $[0,1]$ 的一个分割, 将区间 $[0,1]$ 分成了 $n+1$ 等份. 现在可以引入集成函数 k 不宽容的概念.

定义 5.12[8] 设 $k\in\{1,\cdots,n\}$, 称集成函数 $f:[0,1]^n\to[0,1]$ 为 k 不宽容的, 如果有

$$f\leqslant\text{OS}_k \text{ 且 } f>\text{OS}_{k-1},$$

其中, $\text{OS}_0=0$.

显然, 对于任意 k 不宽容集成函数 f, 有

$$E(f)\leqslant E(\text{OS}_k),$$

$$\text{andness}(f)\geqslant\text{andness}(\text{OS}_k),$$

$$\text{orness}(f)\leqslant\text{orness}(\text{OS}_k).$$

定义 5.13[8] 设 $k\in\{1,\cdots,n\}$, 称集成函数 $f:[0,1]^n\to[0,1]$ 为 k 宽容的, 如果有

$$f\geqslant\text{OS}_{n-k+1} \text{ 且 } f<\text{OS}_{n-k+2},$$

其中, $\text{OS}_{n+1}=1$.

显然, 对于任意 k 不宽容集成函数 f, 其对偶函数 $f^*:[0,1]^n\to[0,1]$,

$$f^*(a_1,\cdots,a_n)=1-f(1-a_1,\cdots,1-a_n),\quad a\in[0,1]^n,$$

一定是 k 宽容的.

如 4.1 节所述, Choquet 积分拓展了加权算术平均、有序加权平均等集成函数, 具有良好的集成特性. 下面的两个定理分别刻画了 Choquet 积分的宽容与不宽容特性, 也可以看成是对 Choqeut 积分集成性质的补充.

定理 5.5[8]　设 $k \in \{1, \cdots, n\}$, μ 为非空有限集 X 上的非可加测度, 对任意 $a \in [0,1]^n$, 其关于 μ 的 Choquet 积分值记为 $C_\mu(a)$, $(a_{(1)}, \cdots, a_{(n)})$ 表示 $(a_1, \cdots, a_n)$ 上一个置换, 使得 $a_{(1)} \leqslant \cdots \leqslant a_{(n)}$, 则下述命题等价:

(1) $C_\mu(a) \geqslant a_{(n-k+1)}$;

(2) $\forall S \subset X$ 且 $|S| \geqslant k$, 有 $\mu(S) = 1$;

(3) $\forall a \in [0,1]^n$ 且 $a_{(n-k+1)} = 1$, 则 $C_\mu(a) = 1$;

(4) $C_\mu(a)$ 的值与 $a_{(1)}, \cdots, a_{(n-k+1)}$ 无关.

定理 5.6[8]　设 $k \in \{1, \cdots, n\}$, μ 为非空有限集 X 上的非可加测度, 对任意 $a \in [0,1]^n$, 其关于 μ 的 Choquet 积分值记为 $C_\mu(a)$, $(a_{(1)}, \cdots, a_{(n)})$ 表示 $(a_1, \cdots, a_n)$ 上一个置换, 使得 $a_{(1)} \leqslant \cdots \leqslant a_{(n)}$, 则下述命题等价:

(1) $C_\mu(a) \leqslant a_{(k)}$;

(2) $\forall S \subset X$ 且 $|S| \leqslant n-k$, 有 $\mu(S) = 0$;

(3) $\forall a \in [0,1]^n$ 且 $a_{(k)} = 0$, 则 $C_\mu(a) = 0$;

(4) $C_\mu(a)$ 的值与 $a_{(k+1)}, \cdots, a_{(n)}$ 无关.

定义 5.14[8]　设 $k \in \{1, \cdots, n\}$, 称非空有限集 X 上的非可加测度 μ 为 k 宽容的, 如果对于所有的势大于等于 k 的子集 $S \subset X$, 即 $|S| \geqslant k$, 则有 $\mu(S) = 1$, 并且至少存在一个子集 $T \subset X$, $|T| = k-1$, 使得 $\mu(T) \neq 1$.

定义 5.15[8]　设 $k \in \{1, 2, \cdots, n\}$, 称非空有限集 X 上的非可加测度 μ 为 k 不宽容的, 如果对于所有的势小于等于 $n-k$ 的子集 $S \subset X$, 即 $|S| \leqslant n-k$, 则有 $\mu(S) = 0$, 并且至少存在一个子集 $T \subset X$, $|T| = n-k+1$, 使得 $\mu(T) \neq 0$.

显然, k 不宽容测度的对偶测度即是 k 宽容测度. 定义非空集合 $X = \{x_1, \cdots, x_n\}$ 上一个 k 宽容或 k 不宽容非可加测度, 只需要确定参数个数为

$$\sum_{i=1}^{k-1} \begin{pmatrix} n \\ i \end{pmatrix} \leqslant 2^n,$$

其复杂级为 $O(n^{k-1})$, 而确定普通非可加测度的复杂度为 $O(2^n)$. 随着 k 值从 1 到 n 的变化, k 宽容或 k 不宽容非可加测度可以覆盖所有定义在非空集合 X 的非可加测度.

定义 5.16[8]　设 $f : [0,1]^n \to [0,1]$ 为集成函数, 准则 $x_j \in X$ 被称为集成函数 f 的否决准则, 如果 $f(a) \leqslant a_j$, $a \in [0,1]^n$.

否决准则的定义与 k 宽容相类似, 只是涉及某一个准则而已. 显然, 候选方案在否决准则上表现不佳, 就不可能得到好的综合评价值.

定义 5.17[8]　设 $f : [0,1]^n \to [0,1]$ 为集成函数, 准则 $x_j \in X$ 被称为集成函数 f 的支撑准则, 如果 $f(a) \geqslant a_j$, $a \in [0,1]^n$.

当 Choquet 积分作为集成函数时, 可以得到类似于定理 5.5 与 5.6 的定理.

定理 5.7[8] 设 μ 为非空有限集 X 上的非可加测度, 准则 $x_j \in X$, 则下述命题等价:

(1) $C_\mu(a) \leqslant a_j, \forall a \in [0,1]^n$;

(2) $\forall S \subset X$ 且 $x_j \notin S$, 有 $\mu(S)=0$;

(3) $\forall a \in [0,1]^n$ 且 $a_j=0$, 则 $C_\mu(a)=0$;

(4) 若 $a_i \geqslant a_j$, 则 $C_\mu(a)$ 的值与 a_i 无关.

定理 5.8[8] 设 μ 为非空有限集 X 上的非可加测度, 准则 $x_j \in X$, 则下述命题等价:

(1) $C_\mu(a) \geqslant a_j, \forall a \in [0,1]^n$;

(2) $\forall S \subset X$ 且 $x_j \in S$, 有 $\mu(S)=1$;

(3) $\forall a \in [0,1]^n$ 且 $a_j=1$, 则 $C_\mu(a)=1$;

(4) 若 $a_i \leqslant a_j$, 则 $C_\mu(a)$ 的值与 a_i 无关.

下面给出 k 宽容与 k 不宽容非可加测度的应用实例.

例 5.5[8] 在现实社会中, 会面临着许多决策问题需要持以宽容的态度, 尤其是在多个准则无法同时满足或潜在的候选方案并不是很多的情况下. 考虑某家庭购房问题, 拟从以下准则来最终决策购买何处房产:

(1) 毗邻某学校;

(2) 住房周围有公园, 可供孩子玩耍;

(3) 小区的人文环境要好;

(4) 交通便利;

(5) 周围有大型超市, 购物便利;

(6) 周围没有大型的车站或机场, 较为安静.

可想而知, 很难找到同时满足如上所述 6 个条件的房产, 于是决定只要能够满足其中的 5 个准则即可. 因此, 在这一现实决策问题中, 可以用一个 5 宽容非可加测度来描述决策准则的重要性及其间的交互作用.

例 5.6(改编自文献 [8]) 在现实生活中的某些情况下, 决策者也会面临着对候选方案不宽容的、宁缺毋滥的决策情形. 例如, 某大学要考虑引进一位高层次人才, 拟通过如下标准对各候选人的学术水平进行评价:

(1) 学术经历;

(2) 教学能力;

(3) 团队领导及协作能力;

(4) 英语交流水平;

(5) 所在专业的工作经历;

(6) 专家或机构的推荐意见.

现规定: 如果候选人在 6 个准则上所得评价值中, 如有 2 项完全落后于其他候选人, 则肯定不予录用.

在这个高层次人才选择的现实问题中, 决策者可以用一个 2 不宽容非可加测度来描述决策准则的重要性及其间的交互作用.

例如, 令决策准则集为 $X=\{1,2,3,4,5,6\}$, 可设

$$\begin{aligned}&\mu(\{1,3,4,5,6\})=0.3,\\&\mu(\{1,2,3,4,6\})=0.5,\\&\mu(\{1,2,4,5,6\})=0.7,\\&\mu(X)=1,\end{aligned}$$

对于其他任意子集 $S\subset X$, 有 $\mu(S)=0$.

现有 6 位候选人在各准则上的评价值及综合评价值如表 5.5 所示.

表 5.5　各候选人在相应准则上的评价值及综合评价值

	准则 1	准则 2	准则 3	准则 4	准则 5	准则 6	Choquet 积分值
候选人 1	0.0	1.0	1.0	1.0	1.0	1.0	0.0
候选人 2	1.0	1.0	1.0	0.0	1.0	1.0	0.0
候选人 3	1.0	0.0	1.0	1.0	1.0	1.0	0.3
候选人 4	1.0	1.0	0.0	1.0	1.0	0.5	0.35
候选人 5	1.0	1.0	0.0	1.0	1.0	1.0	0.7
候选人 6	1.0	1.0	0.5	1.0	1.0	1.0	0.85

通过非可加测度值及各候选人的最终评价结果可以看出, 评价过程对准则 1 以及准则 4、准则 5 较为重视, 例如候选人 1 与候选人 2 的综合评价值为 0.0. 同时, 也进一步验证了基于 2 不宽容非可加测度的 Choquet 积分值不会大于各准则评价值中的次小值, 例如, 对于候选人 4, 有最终评价值 0.35< 次小值 0.5.

本章对几类特殊的非可加测度的数学结构及决策意义进行了分析与阐述. 可分解测度所需确定参数较少, 但只能描述决策准则间整体互补、或整体冗余的交互现象. k 序可加测度是对非可加测度的 k 阶近似, 忽略了更高阶的交互作用, 且可以灵活描述准则间的任意交互作用. p 对称非可加测度适用于描述匿名决策等包含无差异子集的决策类型. k 宽容与 k 不宽容非可加测度则反映了 Choquet 积分在集成方面的宽容与不宽容特性, 适用于满足 k 个决策准则, 即可与不满足 k 个决策准则即否决的决策类型. k 序可加测度、p 对称非可加测度、k 宽容与 k 不宽容非可加测度, 随着参数 k(或 p) 值从 1 到 n 的变化, 可以覆盖定义在非空集合 X 的所有非可加测度. 在多准则决策分析中, k 序可加测度, 尤其是 2 序可加测度, 应用极为广泛.

第二部分　非可加测度确定方法

为解决基于非线性积分的多准则决策分析在确定非可加测度时所面临的指数级复杂性, 学者们提出了各种有效的确定非可加测度的方法. 这些方法可以分成两类: 一类是基于训练集的确定方法, 这类方法是目前的主流方法; 另一类是基于准则偏好信息的确定方法.

基于训练集的非可加测度确定方法有两个主要特点: 一是鉴于 Choquet 积分的良好集成特性, 以及其计算过程可以线性表示、拓展加权算术平均与有序加权平均等传统集成算子等诸多优势, 基于训练集的确定方法几乎都以 Choquet 积分作为集成函数来研究; 二是借助相关优化理论与方法进行模型构建与求解.

基于训练集确定非可加测度方法的基本思路是以非可加测度为变量构建优化模型, 使基于优化模型最优解 (最优非可加测度) 的 Choquet 积分能很好地贴近或刻画出决策者关于训练集中各候选方案的偏好信息[46]. 通常, 决策者可以从候选方案集 A 中选出一些典型的候选方案, 或者构造一些特殊的候选方案, 并能较合理地给出这些候选方案的总体优劣关系或偏好顺序. 这些选定或构造的候选方案及其相应的偏好顺序就构成了训练集(learning set)[46,47], 记为 L, 决策者提供的基于训练集 L 上的不完全序关系记为 $\succeq$.

决策者设定的偏好关系 $\succeq$ 可以用候选方案的 Choquet 积分值来表述如下:

$$a \succ a' \Leftrightarrow C_\mu(a) - C_\mu(a') > \delta_C,$$

$$a \sim a' \Leftrightarrow -\delta_C \leqslant C_\mu(a) - C_\mu(a') \leqslant \delta_C, \quad \forall a, a' \in L,$$

其中, δ_C 为给定的非负阈值.

决策者通常还会提供决策准则间的偏好关系以及所有准则对的交互作用之间的某些关系或特殊限定. 借助于 Shapley 重要性及交互作用指标, 可给出如下表述: 设准则集为 $X = \{x_1, \cdots, x_n\}$, 对于准则 $x_i, x_j \in X$, 准则对 $\{x_i, x_j\}, \{x_k, x_l\} \subset X$, 有

$$\begin{aligned}
&x_i \succ x_j \Leftrightarrow I_i - I_j > \delta_{\mathrm{Sh}},\\
&x_i \sim x_j \Leftrightarrow -\delta_{\mathrm{Sh}} \leqslant I_i - I_j \leqslant \delta_{\mathrm{Sh}},\\
&I_{ij} \succ I_{kl} \Leftrightarrow I_{ij} - I_{kl} > \delta_I,\\
&I_{ij} \sim I_{kl} \Leftrightarrow -\delta_I \leqslant I_{ij} - I_{kl} \leqslant \delta_I;
\end{aligned}$$

$$x_i, x_j \text{ 间存在正的交互作用} \Leftrightarrow I_{ij} > 0,$$
$$x_i, x_j \text{ 间存在负的交互作用} \Leftrightarrow I_{ij} < 0,$$
$$x_i, x_j \text{ 间不存在交互作用} \Leftrightarrow I_{ij} = 0,$$

其中, $\delta_{\text{Sh}}, \delta_I > 0$ 是由决策者提供的各相应量之间差的阈值.

基于训练集的非可加测度确定方法通常可以表述为如下形式的优化问题[46], 记为模型 (M-1):

$$\min \text{或} \max \ z(\cdots)$$
$$\text{s.t.} \begin{cases} \mu(S \cup \{x_i\}) - \mu(S) \geqslant 0, \forall x_i \in X, \forall S \subset X \backslash \{x_i\}, \\ \mu(\varnothing) = 0, \mu(X) = 1, \\ C_\mu(a) - C_\mu(a') > \delta_C, \\ \quad\vdots \\ I_i - I_j > \delta_{\text{Sh}}, \\ \quad\vdots \\ I_{ij} - I_{kl} > \delta_I, \\ \quad\vdots \end{cases}$$

其中, $z(\cdots)$ 是目标函数, 不同的方法采用不同的表达式.

当然, 模型 (M-1) 也可用其他等价方式来表示. 比如, 很多学者采用默比乌斯表示的形式来表述[46,47], 记为模型 (M-2):

$$\min \text{或} \max \ z_m(\cdots)$$
$$\text{s.t.} \begin{cases} \sum\limits_{T \subset S} m(T \cup \{x_i\}) \geqslant 0, \forall i \in N, \forall S \subset X \backslash \{x_i\}, \\ m(\varnothing) = 0, \sum\limits_{S \subset X} m(S) = 1, \\ C_m(a) - C_m(a') > \delta_C, \\ \quad\vdots \\ I_m(\{x_i\}) - I_m(\{x_j\}) > \delta_{\text{Sh}}, \\ \quad\vdots \\ I_m(\{x_i, x_j\}) - I_m(\{x_k, x_l\}) > \delta_I, \\ \quad\vdots \end{cases}$$

其中, z_m, C_m, I_m 分别表示目标函数、Choquet 积分值、交互作用系数的默比乌斯表示形式.

上述两个模型所求得的结果都为普通非可加测度或其默比乌斯表示, 即只满足边界条件和单调性约束的集函数. 因此, 模型要涉及 2^n-2 个变量, 变量的数量和模型求解时间会随着准则的数量呈指数级增长. 鉴于此, 在实际求解问题时, 可以采用特殊类型的非可加测度来降低变量的数量, 进而减少计算量和计算时间.

基于训练集的非可加测度确定方法主要包括线性目标规划法、最小二乘法、最大分割法、TOMASO 方法、最大熵方法等. 各类方法的主要差异是各优化模型采用不同的目标函数. 例如, 线性目标规划法[113] 就是建立如下线性目标规划模型来进行求解, 以模型 (M-2) 为例:

$$\min z_{LP}=\sum_{a\in L} r_a^+ + r_a^-$$

$$\text{s.t.}\begin{cases} \qquad\qquad\vdots \\ r_a^+ + r_a^- - C_m(a) = -y(a), \forall a\in L, \\ \qquad\qquad\vdots \\ \cdots, r_a^+, r_a^- \geqslant 0, \end{cases}$$

其中, $y(a)$ 为训练集 L 中候选方案 $a\in L$ 的预期评价值.

下面顺序介绍最小二乘法、最大分割法、TOMASO 方法、最大熵方法以及这些方法的实现软件 Kappalab 软件. 此外, 还介绍几种基于准则偏好信息的确定方法.

第 6 章　基于训练集的非可加测度确定方法

6.1　最小二乘法

最小二乘法的目标函数为训练集中各候选方案的基于非可加测度的 Choquet 积分值与预期评价值之间偏差的平方和最小. 记候选方案 $a \in L$ 的预期评价值为 $y(a)$, 最小二乘法的目标函数, 以模型 (M-2) 为例, 可表述为

$$\min z_{\mathrm{LS}}(m) = \sum_{a \in L} [C_m(a) - y(a)]^2. \tag{6.1}$$

6.1.1　基于遗传算法的求解方法

大量文献[23−26] 基于遗传算法对上述问题进行求解.

遗传算法(genetic algorithm, GA) 是基于自然进化论的全局优化算法[123], 其基础概念是个体与种群, 即算法某一代的可行解以及由可行解构成的集合. 以初始种群开始, 在算法的每一次迭代过程 (生成新种群) 以适应度 (通常取所优化的函数值) 为概率依据, 选择某些个体进行交叉操作, 进行一定程度的变异过程, 生成新的个体和下一代种群. 种群持续迭代进化, 直至最优个体产生或到达最大迭代次数, 算法终止. 通常, 最后一代种群中的最好个体被选定为所求问题的最优解或满意解.

下面简要说明遗传算法的具体步骤:

基本遗传算法

产生初始种群

重复

　　评价种群中每个个体的适应度

　　选择个体用于复制

　　选择成对个体进行交叉操作

　　选择个体进行变异操作

直到终止条件满足.

在遗传算法中, 针对不同的问题, 其个编码表示形式, 适应度的计算, 交叉操作, 变异操作会有所不同. 但选择个体用于交叉操作的方式或原则通常都有以下几种:

(1) 轮盘赌选择或有放回随机抽样, 即每个个体以某一概率 p 被选中, 其中,

$$p = \frac{\text{个体的适应度(fitness)}}{\text{当前种群中所有个体的适应度之和}}.$$

(2) 无放回的随机抽样, 类似于轮盘赌的方式, 只是当某个体被选中后将不再放回到当前种群, 并重新计算剩余种群中各个体被选中的概率.

(3) 锦标赛选择, 依据轮盘赌选择法中的概率 p 选中两个个体, 进而选择适应度更高的个体.

(4) 确定选择, 即每个被选择用于交叉操作的次数是确定的, 该次数是种群大小 (种群包含个体的数量) 乘以轮盘赌选择法中的概率 p 所得量的整数部分.

(5) 均匀选择, 即每个个体被选中的概率完全相等.

下面以 Combarroa 和 Miranda[26]提出的算法为例说明用遗传算法确定非可加测度时的个体编码方式、交叉与变异操作的执行方法. 现在, 遗传算法的目标是寻找非空有限集 X 上的某个非可加测度 μ 使得式 (6.1) 达到最小值.

从交叉操作入手进行分析. 交叉操作是基于遗传算法的关键环节之一. 某些方法 (例如文献 [23]) 中交叉操作不能保证生成的新个体(即新生成的集函数) 满足单调性的约束. 因此, 需要进一步验证单调性, 如不满足, 还需要进行一定的调整, 使得算法的效率降低. Combarroa 和 Miranda[26] 提出了凸组合的方法, 即对于有限集 X 上的非可加测度 μ, υ, 其交叉操作定义为

$$\lambda\mu + (1-\lambda)\upsilon, \quad \lambda \in [0,1] \text{ 且其值在进行交叉操作时随机生成.}$$

容易验证, 两个非可加测度的凸组合仍是非可加测度, 故可省去单调性验证与调整的过程.

另外, 凸组合交叉操作可以保证任意两个凸类型的非可加测度 (如 k 序可加测度, p 对称非可加测度等) 生成的下一代新个体仍是该类型的非可加测度. 这就使得算法可以用于求解某些特殊类型的非可加测度.

但凸组合交叉操作的突出问题是每一次迭代都会缩小算法搜寻的空间, 即凸组合生成的新种群总是其父代的子集, 如图 6.1 所示. 因此, 初始种群选择需要十分谨慎, 应尽量将所有可行的非可加测度包含在由初始种群围成的凸区域内. 通常需要选择一些极端非可加测度[26], 比如可选择 0-1 非可加测度, 作为初始种群. 初始种群中的个体大部分是非可加测度可行域的顶点, 有极少部分是各顶点的凸组合.

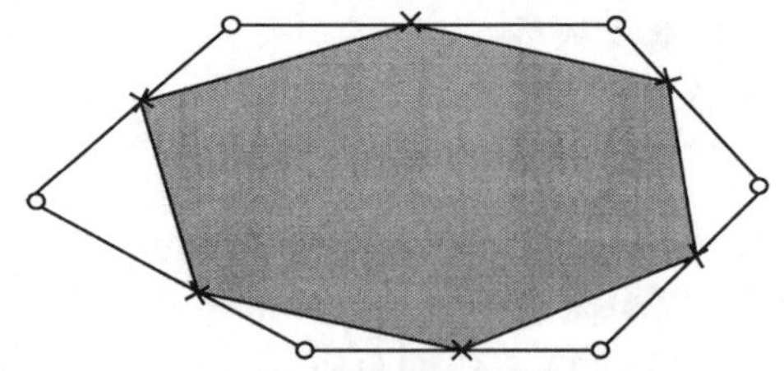

图 6.1 交叉操作导致可行解的范围逐渐缩小

一旦可行域的顶点确定下来, 就可以用关于这些顶点的凸组合的系数来表示某

个个体. 个体 μ' 就可以表示为

$$(\lambda_1, \cdots, \lambda_k, z_1, \cdots, z_l),$$

其中, $\lambda_1, \cdots, \lambda_k$ 为该个体 μ' 关于初始种群包含的 k 个顶点 (个体) 的系数, $z_1, \cdots, z_l$ 为训练集 L 中 l 个候选方案关于该个体非可加测度 μ' 的 Choquet 积分值, 其实也是初始个体对应 Choquet 积分值的凸组合.

基于个体表示方式, 可以设计遗传算法的适应度函数为

$$\sum_{i=1}^{l} (z_i - y_i)^2,$$

其中, y_i 为训练集 L 中第 i 个候选方案的预期评价值. 可见, 该适应度函数与式 (6.1) 一致.

最后给出遗传算法的变异操作, 即随机选择某些个体, 让它们与初始可行域的某个顶点 (初始种群中的某个个体) 进行合并, 以促进算法的局部寻优能力.

Combarroa 和 Miranda 开发出了实现上述算法的程序包, 并对算法的运行效果进行了分析, 详情可参见文献 [23].

6.1.2 HLMS 求解方法

基于遗传算法的求解方法有如下不足之处: 一方面目标函数并不一定是严格凸的, 最优解可能不是唯一的[27,28]. 另一方面, 其运算过程涉及参数数量较多、运算量较大, 某些情况下会得到难以理解的结果[47]. 因此, Ishii 与 Sugeno[29]、Grabisch[30] 等学者提出了以启发式的算法来寻找一个次优解, 进而达到减少运算量的目的.

下面介绍 Grabisch[30] 基于非可加测度的格表示结构提出的 HLMS 方法.

确定非空有限集合 X 上非可加测度 μ 所需的 2^n 个参数可以依据集合包含关系进行排列, 并以一种格的形式进行表示. 图 6.2 所示为 $X = \{x_1, x_2, x_3, x_4\}$ 上非可加测度 μ 的格表示, 简单起见, 对所有参数采用类似于 $\mu_1 = \mu(\{x_1\})$, $\mu_{23} = \mu(\{x_2, x_3\})$ 的表示.

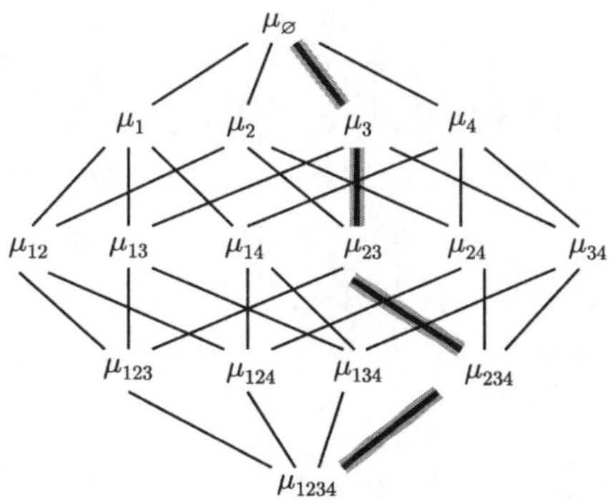

图 6.2 非可加测度的格表示 ($|X| = 4$)

当 $|X| = n$ 时, X 上非可加测度的格表示包含 $n+1$ 层, 即第 0 层 (只包含一个参数 $\mu_\varnothing$) 至第 n 层 (只包含一个参数 μ_X). 格表示的路径是指从始点 $\mu_\varnothing$ 经过各层的连线及节点至最终点 μ_X 的路 (点线均不重复), 例如, 图 6.2 灰色粗线所示为一条路径:

$$\mu_\varnothing \to \mu_3 \to \mu_{23} \to \mu_{234} \to \mu_{1234}.$$

对于第 l 层给定的节点, 其上层邻接点是指在第 $l-1$ 层中与其相连的节点, 其下层邻接点是指在第 $l+1$ 层中与其相连的节点. 一般地, 对于第 l 层给定的节点有 l 个上层邻接点和 $n-l$ 个下层邻接点.

HLMS 方法的步骤如下[30].

步骤 0 初始化非可加测度. 通常选择一均衡的经典可加测度, 当 Choquet 积分为集成函数时, 可选择 $\mu(\{x_i\}) = 1/n$, 这时非可加测度的格表示的同一层节点的值都是一样的, 且下层与其相邻上层节点的值相差都为 $1/n$, 即为等距的, 故可称该非可加测度为一种均衡状态. 此时, Choquet 积分退化为算术平均算子.

步骤 1a 对于给定的某一训练方案数据 $(a, y(a)) \in L$, 计算此时模型得到的误差值:

$$e = C_\mu(a) - y(a).$$

设训练方案 a 涉及非可加测度 μ 的格表示的路径上节点, 即计算 Choquet 积分值 $C_\mu(a)$ 所用的 $n+1$ 非可加测度值 (见式 (2.12)), 为 $\mu(0), \mu(1), \cdots, \mu(n)$. 例如, 在图 6.2 中灰色粗线所示的路径, 可以表示为

$$\mu(0) = \mu(\varnothing) = 0, \quad \mu(1) = \mu_3, \quad \mu(2) = \mu_{23}, \quad \mu(3) = \mu_{234}, \quad \mu(n) = \mu_{1234} = 1.$$

显然, 总有 $\mu(0) = \mu(\varnothing) = 0$, $\mu(n) = \mu(X) = 1$.

步骤 1b 计算训练方案 a 涉及的节点的新值 $\mu^{\text{new}}(i)$. 其计算公式为

$$\mu^{\text{new}}(i) = \mu^{\text{old}}(i) - \alpha e(a_{(n-i)} - a_{(n-i-1)}),$$

其中, $\alpha \in [0,1]$ 为一常数, $a_{(i)}$ 为 $a_1, \cdots, a_n$ 中第 i 个最小量.

步骤 1c 修正各节点单调性关系, 即使得每层中节点的值大于等于上层邻接点的值, 小于等于下层邻接点的值. 如果 $e > 0$, 修正顺序为 $\mu(1), \cdots, \mu(n-1)$, 如果 $e < 0$, 修正顺序为 $\mu(n-1), \cdots, \mu(1)$. 如果遇到不满足单调性的情况, 修正规则为, 将满足单调性的节点赋予其前刚修正的节点的值, 即使两个节点的值相等.

进而, 对所有训练方案数据 $(a, y(a)) \in L$ 实施步骤 1a—1c, 称为一次迭代. 当然, 也可以进行多次迭代.

步骤 2a 经过步骤 1a—1c 一次或多次迭代后, 仍然有一些节点是自初始化后没有任何更改的. 对这些没有任何更改的节点, 验证其上层邻接点与下层邻接点

的单调性关系, 如不满足, 则对其下层节点赋予其上层节点的值. 依据格表示, 自上而下的对没有更改的点的上层邻接点与下层邻接点进行检查和修正.

步骤 2b 自上而下对自初始化后没有任何更改的节点进行赋值. 记现需要赋值的节点为 μ_*, 计算 μ_* 的下层邻接点的测度值的平均值 $\underline{m}$, 上层邻接点的测度值的平均值为 $\bar{m}$, 记 μ_* 与下层各邻接点的测度值之间距离 (即二者差的绝对值) 的最小值为 $\underline{d}_{\min}$, 记 μ_* 与上层各邻接点的测度值之间距离的最小值为 $\bar{d}_{\min}$. 其赋值过程为

如果 $2\mu_* < \underline{m} + \bar{m}$, 则使

$$\mu_*^{\text{new}} = \mu_*^{\text{old}} + \beta \frac{(\underline{m} + \bar{m} - 2\mu_*^{\text{old}})\underline{m}_{\min}}{2(\underline{m} + \bar{m})};$$

如果 $2\mu_* \geqslant \underline{m} + \bar{m}$, 则使

$$\mu_*^{\text{new}} = \mu_*^{\text{old}} + \beta \frac{(\underline{m} + \bar{m} - 2\mu_*^{\text{old}})\bar{d}_{\min}}{2(\underline{m} + \bar{m})},$$

其中, β 为区间 $[0,1]$ 内的一个常数.

HLMS 方法与其他方法相比计算量较小, 所得的最终值与均衡状态较接近, 不会是过分极端的测度值. 但该方法得到的解往往是一个次优解.

最小二乘法的目标函数, 以及线性目标规划法的目标函数, 涉及训练集中所有候选方案的预期全局评价值. 在实际应用中, 尤其是训练集包含的训练方案比较多的时候, 决策者提供准确合理的全局评价值是一项十分庞杂的工作.

6.2 最大分割法

最大分割法[31] 的目标函数为使得训练集中各候选方案的 Choquet 积分值之间的差别最大化, 本质上是一种线性规划模型.

6.2.1 模型所需输入信息

最大分割法仍然是基于训练集的非可加测度确定方法, 因此, 首先要确定训练集中的各候选方案, 以及评价这些方案所需的准则. 接下来需要获取如下信息:

(1) 准则的重要性, 这些信息可以通过准则集上一个偏序来体现.

(2) 准则间的交互作用, 这些信息可能准则对构成的集合上的一个偏序来体现. 还需要进一步明确交互作用的正负.

(3) 明确相互对称的准则, 如果两个准则对称, 则可以构成无差异子集 (见定义 5.8), 进而减少非可加测度所需参数.

(4) 分析准则的否决与支撑效应 (见 5.4 节), 即当以 Choquet 积分为集成函数时, 则需要令包含否决准则的子集的测度值为 0, 而包含支撑准则的子集的测度值为 1. 这样也可以减少确定非可加测度所需的参数数量.

(5) 训练集中各候选方案在各准则上的评价值, 这些评价值应取自相同的区间, 通常为 $[0,1]$.

(6) 训练集上 L 上的一个不完全弱序, 来表示决策者对训练集中所有候选方案的偏好关系.

所有这些关系都可以用线性的不等式, 包括严格的与非严格的不等式 (如模型 (M-1) 或 (M-2)) 来表示. 要构造线性规划模型, 就需要把严格的不等式加入松弛变量变成非严格的不等式.

6.2.2 理论依据和模型构建

定理 6.1[31] $x \in R^n$ 是如下线性约束的一个可行解

$$\begin{cases} \sum\limits_{j=1}^{n} a_{ij}x_j \leqslant b_i, & i=1,\cdots,p, \\ \sum\limits_{j=1}^{n} C_{ij}x_j < d_i, & i=1,\cdots,q, \end{cases}$$

当且仅当存在一个 $\varepsilon > 0$ 使得

$$\begin{cases} \sum\limits_{j=1}^{n} a_{ij}x_j \leqslant b_i, & i=1,\cdots,p, \\ \sum\limits_{j=1}^{n} C_{ij}x_j \leqslant d_i-\varepsilon, & i=1,\cdots,q, \end{cases}$$

特别地, 其解的存在当且仅当如下线性规划:

$$\max \quad z=\varepsilon$$
$$\text{s.t.} \begin{cases} \sum\limits_{j=1}^{n} a_{ij}x_j \leqslant b_i, & i=1,\cdots,p, \\ \sum\limits_{j=1}^{n} C_{ij}x_j \leqslant d_i-\varepsilon, & i=1,\cdots,q \end{cases}$$

有一个最优解 $x^* \in R^n$. 此时, 最优值 x^*, ε^* 也分别是最初线性约束的一个可行解.

基于上述定理, 可以将诸多的严格与或非严格不等式约束转化成一线性规划模型求得线性规划的理论已相对成熟, 且计算量较小.

最大分割法的模型如下 (以模型 (M-2) 为例):

$$\max \ z=\varepsilon$$

$$\text{s.t.}\left\{\begin{array}{l}\left.\begin{array}{l}\sum\limits_{T\subset S} m(T\cup\{x_i\})\geqslant 0, \forall x_i\in X, \forall S\subset X\backslash\{x_i\},\\ m(\varnothing)=0, \sum\limits_{S\subset X} m(S)=1,\end{array}\right\}\text{非可加测度的单调性约束与边界条件}\\ \left.\begin{array}{ll}C_m(a)-C_m(a')\geqslant\delta+\varepsilon, & a\succ a',\\ -\delta\leqslant C_m(a)-C_m(a')\leqslant\delta, & a\sim a',\end{array}\right\}\text{训练集中各候选方案的偏好序}\\ \left.\begin{array}{ll}I_m(\{x_i\})-I_m(\{x_j\})\geqslant\varepsilon, & x_i\succ x_j,\\ I_m(\{x_i\})=I_m(\{x_j\}), & x_i\sim x_j,\end{array}\right\}\text{准则集上的偏序, 重要性排序}\\ \left.\begin{array}{ll}I_m(\{x_i,x_j\})-I_m(\{x_k,x_l\})\geqslant\varepsilon, & I_{ij}\succ I_{jk},\\ I_m(\{x_i,x_j\})=I_m(\{x_k,x_l\}), & I_{ij}\sim I_{kl},\end{array}\right\}\text{交互作用的偏好关系}\\ \left.\begin{array}{ll}I_m(\{x_i,x_j\})\geqslant\varepsilon, & I_{ij}>0,\\ I_m(\{x_i,x_j\})\leqslant-\varepsilon, & I_{ij}<0.\end{array}\right\}\text{交互作用的正负方向约束}\end{array}\right.$$

通过上述模型可以看出, 最大分割法的主要目的是使得训练集中各候选方案的 Choquet 积分值之间的差别最大化[31,46,47].

下面来看一决策实例.

6.2.3 决策实例

例 6.1[31] 考虑评价数学专业学生的问题. 现以三门课程: 线性代数 (AL)、微积分 (Ca) 及统计学 (St) 的成绩对学生进行评价. 假定该专业侧重于统计学, 即有 $\mathrm{St}\succ\mathrm{AL},\mathrm{Ca}$. 例如, 可设三门课程 AL, Ca, St 的重要性依次为 0.3, 0.3, 0.4.

现有三名学生 a,b,c, 其成绩如表 6.1 所示. 在表 6.1 中, 假定各课程成绩满分均为 1, 其中加权算术平均算子的权重为 (0.3, 0.3, 0.4).

表 6.1 三名学生在各课程上的成绩及加权算术平均值

	AL	Ca	St	三门成绩的加权算术平均值
a	0.6	0.6	0.95	0.74
b	0.8	0.8	0.75	0.78
c	0.95	0.95	0.6	0.81

此外, 决策者规定如下规则: 如果某学生的统计学成绩优秀, 则忽略其他课程成绩, 其综合评价为优秀; 如果该学生的统计学成绩不佳, 则需要综合考虑其他课程的成绩, 比如可考虑三门课程的加权算术平均值. 决策者现给出三学生的偏好关系: $a\succ c\succ b$.

先考虑利用加权算术平均来模拟这一问题, 设线性代数 (AL)、微积分 (Ca) 及

统计学 (St) 三门课程的权重为 $\omega_1, \omega_2, \omega_3$, 则

$$a \succ c \Leftrightarrow \omega_1 + \omega_2 - \omega_3 < 0,$$

$$c \succ b \Leftrightarrow \omega_1 + \omega_2 - \omega_3 > 0.$$

显然, 加权算术平均算子无法描述这一决策结果. 现考虑用 2 序可加测度来描述, 只假定统计学与微积分之间存在一个负的交互作用. 因此, 可构建最大分割法模型求解. 因模型构建及求解过程较为简单, 在此省去建模和求解过程, 只列出部分结果以供分析. 最终求得, 线性代数 (AL)、微积分 (Ca) 及统计学 (St) 三门课程的 Shapley 重要性分别为

$$I(\{\mathrm{AL}\}) = 0.3567,$$

$$I(\{\mathrm{Ca}\}) = 0.0279,$$

$$I(\{\mathrm{St}\}) = 0.6154.$$

准则间的 Shapley 交互作用指标值为

$$I(\{\mathrm{AL}, \mathrm{Ca}\}) = 0,$$

$$I(\{\mathrm{AL}, \mathrm{St}\}) = -0.7135,$$

$$I(\{\mathrm{Ca}, \mathrm{St}\}) = -0.0558.$$

三个学生的 Choquet 积分综合评价值分别为

$$C_\mu(a) = 0.95,$$

$$C_\mu(b) = 0.7885,$$

$$C_\mu(c) = 0.8692.$$

通过该例, 可以看出最大分割法往往会得到一较为极端的取值, 比如微积分课程的权重很小以及各准则对的交互作用值之间差距过大. 另一方面, 也反映了基于非可加测度的 Choquet 积分比加权算术平均算子更加柔性地描述和处理了准则间的交互作用, 更适宜模拟复杂的决策规则和实际情况.

通过以上分析可见, 最大分割法的优势在于决策者不需给定训练集中各候选方案的预期值, 只需定义训练集上的一个不完全弱序关系, 方法计算量较少. 但也存在结果不唯一的现象, 且模型目标是使得差异最大化, 最优解往往是比较极端的非可加测度[46,47].

6.3 TOMASO 方 法

TOMASO[37−39,46,47](tool for ordinal multi-attribute sorting and ordering) 方法, 称为序数多属性分类与排序方法, 是一种将序数评价信息转化成基数评价信息的方法. 该方法主要思路为: 首先计算训练集 L 中各候选方案相在各准则上的静值 (例如候选方案优于其他候选方案的次数减去其劣于其他候选方案的次数). 再利用各候选方案的静值关于非可加测度的积分值来对训练集候选方案进行分类或排序.

6.3.1 理论基础

设 A 为所有候选方案构成的集合, L 为包含 l 个候选方案训练集, $X=\{x_1,\cdots,x_n\}$ 为决策准则集, 各候选方案在准则 x_i 上评价值取自一个包含 s_i 个元素的序数级别集, 即一个完全有序集:

$$X_i=\{o_1^i,\cdots,o_{s_i}^i\},\quad o_1^i\prec_i\cdots\prec_i o_{s_i}^i,$$

则任意候选方案 $a\in A$ 可以用一个向量来描述, 即

$$(a_1,\cdots,a_n)\in X_1\times\cdots\times X_n,$$

其中, a_i 表示该候选方案 a 在准则 x_i 上评价值 (所属于的序数级别).

现考虑 $X_1\times\cdots\times X_n$ 上的一个分割, 将 $X_1\times\cdots\times X_n$ 分成 m 个有序的类 $\{Cl_t\}_{t=1}^m$, 各类以升序进行排列, 即对于任意 $r,s\in\{1,\cdots,m\}$, 如果 $r>s$, 则 Cl_r 中包含的元素的评价值高于 Cl_s 中包含的元素的评价值. 记

$$Cl_r^{\geqslant}=\bigcup_{t\geqslant r}Cl_t(r=1,\cdots,m).$$

TOMASO 方法需要将训练集 L 中各候选方案序数性质的评价值以及序数性质的分类值转化成基数性质的信息.

下面定理指出可以将序数评价值及序数分类值转化成基数信息.

定理 6.2[39] 如下两个命题是等价的:

(1) 对于任意 $x_i\in X$, $r\in\{1,\cdots,m\}$, $a_i,a_i'\in X_i$, 若 $a_i\succeq_i a_i'$, 且 $(a_1,\cdots,a_{i-1},a_i,\cdots,a_n)\in Cl_r$, 则 $(a_1,\cdots,a_{i-1},a_i',\cdots,a_n)\in Cl_r^{\geqslant}$.

(2) 存在严格递增函数 $g_i:X_i\rightarrow R$, $i=1,\cdots,n$, 以及关于每个自变量递增的函数 $f:R^n\rightarrow R$, $m-1$ 个有序的阈值 $\{q_r\}_{r=2}^m$, $q_2\leqslant\cdots\leqslant q_m$, 使得对 $\forall a\in X_1\times\cdots\times X_n$, $r\in\{2,\cdots,m\}$, 有

$$f[g_1(a_1),\cdots,g_n(a_n)]\geqslant q_r\Leftrightarrow a\in Cl_r^{\geqslant}.$$

文献 [37] 则进一步指出, 上述定理的命题 (2) 中, 函数 f 可以取为 Choquet 积分, 且函数 g_i 可以取为任何递增的规范化评价值的函数.

6.3.2 序数评价信息基数化的转换方法

下面介绍两种将序数评价值规范化为基数评价值的方法.

第一种方法是基于各训练方案间的两两比较. 对 $\forall a \in L$, 称方案 a 关于准则 x_i 优于其他方案的次数减去它劣于其他方案的次数为方案 a 在准则 x_i 上的静值, 记为 $S_i(a)$. 并将这些静值进行如下规范化:

$$S_i^N(a) = \frac{S_i(a) + |L| - 1}{2(|L| - 1)}, \quad i = 1, \cdots, n,$$

显然, $S_i^N(a) \in [0, 1]$. 这一规范化过程对训练方案集 L 依赖程度很强, 故对训练方案的选择有较高的要求.

第二种方法是直接将序数级评价值进行转化, 而不再依赖于其他训练方案的评价值. 规范化过程定义如下:

$$S_i^N(a) = \frac{\mathrm{ord}_i(a) - 1}{s_i - 1}, \quad i = 1, \cdots, n,$$

其中, 函数 $\mathrm{ord}_i : L \to \{1, \cdots, s_i\}$ 定义为 $\mathrm{ord}_i(a) = r \Leftrightarrow a_i = o_r^i$. 显然, $S_i^N(a) \in [0, 1]$.

在实际应用, 通常采用第一种规范化方法.

6.3.3 约束条件构建与目标函数类型

各训练方案的规范化静值可以通过 Choquet 积分进行集成, 即有

$$C_\mu(S^N(a)) = \sum_{i=1}^{n} S_{(i)}^N(a)[\mu(X_{(i)}) - \mu(X_{(i+1)})],$$

其中, 向量 $S^N(a)$ 为 $(S_1^N(a), \cdots, S_n^N(a))$, μ 为相应的非可加测度, $_{(\cdot)}$ 为集合 X 上一个置换, 使得 $S_{(1)}^N(a) \leqslant \cdots \leqslant S_{(n)}^N(a)$, $X_{(i)} = \{x_{(i)}, \cdots, x_{(n)}\}$, $X_{(n+1)} = \varnothing$.

设有训练集 L 的分割 $\{P_t\}_{t=1}^m$, 其中 $P_t = L \cap Cl_t$, 对训练集进行了分类. 当然允许某些子类为空集. 由定理 6.2 可得, 对于任意有序对 $(a, a') \in P_t \times P_{t-1}$, $t = 2, \cdots, m$, 有

$$C_\mu(S^N(a)) - C_\mu(S^N(a')) \geqslant \varepsilon, \tag{6.2}$$

其中, $\varepsilon > 0$. 可以预见, 这种约束数量庞大. 下面对这些约束进行削减.

基于 Choquet 积分的单调性, 可以得到, 若有 $a'' \in P_{t-1}$, 且有

$$C_\mu(S^N(a')) \geqslant C_\mu(S^N(a'')),$$

则一定有

$$C_\mu(S^N(a)) \geqslant C_\mu(S^N(a'')).$$

显然, 上式类型约束是多余的.

为此, 引入 $X_1 \times \cdots \times X_n$ 上一个占优关系D: 对任意 $a, b \in X_1 \times \cdots \times X_n$,

$$aDb \Leftrightarrow S_i^N(a) \geqslant S_i^N(b), \quad \forall i \in \{1, \cdots, n\},$$

则对任意 $\forall t \in \{1, \cdots, m\}$, P_t 的被占优集Nd_t 可表示为

$$Nd_t = \{a \in P_t | \nexists a' \in P_t \backslash \{a\} : aDa'\},$$

P_t 的未被占优集ND_t 可表示为

$$ND_t = \{a \in P_t | \nexists a' \in P_t \backslash \{a\} : a'Da\},$$

此时, 约束条件 (6.2) 可削减为只对于任意有序对 $(a, a') \in Nd_t \times ND_{t-1}$, 约束数量为

$$\sum_{t-2}^{m} |Nd_t||ND_{t-1}|.$$

最后, 根据 6.2 节研究的最大分割法构建模型, 其模型简单描述如下:

$$\max \quad z_{\text{TOMASO}}(m) = \varepsilon$$

$$\text{s.t.} \begin{cases} \sum\limits_{T \subset S} m(T \cup x_i) \geqslant 0, \quad \forall x_i \in X, \forall S \subset X \backslash x_i, \\ m(\varnothing) = 0, \quad \sum\limits_{S \subset X} m(S) = 1, \\ C_\mu(S^N(a)) - C_\mu(S^N(a')) \geqslant \varepsilon, \quad \forall (a, a') \in Nd_t \times ND_{t-1}, t = 2, \cdots, m, \\ \qquad\qquad \vdots \end{cases}$$

记求得的最优非可加测度 μ^*, 对于任意 $a \in A$, 如果有

$$\min_{b \in Nd_t} C_{\mu^*}(S^N(b)) \leqslant C_{\mu^*}(S^N(a)) \leqslant \min_{b \in ND_t} C_{\mu^*}(S^N(b)),$$

则将 a 归入类 Cl_t;

如果有

$$\min_{b \in ND_{t-1}} C_{\mu^*}(S^N(b)) < C_{\mu^*}(S^N(a)) < \min_{b \in Nd_t} C_{\mu^*}(S^N(b)),$$

则将 a 归入类 Cl_t 或 Cl_{t-1} 均可.

Marichal 等利用 Visual Basic 语言基于上述算法步骤开发了同名软件 TOMASO. 该软件及其应用实例的详细分析与介绍, 可参见文献 [39].

由于上述算法最终是采用最大分割法模型的目标函数来求解, 因此, 易导致极端解和无可行解的现象. Meyer 与 Roubens[38] 对这一目标函数进行了更改, 采用类似于最小二乘法的目标函数, 提出了如下的二次规划模型:

$$\min z_{\text{TOMASO}}(m,y)=\sum_{a\in\bigcup_{t=1}^{m}\{Nd_t\cup ND_t\}}[C_m(S^N(a))-y(a)]^2$$

$$\text{s.t.}\begin{cases} m_\mu(\varnothing)=0,\quad \sum\limits_{T\subseteq N}m_\mu(T)=1,\\ \sum\limits_{T\subseteq S|i\in T}m_\mu(T)\geqslant 0,\quad \forall S\subseteq N,\forall i\in S,\\ y(x)-y(x')\geqslant\varepsilon,\quad \forall(x,x')\in Nd_t\times ND_{t-1},t\in\{2,\cdots,l\},\\ \qquad\vdots \end{cases}$$

其中, ε 是预先设定的用来分割训练集中的候选方案类的阈值, 为一正的常值, $y(a)$ 是训练集 a 的综合评价值, 是运算过程涉及的变量. 这种方法的软件实现及应用实例分析可参见文献 [38].

6.4　最大熵方法

非可加测度熵[32,33,35,124,125] 是对经典概率测度的申农熵[35] 的拓展.

对于非空有限集 $X=\{x_1,\cdots,x_n\}$ 上的概率分布 $p=(p(x_1),\cdots,p(x_n))$, $\sum\limits_{i=1}^{n}p(x_n)=1$, 其申农熵定义为

$$H_{\text{S}}(p)=\sum_{i=1}^{n}h(p(x_i)),$$

其中, $h(x)=-x\ln x$, 若 $x>0$; $h(x)=0$, 若 $x=0$.

申农熵是概率分布 (正规可加测度) 所蕴涵不确定性的一种度量. 均匀概率分布 $p(x_i)=1/n,\forall x_i\in X$ 的申农熵值最大.

6.4.1　非可加测度熵的类型及其性质分析

非可加测度熵主要有两种形式[126]: 一种是由 Marichal 基于多准则决策分析中集成函数框架提出的非可加测度熵, 记为 H_{M}; 另一种是由 Yager 基于不确定变量框架提出的非可加测度熵, 记为 H_{Y}.

在多准则决策分析中, 决策准则集 $X=\{x_1,\cdots,x_n\}$ 上的非可加测度值表示准则的重要性, 单调性意味着由新准则的加入而形成的新联盟的重要性不会减少. H_{M} 则表示以 Choquet 积分作为集成函数时, X 上非可加测度 μ 所包含的不确定

性, 定义[32] 为

$$H_{\mathrm{M}}(\mu)=\sum_{i=1}^{n}\sum_{S\subset X\backslash\{x_i\}}\frac{(n-|S|-1)!|S|!}{n!}h[\mu(S\cup\{x_i\})-\mu(S)].$$

在不确定变量框架中, 假定变量 V 的可能取值为集合 $X=\{x_1,\cdots,x_n\}$ 中一元素, 但并不能确定为何值. 此时, 非可加测度值则表示取值属于该集合的可能性, 单调性则意味着新元素的加入, 取值属于新联盟的可能性不会减少. 各元素的 Shapley 值 I_i, 可以看作取值为该元素的整体可能性. 记 $I=(I_1,\cdots,I_n)$, 则 μ 的熵 H_{Y} 可定义[124] 为

$$H_{\mathrm{Y}}(\mu)=H_{\mathrm{S}}(I)=\sum_{i=1}^{n}h\left[\sum_{S\subset X\backslash\{x_i\}}\frac{(n-|S|-1)!|S|!}{n!}[\mu(S\cup\{x_i\})-\mu(S)]\right].$$

下面分析两种非可加测度熵的性质.

定理 6.3[32,124,126] 对于非空有限集 X 上的任意可加的非可加测度 μ, 有

$$H_{\mathrm{M}}(\mu)=H_{\mathrm{Y}}(\mu)=H_{\mathrm{S}}(\omega),$$

其中, $\omega=(\omega_1,\cdots,\omega_n)$ 是 X 上的概率分布, 且 $\omega_i=\mu(x_i)$, $i=1,\cdots,n$.

上述定理反映了两种非可加测度熵与申农熵之间的联系, 即当测度为可加的, 两种熵都退化为申农熵. 当 μ 为可加的, 其退化为经典的概率测度, 关于 μ 的 Choquet 积分退化为以 $\omega=(\omega_1,\cdots,\omega_n)$ 权重向量的加权算术平均算子. 因此, 可以用申农熵来描述其所蕴涵的不确定性.

下面分析两种熵的对称性. 从申农熵的定义可以看出, 对于集合 X 上的任一置换, 其相应的申农熵值不发生改变, 称之为对称性. 两种非可加测度熵也具在这一性质.

定理 6.4[32,124,126] 对于非空有限集 X 上的任意非可加测度 μ 以及 X 上一个置换 π, 有

$$H_{\mathrm{M}}(\mu)=H_{\mathrm{M}}(\pi\mu),\quad H_{\mathrm{Y}}(\mu)=H_{\mathrm{Y}}(\pi\mu).$$

Choquet 积分值关于 X 上任意置换具有积分值不变的特点, 即也具有对称性 (见 4.3 节). 不确定变量取值的不确定性显然也与置换无关.

申农熵的可扩展性是指加入一个零概率事件不会改变该测度中所蕴涵的不确定性, 即申农熵值不变:

$$H_{\mathrm{S}}(p_1,\cdots,p_{n-1},0)=H_{\mathrm{S}}(p_1,\cdots,p_{n-1}).$$

定理 6.5[32,124,126] 设 μ 为非空有限集 X 上的非可加测度, 元素 $x_k \in X$ 为关于 μ 的零元(即对于任意 $S \subset X \backslash \{x_k\}$, 有 $\mu(\{x_k\} \cup S) = \mu(S)$), 则

$$H_{\mathrm{M}}(\mu) = H_{\mathrm{M}}(\mu^{X \backslash \{x_i\}}), \quad H_{\mathrm{Y}}(\mu) = H_{\mathrm{Y}}(\mu^{X \backslash \{x_i\}}),$$

其中, $\mu^{X \backslash \{x_i\}}$ 是定义于集合 $\mathcal{P}(X \backslash \{x_i\})$ 上的函数: 对 $\forall S \subset X \backslash \{x_i\}$, $\mu^{X \backslash \{x_i\}}(S) = \mu(S)$.

在多准则决策分析中, 零元型准则对整个决策问题没有任何贡献, 因此去掉该准则对决策问题没有任何影响. 文献 [127] 提出, 若 $x_k \in X$ 为关于 μ 的零元, 则对于任意 $a = (a_1, \cdots, a_k, \cdots, a_n) \in [0,1]^n$, 有

$$C_\mu(a_1, \cdots, a_k, \cdots, a_n) = C_{\mu^{X \backslash \{x_i\}}}(a_1, \cdots, a_{k-1}, a_{k+1}, \cdots, a_n).$$

而对不确定变量 V 来说, 加入一个其不可能的取值 x_k, 显然不会对其不确定性产生任何影响.

考虑两种非可加测度熵值为零的情况. 申农熵在当某个基础事件概率值为 1 时, 其熵值为零, 即有

$$H_{\mathrm{S}}(1, 0, \cdots, 0) = \cdots = H_{\mathrm{S}}(0, \cdots, 0, 1) = 0.$$

定理 6.6[32,124,126] 设 μ 为非空有限集 X 上的非可加测度, 则有

$$H_{\mathrm{M}}(\mu) \geqslant 0, \quad H_{\mathrm{Y}}(\mu) \geqslant 0.$$

而且, $H_{\mathrm{M}}(\mu) = 0$ 当且仅当 μ 是 0-1 非可加测度; $H_{\mathrm{Y}}(\mu) = 0$ 当且仅当 μ 是狄拉克测度. 称 X 上的非可加测度 μ 为基于 $x_k \in X$ 的狄拉克测度, 如果对于任意 $S \subset X$, 有

$$\mu(S) = \begin{cases} 1, & x_k \in S, \\ 0, & \text{其他}. \end{cases}$$

关于非可加测度 μ 的 Choquet 积分值 $C_\mu(a) \in \{a_1, \cdots, a_n\}$ 当且仅当 μ 是 0-1 非可加测度[72,73]. 换句话说, $H_{\mathrm{M}}(\mu)$ 取最小值当且仅当所有可能候选方案的 Choquet 积分综合评价值必是其在某一准则上的评价值. 狄拉克测度意味着不确定变量 V 的取值一定为 x_k, 即包含 $\{x_k\}$ 的所有集合的测度值为 1. 此时, $H_{\mathrm{Y}}(\mu)$ 取最小值 0.

概率测度的申农熵取最大值 $\ln n$ 当且仅当该测度是均匀的, 即有 $p(x_i) = 1/n$, $\forall x_i \in X$.

定理 6.7[32,124,126] 设 μ 为非空有限集 X 上的非可加测度, 则有

$$H_{\mathrm{M}}(\mu) \leqslant \ln n, \quad H_{\mathrm{Y}}(\mu) \leqslant \ln n.$$

而且, $H_{\rm M}(\mu)=\ln n$ 当且仅当对任意 $S\subset X$, 有 $\mu(S)=|S|/n$; $H_{\rm Y}(\mu)=\ln n$ 当且仅当任意 $x_i\in X$ 的 Shapley 值 $I_i=1/n$.

当 $\mu(S)=|S|/n, \forall S\subset X$, 则意味着 μ 是可加的, 且是基于势的 (对称的). 或者说, μ 是可加的且有 $\mu(x_i)=1/n, \forall x_i\in X$. 此时, 可称非可加测度 μ 是均匀的[33]. 这种情况下, 任意准则对 Choquet 积分生成的综合评价值的贡献是一样的. 当 $I_i=1/n$ 时, 不确定变量取值为 $\forall x_i\in X$ 的综合可能性都是一样的. 因此, $H_{\rm Y}(\mu)$ 取最大值 $\ln n$.

另外, 对于非空有限集 X 上的非可加测度 μ, 总有 $H_{\rm M}(\mu)\leqslant H_{\rm Y}(\mu)$. $H_{\rm M}(\mu)=H_{\rm Y}(\mu)$ 当且仅当 μ 是可加的.

通过以上分析, 在多准则决策分析中, 以 Choquet 积分为集成函数时, 更宜采用熵 $H_{\rm M}(\mu)$ 来描述非可加测度所蕴涵的不确定性. 文献 [126] 对 $H_{\rm M}(\mu)$ 熵的公理化特征进行了刻画.

6.4.2 最大熵方法的目标函数类型

文献 [32] 给出了一种基于最大熵 $H_{\rm M}(\mu)$ 原则来确定非可加测度的方法, 其模型的目标函数为

$$\max z_{\rm ME}(\mu)=H_{\rm M}(\mu).$$

目的是在满足相关约束条件的可行解中, 寻找最接近均匀非可加测度的解, 即在最大程度上, 使得每个准则对 Choquet 积分生成的综合评价值的贡献量是相等的.

根据这种思想, Kojadinovic[128] 提出了最小距离原则(minimum distance principle) 来确定非可加测度, 模型的目标函数为

$$\min z_{\rm MD}(\mu)=\sum_{a\in L}[C_\mu(a)-C_{\mu^*}(a)]^2,$$

其中, μ^* 为均匀非可加测度.

此外, 文献 [35] 提出了非可加测度的 Havrda-Charvat 熵与方差的概念, 即设 μ 为非空有限集 X 上的非可加测度, 则 μ 的 Havrda-Charvat 熵定义为

$$H_{\text{H-C}}^{\beta}(\mu)=\frac{1}{1-\beta}\left[\sum_{i=1}^{n}\sum_{S\subset X\backslash x_i}\frac{(n-|S|-1)!|S|!}{n!}[\mu(S\cup\{x_i\})-\mu(S)]^{\beta}-1\right],$$
$$\beta>0,\quad \beta\neq 1,$$

μ 的方差定义为

$$V(\mu)=\frac{1}{n}\sum_{i=1}^{n}\sum_{S\subset X\backslash x_i}\frac{(n-|S|-1)!|S|!}{n!}\left[\mu(S\cup\{x_i\})-\mu(S)-\frac{1}{n}\right]^2,\quad \beta>0,\quad \beta\neq 1.$$

可以证明[35], 非可加测度 μ 的 2 阶 Havrda-Charvat 熵与方差之间有如下关系:

$$H_{\text{H-C}}^2(\mu) = 1 - nV(\mu) - \frac{1}{n}.$$

文献 [35] 进一步提出了基于最小方差 (minimum variance) 原则来确定非可加测度的方法, 其目标函数为

$$\min z_{\text{MV}}(\mu) = V(\mu).$$

由 2 阶 Havrda-Charvat 熵与方差之间的关系, 可以得出最小方差法等价于最大化 2 阶 Havrda-Charvat 熵. 因此, 最小方差法也可以看作是最大熵方法的一个特殊类型.

本章研究了基于训练集确定非可加测度的诸多方法. 许多优化方法涉及线性规划模型, 包括线性目标规划法、最大分割法、线性 TOMOSO 方法; 部分优化方法用到了二次规划模型, 包括最小二乘法、HLMS 方法、最小二乘法形式的 TOMOSO 方法、最小方差法以及最小距离法; 还有些方法涉及非线性规划模型, 如属于最大 Marichal 熵原则的几种方法. 总体看来, 最小二乘法需要决策者提供各训练方案的预期综合评价值, 且目标函数不一定是严格凸的, 因此决策者的工作量很大, 模型计算量也较大, 需要用遗传算法或其他启发式方法来求解. 最大分割法则只需要提供训练方案之间的偏好关系, 方法目的是使训练集中各候选方案相应的 Choquet 积分值之间的差别最大化, 其所得结果易为极端非可加测度. TOMASO 方法则可直接对基数信息进行处理, 也可以借助静值函数将序数信息转化为基数信息进行处理. TOMASO 方法有两种目标函数, 线性的目标函数仍采用最大分割法的目标函数, 二次目标函数采用类似最小二乘法的目标函数. 最大熵方法具有较多的形式, 如最大 Marichal 熵方法、最小距离法、最大 Havrda-Charvat 熵方法以及最小方差法. 其中, 最大 Marichal 熵方法的目标函数为严格凹函数, 故最优解若存在则必是唯一的.

第 7 章将介绍由 Grabisch, Kojadinovic 和 Meyer 共同开发的 Kappalab 软件包, 它是当今处理非空有限集上的非可加测度及其相关模糊积分的主要工具, 可以帮助决策人员灵活简便地应用本章所涉及的确定非可加测度的方法, 并对实验结果进行有效分析.

第 7 章　Kappalab 软件包及应用

7.1　功 能 简 介

Kappalab[46,47] 是 “laboratory for capacities” 的缩写, 称为非可加测度实验室, 由 Grabisch, Kojadinovic 和 Meyer 共同开发. 目前最新版本是 0.4-6 , 发布于 2013 年 2 月 15 日, 见网站 http://cran.r-project.org/web/packages/kappalab/index.html. Kappalab 软件包要求 R 软件的版本为 2.1.0 以上. 该软件包可应用于基于非可加测度的多准则决策或合作博弈中, 主要处理非空有限集上的非可加测度和相关积分的有关运算. 该软件包在求解线性规划时用到了 LpSolve R package 软件包, 计算严格凸二次规划时使用 Quadprog R package 软件包, 计算一般二次规划调用 Kcrnlab R package 软件中 ipop 函数.

Kappalab 软件包含的主要功能包括

(1) 非可加测度、默比乌斯表示、Shapley 重要性及交互作用指标等集函数定义、函数值的计算, 以及各集函数之间转换;

(2) 计算 Sugeno 积分、对称 Sugeno 积分、Choquet 积分等实值积分值;

(3) 计算非可加测度的重要性、交互作用值、方差值、或度、与度等值;

(4) 定义、判断以及表示可加测度、基于势的非可加测度、均匀非可加测度、k 序可加测度、p 对称非可加测度、k 宽容与 k 不宽容非可加测度等特殊类型的非可加测度;

(5) 执行最小二乘法、最大分割法、TOMASO 方法、最大熵方法等基于训练集的非可加测度确定方法.

表 7.1 列出了 Kappalab 软件包的所有函数及其功能简介.

表 7.1　Kappalab 软件包主要函数及其功能

函数名称	功能介绍
as.capacity-methods	如果能转换, 就将该量转换成非可加测度
as.card.capacity-methods	如果能转换, 就将该量转换成基于势的 (对称的) 非可加测度
as.card.game-methods	如果能转换, 就将该量转换成一个博弈 (即基于势且空集测度为 0 的集函数, 不要求全集测度为 1, 不要求单调性)
as.card.set.func-methods	如果能转换, 就将该量转换成基于势的集函数
as.game-methods	如果能转换, 就将该量转换成空集测度为 0 的集函数
as.Mobius.capacity-methods	如果能转换, 则得到非可加测度的默比乌斯表示

续表

函数名称	功能介绍
as.Mobius.card.set.func-methods	如果能转换, 则得到对称非可加测度的默比乌斯表示
as.Mobius.game-methods	如果能转换, 则得到博弈的默比乌斯表示
as.Mobius.set.func-methods	如果能转换, 则得到集函数的默比乌斯表示
as.set.func-methods	如果能转换, 就将该量转换成集函数
card.set.func	定义对称集函数
Choquet.integral-methods	计算 Choquet 积分值
conjugate-methods	得到对偶集函数 (定义博弈的对偶还是其本身)
entropy-methods	计算非可加测度的 H_{M} 熵 (见 6.4.1 小节)
expect.Choquet.unif-methods	返回均匀分布或正态分布的 Choquet 期望
favor-methods	计算非可加测度的支撑系数
heuristic.ls.capa.ident	执行 HLMS 最小二乘法确定非可加测度
interaction.indices-methods	返回所有集合对应的 Shapley 交互作用指标值
is.cardinal-methods	判断集函数是否是对称的
is.kadditive-methods	判断集函数是否是 k 序可加的
is.monotone-methods	判断集函数是否是单调的
is.normalized-methods	判断集函数是否是正规的
k.truncate.Mobius-methods	k 截断方法, 即将势大于 k 的集合的默比乌斯表示值变为 0
least.squares.capa.ident	执行最小二乘法确定非可加测度
lin.prog.capa.ident	执行最大分割法的线性规划法确定非可加测度
ls.ranking.capa.ident	执行各方案排序为基础的最小二乘法确定非可加测度
ls.sorting.capa.ident	执行各方案分类为基础的最小二乘法确定非可加测度
ls.sorting.treatment	执行最小二乘法目标函数的 TOMASO 方法
mini.dist.capa.ident	执行最小距离原则的最大熵方法 (见 6.4.2 小节)
mini.var.capa.ident	执行最小方差原则的最大熵方法 (见 6.4.2 小节)
Mobius-methods	计算集函数的默比乌斯表示
Mobius.card.set.func	创建对称集函数的默比乌斯表示
Mobius.set.func	创建集函数的默比乌斯表示
normalize-methods	标准化非可加测度
orness-methods	计算非可加测度的或度
set.func	创建集函数
Shapley.value-methods	求非可加测度的 Shapley 值
show-methods	展示非可加测度的所有信息
Sipos.integral-methods	计算对称 Choquet 积分值
Sugeno.integral-methods	计算对称 Sugeno 积分值
summary-methods	展示集函数的所有信息
variance-methods	计算非可加测度的标准方差
veto-methods	计算非可加测度的否决系数
zeta-methods	执行 zeta 转换 (默比乌斯表示逆变换)

下面通过一个决策分析实例来说明 Kappalab 软件包中的主要函数的使用和结果分析.

7.2 实例分析与命令实现

例 7.1[35,46] 考虑评价经济专业学生的问题. 通过 5 门课程: 统计学 (S)、概率论 (P)、经济学 (E)、管理学 (M) 及英语 (En) 的成绩来综合评价这些学生. 各课程的成绩取值区间为 $[0,20]$, 7 名学生 a,b,c,d,e,f,g 的成绩如表 7.2 所示.

表 7.2 各学生在 5 门课程上的成绩及算术均值

	S	P	E	M	En	算术均值
a	18	11	11	11	18	13.8
b	18	11	18	11	11	13.8
c	11	11	18	11	18	13.8
d	18	18	11	11	11	13.8
e	11	11	18	18	11	13.8
f	11	11	18	11	11	12.4
g	11	11	11	11	18	12.4

现假定该专业对上述 5 门课程分成三类: 统计学与概率论; 经济学与管理学; 英语. 可见每组中课程之间有重叠内容, 即每组中各门课程间有一定的替代作用. 该专业更注重学生的统计学与概率论的成绩, 并对本次评价做出如下规定:

(1) 如果一个学生在统计学和概率论上的成绩优秀, 则他在英语上成绩好比在经济学与管理学上成绩好所获得的评价等级就高;

(2) 如果一个学生在统计学和概率论上的成绩很差, 则他在经济学与管理学上成绩好比在英语上成绩所获得的评价等级就高.

这两条规则导致表 7.2 中所列 7 名学生的排序为

$$a \succ b \succ c \succ d \succ e \succ f \succ g.$$

假定该专业要认定两名学生之间综合评价存在明显差异的话, 那么他们的综合评价值之间至少相差 0.5.

通过表 7.2 中所列各学生成绩的算术均值可以看出, 算术平均算子不能描述这一决策要求. 主要原因是算术平均算子假定各准则间相互独立, 即不存在任何交互作用.

而从三组课程间的关系来看, 各组内的课程之间存在负的交互作用, 即是冗余的. 因此, 可以尝试用非可加测度来描述各准则的重要性及其间的交互作用, 并利用 Choquet 积分来生成综合评价值.

下面利用 Kappalab 软件来执行第 6 章所述的几种确定非可加测度的方法, 并对相关执行结果进行对比分析.

首先需要为 Kappalab 软件定义训练集. 使用 R 软件的如下命令来创建 7 个向量来表示各学生及其成绩.

```
> a < - c (18, 11, 11, 11, 18)
> b < - c (18, 11, 18, 11, 11)
> c < - c (11, 11, 18, 11, 18)
> d < - c (18, 18, 11, 11, 11)
> e < - c (11, 11, 18, 18, 11)
> f < - c (11, 11, 18, 11, 11)
> g < - c (11, 11, 11, 11, 18)
```

其中, 符号 “>” 是 R 软件的命令输入提示符, 符号 “< -” 是 R 软件中的赋值操作符, 其后的符号 “c” 是 R 软件中创建向量的函数.

然后利用行捆绑的命令 “rbind” 将上述 7 个向量进行组合生成矩阵 $\boldsymbol{C}$:

```
> C < - rbind(a,b,c,d,e,f,g)
```

下面执行最小二乘法、最大分割法、最小距离法、最小方差法以及最小二乘形式的 TOMASO 方法, 并对相关结果进行分析.

1. 最小二乘法

最小二乘法需要决策者提供 7 名学生的预期综合评价值. 现假定决策者给出这 7 名学生的预期综合评价值为

$$15, 14.5, 14, 13.5, 13, 12.5, 12.$$

现将这些综合评价值赋值于向量 “overall”:

```
> overall < - c (15,14.5,14,13.5,13,12.5,12)
```

进而, 调用 “least.squares.capa.ident” 来实现利用最小二乘法确定非可加测度:

```
> ls < - least.squares.capa.ident(5,2,C,overall)
```

其中, “5” 表示决策准则数量, “2” 表示确定一个 2 序可加测度, “C” 为上面确定的训练集构成的矩阵, “overall” 各训练方案的预期值. 所求解结果 (2 序可加测度) 被赋值于变量 “ls” 中. 可以调用下面的命令来显示所求结果 (默比乌斯表示形式):

```
> m < - ls$solution
```

并且, 可以利用 “Choquet.integral” 命令来计算某个方案的 Choquet 积分值. 例如 a 的综合评价值可能通过下面语句来实现:

```
> Choquet.integral(m,a)
```

当然, 也可以用 HLMS 方法来求解.

首先, 初始化非可加测度为均匀非可加测度:

```
> mu.unif < - as.capacity(uniform.capacity(5))
```

其中, “as.capacity” 为创建一个非可加测度类, “uniform.capacity (5)” 表示包含 5 个准则的准则集上的均匀非可加测度类型.

然后, 调用 HLMS 方法:

```
> hls < - heuristic.ls.capa.ident(5,mu.unif,C,overall,alpha=0.05)
```

其中, “heuristic.ls.capa.ident” 为 HLMS 方法的调用函数, “5” 表示决策准则数量, “mu.unif” 设定的初始测度, “C” 为训练集构成的矩阵, “overall” 是各训练方案的预期值, “alpha=0.05” 即为 HLMS 方法 “步骤 1.2” 中常数 $\alpha \in [0,1]$ 的设定值为 0.05.

两种方法的所得到的非可加测度分别是 2 序可加的与一般的 (5 序可加), 各准则的 Shapley 值如表 7.3 所示. 计算非可加测度 μ 的 Shapley 值, 可以调用函数 “Shapley. value(μ)” 来实现. 通过表 7.3 可见, 由 HLMS 方法所求的非可加测度的各 Shapley 值更趋于平均, 其更接近均匀测度.

两种方法所得到的各方案最终评价值如表 7.4 所示.

表 7.3 最小二乘法及 HLMS 所得非可加测度的 Shapley 值

	S	P	E	M	En
LS	0.29	0.14	0.21	0.13	0.24
HLMS	0.24	0.18	0.20	0.16	0.21

表 7.4 最小二乘法及 HLMS 所得 7 位学生的综合评价值

	算术均值	给定评价值	最小二乘法所得评价值	HLMS 方法所得评价值
a	13.8	15.0	15.0	15.0
b	13.8	14.5	14.5	14.5
c	13.8	14.0	14.0	14.0
d	13.8	13.5	13.5	13.5
e	13.8	13.0	13.0	13.0
f	12.4	12.5	12.5	12.5
g	12.4	12.0	12.0	12.0

可见, 两种方法所得结果与预期给定的结果完全一致.

2. 最大分割法、最小方差法以及最小距离法

最大分割法、最小方差法以及最小距离法等三种方法需要决策者提供训练集上的一个偏好关系.

据 7 名学生的排序以及综合值评价之间相差至少为 0.5, 需有

$$C_m(a) \succ C_m(b) \succ C_m(c) \succ C_m(d) \succ C_m(e) \succ C_m(f) \succ C_m(g)$$

及 $\delta_C = 0.5$. 因此, 可以通过下面命令设阈值

```
> delta.C < - 0.5
```

以及偏好关系

```
> Acp < - rbind(c(a,b,delta.C), c(b,c,delta.C), c(c,d,delta.C),
c(d,e,delta.C), c(e,f,delta.C), c(f,g,delta.C))
```

其中, "Acp" 矩阵的每一行表示一个偏好关系. 如 "a,b,delta.C" 表示 $C_m(a)-C_m(b) \geqslant 0.5$.

调用最大分割法与最小方差法函数:

```
> lp< - lin.prog.capa.ident(5,2,A.Choquet.preorder=Acp)
> mv< - mini.var.capa.ident(5,2,A.Choquet.preorder=Acp)
```

其中, "5" 表示决策准则数, "2" 表示 2 序可加测度, "A.Choquet.preorder=Acp" 表示以 Choquet 积分值表示训练方案间的偏好次序关系.

最小距离法需要设定均匀非可加测度. 当然可以通过 "as.capacity" 函数创建, 也可以通过设定一个可加测度, 并使其各准则的测度值为 $1/5=0.2$. 命令如下:

```
> m.mu < - additive.capacity(c(0.2, 0.2,0.2,0.2,0.2))
```

调用最小距离法函数:

```
> md < - mini.dist.capa.ident(m.mu,2,''global.scores'',
A.Choquet.preorder=Acp)
```

其中, "m.mu" 为初始非可加测度, "2" 为 2 序可加测度, "global.scores" 是指调用的距离公式的类型, 即前文所述的最小距离法中的目标函数, "A.Choquet.preorder=Acp" 表示以 Choquet 积分值表示训练方案间的偏好次序关系.

三种方法所得到的各方案最终评价值如表 7.5 所示.

可以看出, 最小方差法与最小距离法所得各学生综合评价值相差均为 0.5. 而最大分割法使得学生评价值之间的差距很大, 这与其目标函数为求方案综合评价值间的差异最大有直接关系.

再来分析三种方法所得非可加测度. 它们所得到的非可加测度都是 2 序可加, 相应的 Shapley 值如表 7.6 所示.

表 7.5 三种方法所得 7 位学生的综合评价值

	最大分割法所得评价值	最小方差法所得评价值	最小距离法所得评价值
a	18.00	15.25	14.95
b	17.36	14.75	14.45
c	16.73	14.25	13.95
d	16.09	13.75	13.45
e	15.45	13.25	12.95
f	14.82	12.75	12.45
g	14.18	12.25	11.95

表 7.6 三种方法所得非可加测度的 Shapley 值

	S	P	E	M	En
最大分割法	0.45	0.00	0.27	0.05	0.23
最小方差法	0.27	0.16	0.21	0.14	0.22
最小距离法	0.24	0.18	0.20	0.16	0.22

由表 4.6 可得, 最大分割法所得非可加测度的 Shapley 值相差较为悬殊, 比如 P 与 M 课程的 Shapley 值为几乎为零, 这一结果与其目标函数有很大的有关系, 导致方法所得结果容易为较极端的测度. 而另外两种方法所得测度值的 Shapley 值较为平均, 因它们都寻求与均匀非可加测度相近的测度. 相应地, 它们所得的综合评价值也接于各方案的算术均值.

总的来看, 课程 S 的重要性都为最大. 但这几种方法所得的三组课程内各课程之间的重要性并不相近. 解决的办法, 一是可以增加训练对象集, 二是对各 Shapley 值增加约束条件.

现增加两个约束条件:

$$S \sim P, \quad E \sim M, \text{且设其阈值为}0.01.$$

以模型 (M-2) 为例, 可将其转化为如下形式:

$$\begin{aligned}&-\delta_{\mathrm{Sh}} \leqslant I_m(\{S\}) - I_m(\{P\}) \leqslant \delta_{\mathrm{Sh}},\\&-\delta_{\mathrm{Sh}} \leqslant I_m(\{E\}) - I_m(\{M\}) \leqslant \delta_{\mathrm{Sh}},\\&\delta_{\mathrm{Sh}} = 0.01.\end{aligned}$$

进而, 可以通过以下命令完成约束条件设定. 首先设定 Shapley 值之间的阈值:

```
> delta.phi < - 0.01
```

再设定各不等式:

```
> Asp < - rbind(c(1,2,-delta.phi), c(2,1,-delta.phi),
c(3,4,-delta.phi), c(4,3,-delta.phi))
```

其中, “Asp” 为 Shapley 值之间约束条件构成的矩阵, 它每一行表示一个约束. 比如 “1,2,delta.phi” 表示准则 1 与准则 2 之间的重要性差距为 delta.phi, 即

$\mathrm{I}_1 - \mathrm{I}_2 \geqslant$ delta.phi$(\mathrm{I}(\{\mathrm{S}\}) - \mathrm{I}(\{\mathrm{P}\}) \geqslant 0.01)$.

最大分割法、最小方差法以及最小距离法的调用函数如下:

```
> lp2 < - lin.prog.capa.ident(5,2,A.Choquet.preorder=Acp,
A.Shapley.preorder=Asp)
> mv2 < - mini.var.capa.ident(5,2,A.Choquet.preorder=Acp,
A.Shapley.preorder=Asp)
> md2 < - mini.dist.capa.ident(m.mu,2,''global.scores'',
```

```
A.Choquet.preorder=Acp,
A.Shapley.preorder=Asp)
```

其中, “A.Shapley.preorder=Asp” 即为 Shapley 值之间约束条件.

加入 Shapley 值约束条件后, 三种方法所导致的各方案的最终评价值则较为相似, 如表 7.7 所示. 所得非可加测度相应的 Shapley 值如表 7.8 所示.

表 7.7 加入 Shapley 值约束条件三种方法所得 7 位学生的综合评价值

	最大分割法所得评价值	最小方差法所得评价值	最小距离法所得评价值
a	16.03	15.12	14.84
b	15.52	14.62	14.34
c	15.01	14.12	13.84
d	14.5	13.62	13.34
e	13.99	13.12	12.84
f	13.48	12.62	12.34
g	12.97	12.12	11.84

表 7.8 加入 Shapley 值约束条件三种方法所得非可加测度的 Shapley 值

	S	P	E	M	En
最大分割法	0.23	0.23	0.18	0.18	0.18
最小方差法	0.22	0.21	0.18	0.17	0.22
最小距离法	0.22	0.21	0.18	0.17	0.22

由表 7.8 可得, 三种方法所得的 Shapley 重要性满足约束条件的要求, 而后两种方法的各准则的 Shapley 重要性完全一致, 且较第一种方法更均匀.

三种方法加入 Shapley 值约束条件后, 所得两两准则间的 Shapley 交互作用值, 分别如表 7.9、表 7.10 以及表 7.11 所示.

三个表中所示的准则间的交互作用几乎都为负值, 这与决策者初衷有些出入. 比如, 组间的课程之间最好为正的交互作用, 因此, 还可加入交互作用的约束条件.

表 7.9 加入 Shapley 值约束条件最大分割法所得测度的 Shapley 交互作用值

	S	P	E	M	En
S	—	−0.27	−0.17	0.00	−0.03
P	0.27	—	0.00	0.16	−0.04
E	−0.17	0.00	—	−0.12	−0.06
M	0.00	0.16	−0.12	—	−0.07
En	−0.03	−0.04	−0.06	−0.07	—

表 7.10 加入 Shapley 值约束条件最小方差法所得测度的 Shapley 交互作用值

	S	P	E	M	En
S	—	−0.21	−0.05	0.06	0.10
P	−0.21	—	0.01	0.15	0.03
E	−0.05	0.01	—	−0.12	0.05
M	0.06	0.15	−0.12	—	−0.01
En	0.10	0.03	0.05	−0.01	—

表 7.11 加入 Shapley 值约束条件最小距离法所得测度的 Shapley 交互作用值

	S	P	E	M	En
S	—	−0.21	−0.04	−0.07	0.10
P	−0.21	—	0.03	0.18	−0.01
E	−0.04	0.03	—	−0.10	0.09
M	−0.07	0.18	−0.10	—	0.00
En	0.10	−0.01	0.09	0.00	—

现设定组间课程的交互作用为正, 组内课程的交互作用为负, 且阈值设定为 0.05:

$$\delta_I \leqslant I(\{\text{S, E}\}) \leqslant 1, \quad \delta_I \leqslant I(\{\text{S, M}\}) \leqslant 1,$$

$$\delta_I \leqslant I(\{\text{S, En}\}) \leqslant 1, \quad \delta_I \leqslant I(\{\text{P, E}\}) \leqslant 1,$$

$$\delta_I \leqslant I(\{\text{P, M}\}) \leqslant 1, \quad \delta_I \leqslant I(\{\text{P, En}\}) \leqslant 1,$$

$$\delta_I \leqslant I(\{\text{E, En}\}) \leqslant 1, \quad \delta_I \leqslant I(\{\text{M, En}\}) \leqslant 1,$$

$$-1 \leqslant I(\{\text{S, P}\}) \leqslant -\delta_I, \quad -1 \leqslant I(\{\text{E, M}\}) \leqslant -\delta_I,$$

其中, $\delta_I = 0.05$.

首先设定 Shapley 交互作用值之间的阈值:

```
> delta.I < - 0.05
```

再设定各不等式:

```
> Aii < - rbind(c(1,2,-1,-delta.I),
c(1,3,delta.I,1), c(1,4,delta.I,1),
c(1,5,delta.I,1), c(2,3,delta.I,1), c(2,4,delta.I,1),
c(2,5,delta.I,1), c(3,4,-1,-delta.I),
c(3,5,delta.I,1), c(4,5,delta.I,1))
```

其中, “Aii” 为 Shapley 交互作用值之间约束条件构成的矩阵, 它每一行表示一个约束. 比如 “1, 2, −1, −delta.I” 表示准则 1 与准则 2 之间的交互作用值:

$$-1 \leqslant I_1 - I_2 \leqslant -\text{delta.I}(\quad 1 \leqslant I(\{\text{S}, \text{P}\}) \leqslant -0.05).$$

最大分割法、最小方差法以及最小距离法的调用函数如下:

```
> lp3 < - lin.prog.capa.ident(5,3,A.Choquet.preorder=Acp,
A.Shapley.preorder=Asp,A.interaction.interval=Aii)
> mv3 < - mini.var.capa.ident(5,3,A.Choquet.preorder=Acp,
A.Shapley.preorder=Asp,A.interaction.interval=Aii)
> md3 < - mini.dist.capa.ident(m.mu,3,''global.scores'',
A.Choquet.preorder=Acp,A.Shapley.preorder=Asp,
A.interaction.interval=Aii)
```

其中, "A.interaction.interval=Aii" 为 Shapley 交互作用的区间约束条件. 此时, 没有 2 序可加测度满足所有约束条件 (学生间的偏好关系、重要性及交互作用约束条件), 故试确定 3 序可加测度.

三种方法加入 Shapley 交互作用约束条件后, 所得非可加测度相应的 Shapley 值见表 7.12, 所得两两准则间的 Shapley 交互作用值, 分别如表 7.13、表 7.14、表 7.15 所示.

表 7.12　加入交互作用约束条件三种方法所得非可加测度的 Shapley 值

	S	P	E	M	En
最大分割法	0.23	0.23	0.16	0.16	0.22
最小方差法	0.23	0.22	0.18	0.18	0.20
最小距离法	0.22	0.21	0.18	0.19	0.21

表 7.13　加入交互作用约束条件最大分割法所得测度的 Shapley 交互作用值

	S	P	E	M	En
S	—	−0.30	0.05	0.05	0.12
P	−0.30	—	0.07	0.14	0.05
E	0.05	0.07	—	−0.24	0.05
M	0.05	0.14	−0.24	—	0.05
En	0.12	0.05	0.05	0.05	—

表 7.14　加入交互作用约束条件最小方差法所得测度的 Shapley 交互作用值

	S	P	E	M	En
S	—	−0.13	0.05	0.05	0.05
P	−0.13	—	0.05	0.05	0.05
E	0.05	0.05	—	−0.05	0.05
M	0.05	0.05	−0.05	—	0.05
En	0.05	0.05	0.05	0.05	—

表 7.15 加入交互作用约束条件最小距离法所得测度的 Shapley 交互作用值

	S	P	E	M	En
S	—	−0.21	0.05	0.05	0.05
P	−0.21	—	0.05	0.05	0.05
E	0.05	0.05	—	−0.12	0.05
M	0.05	0.05	−0.12	—	0.05
En	0.05	0.05	0.05	0.05	—

3. 最小二乘形式的 TOMASO 方法

如果决策者认为应该用 2 序可加测度来描述决策准则的重要性及交互作用, 可以尝试最小二乘形式的 TOMASO 方法. 在 TOMASO 方法中, 需要定义各类相对应的 Nd_t, ND_t, 以及设定任意有序对 $(a,a') \in Nd_t \times ND_{t-1}$. 在本例中, 可设定训练集的分类为 7 类. 因此, $(a,a') \in Nd_t \times ND_{t-1}$ 可以表述为如下有序对:

$$(a,b),(b,c),(c,d),(d,e),(e,f),(f,g).$$

首先, 以 6 行矩阵表示上述有序对:

```
>rk.proto< - rbind(c(1,2), c(2,3), c(3,4), c(4,5), c(5,6), c(6,7))
```

其次, 调用最小二乘形式的 TOMASO 方法 (在 Kappalab 软件, 定义为扩展的最小二乘法 (generalized least squares)):

```
> gls< − ls.ranking.capa.ident(5,2,C,rk.proto,0.5,
A.Shapley.preorder=Asp,A.interaction.interval=Aii)
```

其中, “5” 表示决策准则数量, “2” 表示确定一个 2 序可加测度, “C” 为上面确定的训练集构成的矩阵, “rk.proto” 表示各有序对, “0.5” 有序对的两个方案的综合评价值之间差的阈值, “A.Shapley.preorder=Asp” 为各准则 Shapley 值之间约束条件, “A.interaction.interval =Aii” 为 Shapley 交互作用的区间约束条件.

最小二乘形式的 TOMASO 方法具有近似模拟的特点, 即 2 序可加测度不能完全描述训练集中的各候选方案的优劣关系时, 会用一个次优的 2 序可加测度来模拟该模型.

最小二乘形式的 TOMASO 方法所求得的各方案的最终评价值如表 7.16 所示.

表 7.16 最小二乘形式的 TOMASO 方法所得 7 位学生的综合评价值

	算术均值	模型中所用的预期评价值	TOMASO 方法所得评价值
a	13.8	13.94	13.67
b	13.8	13.44	13.44
c	13.8	12.94	12.81
d	13.8	12.44	12.57
e	13.8	11.94	11.81
f	12.4	11.44	11.57
g	12.4	13.94	13.67

最小二乘形式的 TOMASO 方法所求各准则的 Shapley 值及两两准则间的 Shapley 交互作用值分别如表 7.17 所示.

表 7.17　最小二乘形式的 TOMASO 方法所得非可加测度的 Shapley 值及交互作用值

	S	P	E	M	En	Shapley 值
S	—	−0.22	−0.05	0.05	0.14	0.23
P	−0.22	—	0.06	0.08	0.06	0.22
E	0.05	0.06	—	−0.08	0.15	0.17
M	0.05	0.09	−0.08	—	0.05	0.16
En	0.14	0.06	0.15	0.05	—	0.22

由上述可见, Kappalab 软件为基于训练集的非可加测度确定方法提供了较好的技术支持, 并且可以对所求结果进行较为有效的比较分析.

第 8 章　基于准则偏好信息的非可加测度确定方法

基于训练集的非可加测度确定方法的研究比较成熟, 也有较为广泛的应用. 但这类方法也存在不尽合理的地方[47]. 严格来讲, 基于训练集的确定方法是 “有导师的学习方法”. 通常, 决策者需要最终得到各方案的综合评价值, 而不是在决策初始就给出各候选方案的综合评价值或偏好关系. 尤其是在实际决策中经常会面临各候选方案之间不存在完全占优关系, 决策者通常不可能给出精确的综合评价值或偏好关系. 此外, 基于训练集的非可加测度确定方法在一些情况下会遇到无解的情况. 比如决策者提供的各训练方案的综合评价值或偏好关系存在着不满足占优关系的传递性 ($\forall a, b, c \in A$, 应有 $a \succ b$, $b \succ c \Rightarrow a \succ c$) 等公理条件, 或所用特殊类型非可加测度的参数较少 (比如选用的 k 序可加测度时, k 值较小), 根本无法描述偏好关系、重要性以及交互作用指标约束等决策要求.

鉴于以上考虑, 本章从另一个角度, 即仅仅依赖决策者给出的准则偏好信息, 来确定非可加测度. 准则偏好信息是指决策者对各决策准则的相对重要性以及准则间的关联关系的主观判断. 决策者提供的这些初步信息需要进一步整理、提炼、加工, 才能转化为非可加测度. 相比基于训练集的确定方法, 基于准则偏好信息的确定方法更接近传统的决策分析习惯. 但是, 从国内外的研究现状来看, 此类方法的研究成果相对较少.

8.1　菱形成对比较方法 (DPC)

Takahagi[49] 根据 Grabisch[129] 给出的关于 2 序可加测度的 Choquet 积分的图形表示提出了菱形成对比较方法 (diamond pairwise comparisons, DPC).

8.1.1　Choquet 积分的图形表示

首先研究关于 2 序可加测度的 Choquet 积分 (简称为 2 可加 Choquet 积分) 的 Shapley 交互作用指标表示形式.

设 $\mu : \mathcal{P}(X) \to [0,1]$ 为决策准则集 $X = \{x_1, \cdots, x_n\}$ 上的非可加测度, 由 Choquet 积分的默比乌斯表示的表述形式, 即式 (2.13), 可得决策方案集 A 中的任意方案 $a \in A$, $a = (a_1, \cdots, a_n)$, 的 Choquet 积分值可表示为

$$C_\mu(a) = \sum_{S \subset X} m(S) \bigwedge_{x_i \in S} a_i.$$

现假定 μ 是 2 序可加的, 由定义 3.6 可得, 对 $\forall S\subset X$ 且 $|S|>2$ 有 $m(S)=0$, 故有

$$C_\mu(a)=\sum_{x_i\in X} m(\{x_i\})a_i+\sum_{\{x_i,x_j\}\subset X} m(\{x_i,x_j\})[a_i\wedge a_j].$$

再由 2 序可加测度的交互作用值与其默比乌斯表示之间的关系, 即式 (3.2), 可得

$$C_\mu(a)=\sum_{x_i\in X}\left[I_i-\frac{1}{2}\sum_{\{x_i,x_j\}\in X} I_{ij}\right]a_i+\sum_{\{x_i,x_j\}\subset X} I_{ij}[a_i\wedge a_j].$$

进而可表述为[102,129]

$$C_\mu(a)=\sum_{I_{ij}>0}[a_i\wedge a_j]I_{ij}+\sum_{I_{ij}<0}[a_i\vee a_j]\left|I_{ij}\right|+\sum_{i=1}^{n}a_i\left[I_i-\frac{1}{2}\sum_{j\neq i}|I_{ij}|\right],\tag{8.1}$$

其中, $|I_{ij}|$ 表示其绝对值. 此时, 2 可加 Choquet 积分由三部分组成, 即合取的、析取的、可加的三个部分, 分别对应正的交互作用、负的交互作用以及各准则的 Shapley 重要性. 正交互作用 I_{ij} 说明准则 x_i,x_j 是互补, 即需要两准则都满足才能得到较好的综合评价值, 因此, 2 可加 Choquet 积分对存在正交互作用的两准则上的评价值 a_i,a_j 取小; 而对于负的交互作用, 2 可加 Choquet 积分采用析取的方式, 即对于冗余的两准则上的评价值 a_i,a_j, 取它们的最大值.

下面来分析只有两个决策准则时的情形.

设决策准则集 $X=\{x_1,x_2\}$, 则式 (8.1) 可表述为

$$C_\mu(a)=\begin{cases}[a_1\wedge a_2]I_{12}+a_1\left[I_1-\dfrac{1}{2}I_{12}\right]+a_2\left[I_2-\dfrac{1}{2}I_{12}\right], & I_{12}\geqslant 0,\\[a_1\vee a_2]\left|I_{12}\right|+a_1\left[I_1+\dfrac{1}{2}I_{12}\right]+a_2\left[I_2+\dfrac{1}{2}I_{12}\right], & I_{12}\leqslant 0.\end{cases}\tag{8.2}$$

可以看出, 对于给定的方案 $a=(a_1,a_2)\in A$, 其综合评价值完全由 I_1,I_2,I_{12} 三个参数来确定.

由 Shapley 重要性及交互作用指标与非可加测度对应关系, 即定理 2.2 中的三个条件, 可得

$$I_1+I_2=1,$$

$$I_1-\frac{1}{2}I_{12}\geqslant 0,$$

$$I_2-\frac{1}{2}I_{12}\geqslant 0,$$

$$I_1+\frac{1}{2}I_{12}\geqslant 0,$$

$$I_2 + \frac{1}{2}I_{12} \geqslant 0.$$

以上约束就限定了 I_1, I_2, I_{12} 三个参数的取值范围, 也可以看作是 Choquet 积分 (式 (8.2)) 的定义域. 而此定义域可以用一个菱形表示[129], 如图 8.1 所示.

在图 8.1 中,

顶点 A 表示 $I_1 = 0$, $I_2 = 1 - I_1 = 0$, $I_{12} = 0$;

顶点 B 表示 $I_1 = 1$, $I_2 = 1 - I_1 = 1$, $I_{12} = 0$;

顶点 C 表示 $I_1 = \frac{1}{2}$, $I_2 = 1 - I_1 = \frac{1}{2}$, $I_{12} = 1$;

顶点 D 表示 $I_1 = \frac{1}{2}$, $I_2 = 1 - I_1 = \frac{1}{2}$, $I_{12} = -1$.

水平轴 AB 上所有点的交互作用 $I_{12} = 0$;

垂直轴 CD 上所有点的表示两个准则的重要性相等, 即 $I_1 = I_2 = \frac{1}{2}$.

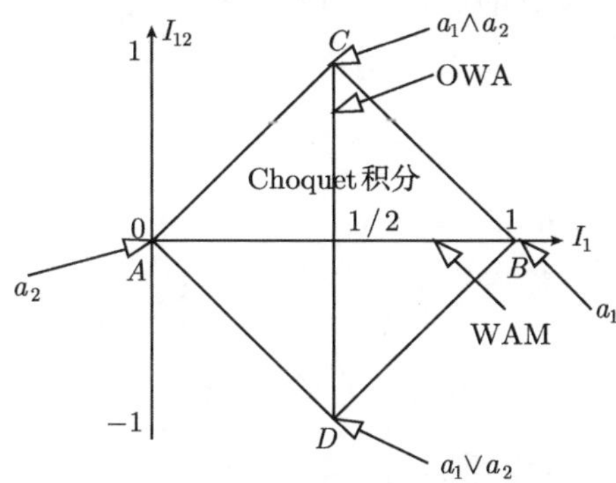

图 8.1 Choquet 积分值的菱形表示

由式 (8.2) 可得, 对于候选方案 $a = (a_1, a_2)$, 在图 8.1 中,

顶点 A 对应的 Choquet 积分值为 a_2;

顶点 B 对应的 Choquet 积分值为 a_1;

顶点 C 对应的 Choquet 积分值为 $a_1 \wedge a_2$;

顶点 D 对应的 Choquet 积分值为 $a_1 \vee a_2$.

线段 AB 上所有点对应的 Choquet 积分值为 $a_1 I_1 + a_2 I_2$, 此时非可加测度 μ 为可加的, 而关于 μ 的 Choquet 积分退化为以 (I_1, I_2) 为权重的加权算术平均算子 (WAM);

线段 CD 上所有点对应的 Choquet 积分值为

$$C_\mu(a) = \begin{cases} [a_1 \wedge a_2]I_{12} + (a_1 + a_2)\left[\frac{1}{2} - \frac{1}{2}I_{12}\right], & I_{12} \geqslant 0, \\ -[a_1 \vee a_2]I_{12} + (a_1 + a_2)\left[\frac{1}{2} + \frac{1}{2}I_{12}\right], & I_{12} \leqslant 0. \end{cases}$$

设 $((1),(2))$ 为 $(1,2)$ 的一个置换, 使得 $a_{(1)} \geqslant a_{(2)}$, 则有

$$C_\mu(a)=\begin{cases} a_{(1)}\left[\dfrac{1}{2}-\dfrac{1}{2}I_{12}\right]+a_{(2)}\left[\dfrac{1}{2}+\dfrac{1}{2}I_{12}\right], & I_{12}\geqslant 0,\\ a_{(1)}\left[\dfrac{1}{2}-\dfrac{1}{2}I_{12}\right]+a_{(2)}\left[\dfrac{1}{2}+\dfrac{1}{2}I_{12}\right], & I_{12}\leqslant 0,\end{cases}$$

即

$$C_\mu(a)=a_{(1)}\left[\frac{1}{2}-\frac{1}{2}I_{12}\right]+a_{(2)}\left[\frac{1}{2}+\frac{1}{2}I_{12}\right],$$

则关于 μ 的 Choquet 积分退化为以 $\left(\dfrac{1}{2}-\dfrac{1}{2}I_{12},\dfrac{1}{2}+\dfrac{1}{2}I_{12}\right)$ 为权重的有序加权算术平均算子 (OWA).

其实, 对于候选方案 $a=(a_1,a_2)$ 关于 μ 的 Choquet 积分值都可以用图 8.1 中菱形 $ABCD$ 的四个顶点对应的值的凸组合来表示[129]. 设 $0\leqslant\alpha,\beta,\gamma,\delta\leqslant 1$, 且 $\alpha+\beta+\gamma+\delta=1$, 则

$$C_\mu(a)=\alpha[a_1\wedge a_2]+\beta[a_1\vee a_2]+\gamma a_1+\delta a_2.$$

另外, 图 8.1 中, 每一点的坐标可表述为 (I_1,I_{12}), 而 $a=(a_1,a_2)$ 关于 μ 的 Choquet 积分值也可以表示如下 (由式 (8.2) 可导出):

$$C_\mu(a)=I_1(a_1-a_2)-\frac{1}{2}I_{12}(a_1-a_2)+a_2.$$

8.1.2 菱形成对比较法及其使用方法

Takahagi[49] 借鉴图 8.1 中菱形来帮助决策者对决策准则集中任意两个准则 x_i 和 x_j 的相对重要性及其间的交互程度进行赋值, 如图 8.2 所示.

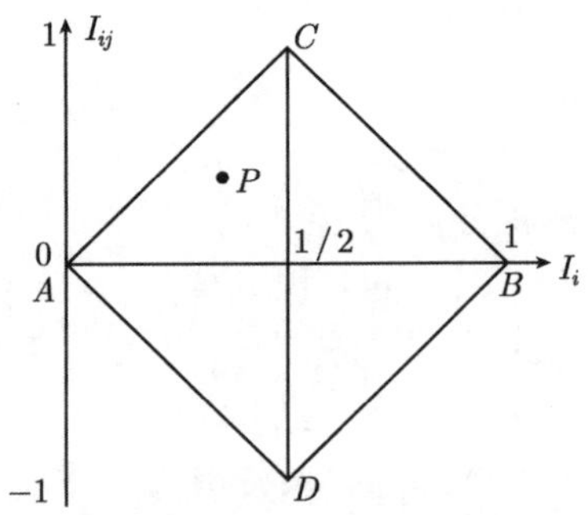

图 8.2 菱形成对比较法

Takahagi[49] 称这种比较方法为菱形成对比较法(DPC). 显然, 两个准则间的任意相对重要性及交互作用程度都可以用图 8.2 所示菱形中的一个点来与之对应.

为与前文所述的决策准则的重要性 I_i 以及两准则间的交互作用值 I_{ij} 有所区别, 现用如下符号标记在菱形成对比较法中所得的准则的相对重要性及交互程度值:

I_i^{ij} 表示在准则对 $\{x_i, x_j\}$ 中准则 x_i 的相对重要性(两准则的相对重要性之和为 1);

I_{ij}^- 表示通过菱形成对比较法得到准则 x_i 和 x_j 间的交互作用程度值.

在图 8.2 中, 横轴表示准则 x_i 和 x_j 的相对重要性, 竖轴则表示两准则之间的交互程度. 借助于该菱形, 决策者或专家可以对所有准则对进行较为直观的比较与赋值. 例如, 点 $P=\left(\frac{1}{3},\frac{1}{2}\right)$ 表示

$$I_i^{ij}=\frac{1}{3},\quad I_j^{ij}=1-I_i^{ij}=\frac{2}{3},\quad I_{ij}^-=\frac{1}{2}.$$

在图 8.2 中,

顶点 $A=(0,0)$ 意味着准则 x_j 比准则 x_i 绝对重要;

顶点 $B=(1,0)$ 意味着准则 x_i 比准则 x_j 绝对重要;

顶点 $C=\left(\frac{1}{2},1\right)$意味着准则 x_i 和 x_j 的组合比单个准则 x_i 或 x_j 重要得多;

顶点 $D=\left(\frac{1}{2},-1\right)$意味着准则 x_i 和 x_j 的组合的重要性与单个准则 x_i 或 x_j 重要性几乎相当.

线段 AB 上的点表示准则 x_i 和 x_j 间的交互作用为零;

线段 CD 上的点表示准则 x_i 与 x_j 重要性相等.

8.2 基于 DPC 与 phi(s) 转换的非可加测度确定方法

基于菱形成对比较法 (DPC) 得到的结果, Takahagi[49] 使用 AHP, 层次聚类分析以及 phi(s) 转换方法, 提出了一种确定一般非可加测度的方法.

定义 8.1[49] phi(s) 转换 $\varphi_s:[0,1]\times[0,1]\to[0,1]$ 是一个标度函数, 定义为

$$\varphi_s(\xi,\omega)=\begin{cases}1, & \xi=1,\omega>0,\\ 0, & \xi=1,\omega=0,\\ 1, & \xi=0,\omega=1,\\ 0, & \xi=0,\omega<1,\\ \left(\left(\dfrac{1-\xi}{\xi}\right)^{2\omega}-1\right)\Big/\left(\left(\dfrac{1-\xi}{\xi}\right)^{2}-1\right), & \text{其他,}\end{cases}$$

其中, ξ 称为交互程度系数. 非可加测度 μ 可由下式[49] 得到:

$$\mu(S)=\varphi_s\left(\xi,\ \sum_{x_i\in S}I_i\right),\quad \forall S\subset X,$$

其中, I_i 是评价准则 x_i 的重要性, 有 $\sum\limits_{i=1}^{n}I_i=1$.

Takahagi[49] 提出的方法较为繁琐, 需要结合应用实例进行算法说明.

现考虑某制造企业的供应商评价与选择问题. 假定利用以下决策准则对供应商进行评价:

(1) 供应产品的质量,

(2) 产品价格和物流成本,

(3) 供应商生产制造过程的柔性,

(4) 供应链响应时间,

(5) 供应商在行业中的地位和信誉.

方便起见, 记决策准则集为 $X=\{1,2,3,4,5\}$.

步骤 1 通过菱形成对比较法得到初始数据.

假定该制造企业的决策者利用菱形成对比较法对各决策准则进行两两比较, 所得结果如表 8.1 所示.

表 8.1 菱形成对比较法所得结果

准则对 (i,j)	I_i^{ij}	I_j^{ij}	I_{ij}^{-}	$\mu^{ij}(\{i\})$	$\mu^{ij}(\{j\})$	ξ_{ij}	$c_{ij}=I_i/I_j$
(1, 2)	0.6527	0.3473	+0.4012	0.4521	0.1467	0.2973	1.8794
(1, 3)	0.5150	0.485	+0.2300	0.4000	0.3700	0.3854	1.0619
(1, 4)	0.7164	0.2836	+0.1402	0.6463	0.2135	0.4178	2.5261
(1, 5)	0.5811	0.4189	+0.1231	0.5196	0.3574	0.4377	1.3872
(2, 3)	0.3945	0.6055	+0.3215	0.2338	0.4448	0.3231	0.6515
(2, 4)	0.4527	0.5473	+0.1534	0.3760	0.4706	0.4218	0.8272
(2, 5)	0.3612	0.6388	+0.3241	0.1992	0.4768	0.3117	0.5654
(3, 4)	0.5940	0.406	+0.2458	0.4711	0.2831	0.3766	1.4631
(3, 5)	0.5213	0.4787	−0.0745	0.5586	0.5160	0.5374	1.0890
(4, 5)	0.5725	0.4275	−0.1752	0.6601	0.5151	0.5911	1.3392

表 8.1 中, 第 1 列为准则集 $X=\{1,2,3,4,5\}$ 中所有的准则对, 第 2—4 列分别列出各准则的相对重要性及其交互作用程度.

设 μ^{ij} 为定义于 $\{x_i,x_j\}$ 上的非可加测度, 由 Shapley 值的定义, 可得

$$I_i^{ij}=\frac{1}{2}[\mu^{ij}(\{i\})-\mu^{ij}(\varnothing)]+\frac{1}{2}[\mu^{ij}(\{i,j\})-\mu^{ij}(\{j\})],$$

即

$$I_i^{ij}=\frac{1}{2}[\mu^{ij}(\{i\})+1-\mu^{ij}(\{j\})],$$

类似地, 有

$$I_j^{ij}=\frac{1}{2}[\mu^{ij}(\{j\})+1-\mu^{ij}(\{i\})],$$

$$I_{ij}^{-}=1-\mu^{ij}(\{i\})-\mu^{ij}(\{j\}).$$

进而, 可得

$$\mu^{ij}(\{i\})=I_i^{ij}-\frac{1}{2}I_{ij}^{-},$$

$$\mu^{ij}(\{j\})=I_j^{ij}-\frac{1}{2}I_{ij}^{-}.$$

而由定义 8.1, 可得

$$\mu^{ij}(\{i\})=\varphi_s\left(\xi_{ij},\ I_i^{ij}\right),$$

则

$$\xi_{ij}=\varphi_s^{-1}\left(\mu^{ij}(\{i\}),\ I_i^{ij}\right).$$

表 8.1 的第 5—7 列分别列出了 $\mu^{ij}(\{i\}), \mu^{ij}(\{j\}), \xi_{ij}$ 的值.

步骤 2 利用层次分析法 (AHP) 的最大特征值向量法生成每个准则的相对权重.

对 $\forall i,j$, 令 $c_{ij}=I_i/I_j$ 且 $c_{ii}=1$, 可得层次分析法的两两比较矩阵 $\boldsymbol{C}=[c_{ij}]_{5\times5}$. 矩阵 $\boldsymbol{C}$ 最大特征值 $\lambda_{\max}=5.0919$ 对应的特征向量为

$$(\omega_1,\omega_2.\cdots,\omega_5)^{\mathrm{T}}=(0.2863,0.1329,0.2255,0.1664,0.1889)^{\mathrm{T}},$$

显然, 有 $\sum\limits_{i=1}^{5}\omega_i=1$.

步骤 3 构建基于交互程度的层次聚类图.

定义 8.2 设 $\boldsymbol{R}$ 为聚集组构成的集合, $G_m, G_n\in\boldsymbol{R}$ 为其中的聚集组, 则聚集组 G_m 和 G_n 之间的交互程度定义为

$$\xi_{(G_m,G_n)}=\frac{\sum\limits_{(i,j)\in(E(G_m)\times E(G_n))}\xi_{ij}}{|E(G_m)\times E(G_n)|},$$

其中, $A\times B$ 表示 A,B 的直积, $|A|$ 表示集合 A 的势, $E(A)$ 表示由集合 A 中所有准则构成的集合. 例如, $E(\{\{1,2,\{3\}\},4\})=\{1,2,3,4\}$.

定义 8.3　设 $\boldsymbol{R}$ 为聚集组构成的集合, $G_m, G_n \in \boldsymbol{R}$ 为其中的聚集组, 则聚集组 G_m 和 G_n 之间的差异度定义为

$$d_{(G_m,G_n)} = \frac{\sum\limits_{G_j\in\boldsymbol{R},G_j\neq G_m,G_j\neq G_n} [\xi_{(G_j,G_m)} - \xi_{(G_j,G_n)}]^2}{(|\boldsymbol{R}|-2)}.$$

首先, 令 $\boldsymbol{R}^1 = \{G_1^1, G_2^1, \cdots, G_5^1\}$, 中 $G_i^1 = \{i\}, i = 1, 2, \cdots, 5$. 交互程度 ξ_{ij} 和差异度 d_{ij} 如表 8.2 所示. 例如,

$$\xi_{12} = \xi_{12}/1 = 0.2973,$$

$$d_{12} = [(\xi_{13} - \xi_{23})^2 + (\xi_{14} - \xi_{24})^2 + (\xi_{15} - \xi_{25})^2]/(5-2) = 0.0066.$$

其次, 因最小差异度是 $d_{13} = 0.0041$, 故 G_1^1 和 G_3^1 进行合并, 即

$$\boldsymbol{R}^2 = \{G_1^2, G_2^2, G_3^2, G_4^2\} = \{\{\{1\},\{3\}\},\{2\},\{4\},\{5\}\}.$$

再次, 重新计算 $\boldsymbol{R}^2$ 中各聚集组间交互程度 $\xi_{(G_m,G_n)}$ 和差异度 $d_{(G_m,G_n)}$ 如表 8.2 所示.

表 8.2　聚类组间的交互程度和差异度

$\boldsymbol{R}^1$			$\boldsymbol{R}^2$		
(G_i^1, G_j^1)	ξ_{ij}	d_{ij}	(G_i^2, G_j^2)	ξ_{ij}	d_{ij}
(1, 2)	0.2973	0.0066	(1, 2)	0.3102	0.0015
(1, 3)	0.3854	0.0041	(1, 3)	0.3972	0.0034
(1, 4)	0.4178	0.0130	(1, 4)	0.4876	0.0446
(1, 5)	0.4377	0.0178	(2, 3)	0.3766	0.0494
(2, 3)	0.3231	0.0202	(2, 4)	0.5374	0.0345
(2, 4)	0.4218	0.0318	(3, 4)	0.5911	0.0170
(2, 5)	0.3117	0.0314			
(3, 4)	0.3766	0.0046			
(3, 5)	0.5374	0.0096			
(4, 5)	0.5911	0.0128			
$\boldsymbol{R}^3$			$\boldsymbol{R}^4$		
(G_i^3, G_j^3)	ξ_{ij}	d_{ij}	(G_i^4, G_j^4)	ξ_{ij}	d_{ij}
(1, 2)	0.4054	0.0263	(1, 2)	0.4172	
(1, 3)	0.4289	0.0345			
(2, 3)	0.5911	0.0006			

例如, 由 $E(\{\{1\},\{3\}\}) = \{1,3\}$ 和 $E(\{2\}) = \{2\}$, 可得 $\{\{1\},\{3\}\}$ 和 $\{2\}$ 之间的交互作用.

$$\xi_{(G_1^2,G_2^2)} = \xi_{(\{\{1\},\{3\}\},\{2\})} = [\xi_{12} + \xi_{23}]/2 = [0.2973 + 0.3231]/2 = 0.3102.$$

因最小差异度为 $d_{(G_1^2,G_2^2)}=0.0015$, 对 G_1^2, G_2^2 进行合并, 得到

$$\boldsymbol{R}^3=\{G_1^3,G_2^3,G_3^3\}=\{\{\{\{1\},\{3\}\},\{2\}\},\{4\},\{5\}\}.$$

类似地, 可得

$$\boldsymbol{R}^4=\{G_1^4,G_2^4\}=\{\{\{\{1\},\{3\}\},\{2\}\},\{\{4\},\{5\}\}\},$$

$$\boldsymbol{R}^5=\{G_1^5\}=\{\{\{\{\{1\},\{3\}\},\{2\}\},\{\{4\},\{5\}\}\}\}.$$

最后, 得到本实例的层次聚类图, 如图 8.3 所示.

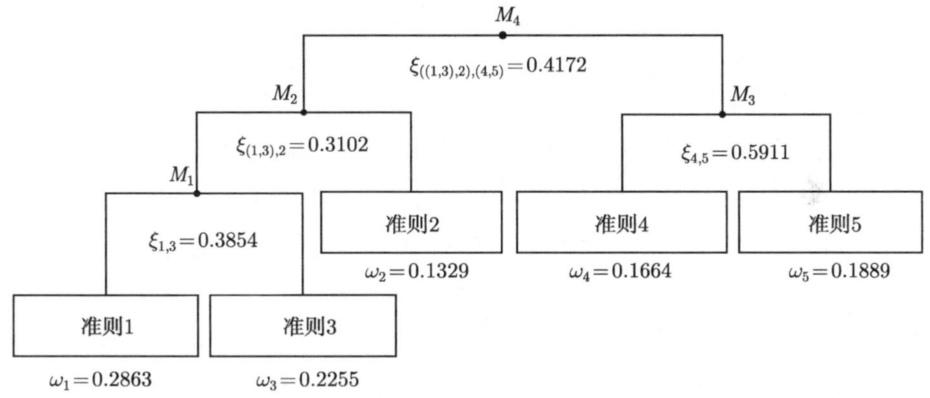

图 8.3 层次聚类图

步骤 4 利用 φ_s 转换由下而上逐级调整权重得出非可加测度.

集合 $A\subseteq X$ 的非可加测度因交互程度的不同而产生不同的结果. 例如, 对 $\{1,3\}$, 当 $\xi_{1,3}=0.3854$, 可得

$$\mu(\{1,3\})=\varphi_s\,(0.3854,0.2863+0.2255)=0.3968.$$

然而, 当 $\xi_{(1,3),2}=0.3102$, 可得到另一个非可加测度值

$$\mu(\{1,3\})=\varphi_s\,(0.3102,0.2863+0.2255)=0.3209.$$

因此, 可得由下一层到上一层的转换率, 记为 $R_{\mathrm{L}}^{\mathrm{U}}$. 从 M_1 层到 M_2 层的转换率为

$$R_1^2=0.3209/0.3968=0.8087.$$

对于图 8.2 中的准则 1, 在 M_1 层,

$$\mu(\{1\})_1-\varphi_s\,(0.3854,0.2863)-0.1985,$$

因此, 在 M_2 层可得

$$\mu(\{1\})_2=\varphi_s\left(\xi_{(1,3),2},\omega\right)=\mu(\{1\})_1\times R_1^2=0.1985\times 0.8087=0.1605.$$

进而可得

$$\omega=\varphi_s^{-1}(\xi_{(1,3),2},\mu(\{1\}_2))=\varphi_s^{-1}(0.3102,0.1605)=0.3069,$$

即为准则 1 在 M_2 层的权重, 记为 $\omega(1)_2$.

进而, 可准则 (3) 在 M_2 层的权重

$$\omega(3)_2=0.2471.$$

类似地, 可得

$$R_2^4=1.2098,\quad R_3^4=0.6379,\quad \omega(1)_4=0.2536,\quad \omega(3)_4=0.1978,$$

$$\omega(2)_4=0.1575,\quad \omega(4)_4=0.1885,\quad \omega(5)_4=0.2109,\quad \omega(1,2)_4=0.3896,$$

$$\omega(1,3)_4=0.5198,\quad \omega(2,3)_4=0.3263,\quad \omega(1,2,3)_4=0.6869,\quad \omega(4,5)_4=0.3553.$$

最后, 得到 X 的任一子集 S 的非可加测度值, 如表 8.3 所示. 例如,

$$\mu(\{4\})=\mu(\{4\})_4=\varphi_s(0.4172,\omega(4)_4)=\varphi_s(0.4172,0.1885)=0.1412,$$
$$\mu(\{1,2,4\})=\varphi_s(0.4172,\omega(1,2)_4+\omega(4)_4)=\varphi_s(0.4172,0.3896+0.1885)=0.4959,$$
$$\mu(\{1,2,3,4\})=\varphi_s(0.4172,\omega(1,2,3)_4+\omega(4)_4)=\varphi_s(0.4172,0.6869+0.1885)=0.8361.$$

现假定有 4 家供应商, 即候选供应商集合为 $A=\{a,b,c,d\}$. 根据 5 个评价准则, 所有供应商的评价分值如表 8.4 所示.

基于表 8.3 所给的非可加测度, 可计算出各供应商的 Choquet 积分值, 即得综合评价值, 如表 8.4 所示.

故供应商 b 是最佳供应商, 各供应商的优劣次序为

$$b\succ a\succ c\succ d.$$

表 8.3　准则集所有子集的非可加测度值

A	$\mu(A)$	A	$\mu(A)$	A	$\mu(A)$	A	$\mu(A)$
∅	0.0000	{1,4}	0.3615	{1,2,3}	0.6162	{2,4,5}	0.4057
{1}	0.1942	{1,5}	0.3828	{1,2,4}	0.4959	{3,4,5}	0.4703
{2}	0.0977	{2,3}	0.2562	{1,2,5}	0.5192	{1,2,3,4}	0.8361
{3}	0.1493	{2,4}	0.2519	{1,3,4}	0.6366	{1,2,3,5}	0.8645
{4}	0.1412	{2,5}	0.2716	{1,3,5}	0.6621	{1, 2,4,5}	0.6784
{5}	0.1592	{3,4}	0.3097	{1,4,5}	0.5281	{1, 3,4,5}	0.8357
{1,2}	0.3127	{3,5}	0.3303	{2,3,4}	0.4318	{2, 3,4,5}	0.6067
{1,3}	0.4368	{4,5}	0.3217	{2,3,5}	0.4542	{1,2, 3,4,5}	1.0005

表 8.4　各供应商在 5 个准则上的评价值

	准则 1	准则 2	准则 3	准则 4	准则 5	综合评价值
a	0.91	0.54	0.56	0.72	0.84	0.69
b	0.94	0.83	0.78	0.51	0.87	0.80
c	0.70	0.84	0.45	0.62	0.78	0.60
d	0.47	0.62	0.50	0.55	0.53	0.51

通过以上确定过程, 可以看出, 基于菱形成对比较 (DPC) 与 phi(s) 转换的确定方法比较复杂, 且确定过程的合理性仍需进一步论证. 但菱形成对比较法给决策者提供了一个确定准则间重要性及交互作用的直观工具.

下面介绍基于菱形成对比较法确定 2 序可加测度的两种方法.

8.3　基于 DPC 的 2 序可加测度确定方法

在菱形成对比较法 (DPC) 中, 两两准则的相对重要性的确定类似于 AHP 方法中的成对比较, 这是决策者比较熟悉的. 但确定准则间的交互作用程度却比较困难. 本节提出的等价值方案曲线可以较直观地辅助决策者确定准则间的交互作用指标值.

8.3.1　等价值方案曲线与交互作用

等价值方案曲线的概念是受文献 [130] 的启发. Grabisch 等[130] 通过一特殊的决策模型来描述准则间的交互作用: 在图 8.4 中, 决策者对四个候选方案 A, B, C, D 依据两个准则 x_1, x_2 进行评价.

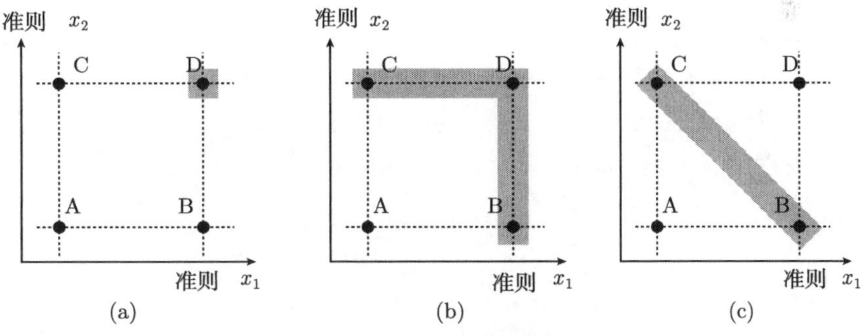

图 8.4　交互作用的不同情形

在图 8.4 中, 假定两准则重要性相同, 两个坐标轴表示候选方案的在不同准则上的评价值.

在图 8.4 (a) 情形下, 决策者对候选方案的偏好关系是 $D \succ B = C = A$, 即 D 获得了最高的综合评价值, B, C, A 的综合评价值是一样, 且都劣于 D. 这种情形下,可称准则间存在正的交互作用: 准则对的重要性远远大于单个准则的重要性, 两个决策准则是互补的.

在图 8.4 (b) 情形下, 决策者的偏好关系为 $\mathrm{B}=\mathrm{C}=\mathrm{D}\succ\mathrm{A}$. 这意味着两个准则的联合并没有起到任何作用, 即准则对的重要性几乎等于单个准则的重要性. 此时, 两准则是冗余的, 它们之间存在着负的交互作用.

在图 8.4 (c) 情形下, 方案的偏好为 $\mathrm{D}\succ\mathrm{B}=\mathrm{C}\succ\mathrm{A}$. 这意味着准则对的重要性等于各准则重要性之和. 各准则是相互独立的, 它们之间没有交互作用.

下面研究其数学表述. 设 $I_1=I_2=0.5$, 各候选方案 A, B, C, D 的评价值分别为

$$(a_1,b_1),\quad (a_2,b_1),\quad (a_1,b_2),\quad (a_2,b_2),$$

其中, $a_1=b_1<a_2=b_2$.

对于图 8.4 (a), 有 $0\leqslant I_{12}\leqslant 1$. 利用 Choquet 积分 (式 (8.2)), 可得方案 A 的总体评价值, 记为 e_{A}:

$$e_{\mathrm{A}}=(a_1\wedge b_1)I_{12}+a_1\left(\frac{1}{2}-\frac{1}{2}I_{12}\right)+b_1\left(\frac{1}{2}-\frac{1}{2}I_{12}\right)=a_1I_{12}+\frac{1}{2}(a_1+b_1)(1-I_{12}).$$

类似地, 有

$$e_{\mathrm{B}}=b_1I_{12}+\frac{1}{2}(a_2+b_1)(1-I_{12}),$$

$$e_{\mathrm{C}}=a_1I_{12}+\frac{1}{2}(a_1+b_2)(1-I_{12}),$$

$$e_{\mathrm{D}}=a_2I_{12}+\frac{1}{2}(a_2+b_2)(1-I_{12}).$$

因 $\mathrm{D}\succ\mathrm{B}=\mathrm{C}=\mathrm{A}$, 可得 $I_{12}=1$.

类似地, 对于图 8.4 (b) 有 $I_{12}=-1$; 对于图 8.4(c) 有 $I_{12}=0$.

方便起见, 用向量 (x_1,x_2), $x_1,x_2\in(-\infty,+\infty)$, 表示方案在两准则上的评价值. 因准则的重要性 $I_1=I_2=0.5$, 由式 (8.2), 综合评价值可由下式获得:

$$\begin{cases} x_1\wedge x_2, & I_{12}=1,\\ \dfrac{(x_1+x_2)}{2}, & I_{12}=0,\\ x_1\vee x_2, & I_{12}=-1. \end{cases}$$

可称 $x_1\wedge x_2$, $x_1\vee x_2$, $x_2=-x_1+s(s\in(-\infty,+\infty))$ 为图 8.4 中的三种情形下基于 Choquet 积分的等价值方案曲线. 图 8.5 描绘了三种情形下基于 Choquet 积分的等价值方案曲线. 图 8.6 展示了当两个决策准则重要性相同时, 一些典型的交互作用值下的等价值曲线.

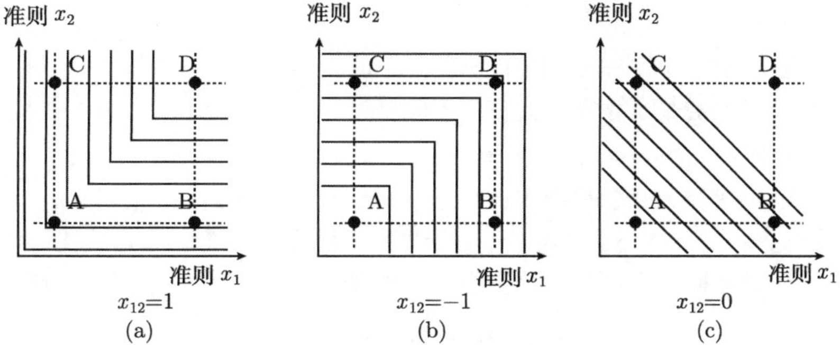

图 8.5　不同情形下的等价值方案曲线

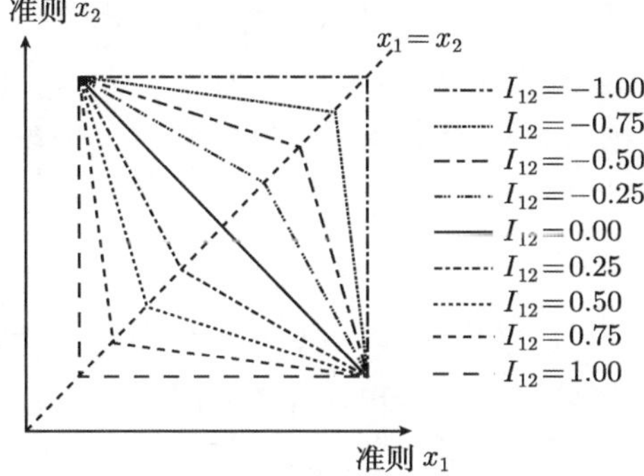

图 8.6　某些交互作用值下的等价值方案曲线

现在考虑更加一般的情形。对于任意 I_1, I_2 和 I_{12}，Choquet 积分可由下式得到：

$$\begin{cases} (x_1 \wedge x_2)I_{12} + x_1\left(I_1 - \dfrac{1}{2}I_{12}\right) + x_2\left(I_2 - \dfrac{1}{2}I_{12}\right), & I_{12} \geqslant 0, \\ -(x_1 \vee x_2)I_{12} + x_1\left(I_1 + \dfrac{1}{2}I_{12}\right) + x_2\left(I_2 + \dfrac{1}{2}I_{12}\right), & I_{12} \leqslant 0, \end{cases}$$

或等价表示为

$$\begin{cases} x_1\left(I_1 + \dfrac{1}{2}I_{12}\right) + x_2\left(I_2 - \dfrac{1}{2}I_{12}\right), & x_1 \leqslant x_2, \\ x_1\left(I_1 - \dfrac{1}{2}I_{12}\right) + x_2\left(I_2 + \dfrac{1}{2}I_{12}\right), & x_1 \geqslant x_2. \end{cases}$$

因此，基于 Choquet 积分的等价值方案曲线可定义为

$$\begin{cases} x_1\left(I_1 + \dfrac{1}{2}I_{12}\right) + x_2\left(I_2 - \dfrac{1}{2}I_{12}\right) = s, & x_1 \leqslant x_2, \\ x_1\left(I_1 - \dfrac{1}{2}I_{12}\right) + x_2\left(I_2 + \dfrac{1}{2}I_{12}\right) = s, & x_1 \geqslant x_2, \end{cases}$$

其中, $s \in (-\infty, +\infty)$ 是一常数.

由此, 可以得到等价值曲线的一些基本性质:

(1) 等价值曲线是分段线性的. 特别地, 当 $I_{12}=0$(对应于图 8.2 中线段 AB), 曲线退化为直线 $x_2=-(I_1/I_2)x_1+s$, $s\in(-\infty,+\infty)$ 为一常数.

(2) 曲线的斜率随 I_2 值的增大而增大, I_1 的增大而减小, 当 $x_1 \geqslant x_2$ 时, 随 I_{12} 值的增大而增大, 当 $x_1 \leqslant x_2$ 时随 I_{12} 值的增大而减小.

(3) 当 $I_1=I_2$(对应于图 8.2 中线段 CD), 曲线关于直线 $x_1=x_2$ 对称.

(4) 当 $I_1=\dfrac{1}{2}I_{12}$(对应于图 8.2 中线段 AC) 且当 $x_1 \geqslant x_2$ 曲线为 $x_2=s$; 当 $I_1=-\dfrac{1}{2}I_{12}$(对应于图 8.2 中线段 AD) 且当 $x_1 \leqslant x_2$ 曲线为 $x_2=s$; 当 $I_2=\dfrac{1}{2}I_{12}$(对应于图 8.2 中线段 BC) 且当 $x_1 \leqslant x_2$ 曲线为 $x_2=s$; 当 $I_2=-\dfrac{1}{2}I_{12}$(对应于图 8.2 中线段 BD) 且当 $x_1 \geqslant x_2$ 曲线为 $x_2=s$.

基于 Choquet 积分的等价值方案曲线这些性质可以帮助决策者在菱形成对比较法中估计两个准则间的交互作用程度.

8.3.2 方法步骤及理论证明

下面给出基于菱形成对比较法确定 2 序可加测度的一种方法.

步骤 1 利用菱形成对比较方法对决策准则集 X 中 n 个决策准则进行两两比较, 得每对决策准则之间的相对重要性系数矩阵

$$\boldsymbol{P}=\left[I_i^{ij}\right]_{n\times n},\quad 0\leqslant I_i^{ij}\leqslant 1,\quad i,j=1,\cdots,n,$$

其中, I_i^{ij} 表示对决策准则 x_i, x_j 进行两两比较时决策准则 x_i 的相对重要性. 显然, $I_i^{ij}=I_i^{ji}$, $I_i^{ii}=1$.

同时, 可以得到交互作用程度系数矩阵

$$\boldsymbol{Q}=\left[I_{ij}^{-}\right]_{n\times n},\quad i,j=1,\cdots,n,\quad 且 i\neq j.$$

步骤 2 由重要系数矩阵 $\boldsymbol{P}$ 求得相对重要性矩阵

$$\boldsymbol{C}=\left[c_{ij}\right]_{n\times n},\quad c_{ij}=I_i^{ij}/I_j^{ij}.$$

步骤 3 利用最大特征向量法求得各决策准则 x_i 的相对重要性系数向量

$$\boldsymbol{I}^*=(I_1^*,\cdots,I_n^*).$$

根据 $\boldsymbol{I}^*$ 对矩阵 $\boldsymbol{Q}$ 进行变换, 得决策准则 x_i, x_j 间新的交互作用指标矩阵 $\boldsymbol{Q}^*=\left[I_{ij}^*\right]_{n\times n}$, 其中,

$$I_{ij}^*=\operatorname{sgn}(I_{ij})\min\left(\left|\frac{I_i^* I_{ij}^{-}}{(n-1)I_i^{ij}}\right|,\left|\frac{I_j^* I_{ij}^{-}}{(n-1)I_j^{ij}}\right|\right),\quad i,j=1,\cdots,n,\quad 且 i\neq j. \tag{8.3}$$

显然, $I_{ij}^* = I_{ji}^*$.

步骤 4 当 $|T| > 2$ 时, 令 $I_T^* = 0$. 令 $m(\varnothing) = 0$, 利用 Shapley 交互作用指标与默比乌斯表示之间的关系 (式 (5.2)), 可得所有非空准则子集的默比乌斯表示的值.

步骤 5 利用非可加测度与默比乌斯表示的对应关系, 即式 (2.2), 得决策准则集 X 的任一子集的非可加测度值.

下面证明上述算法所求得的非可加测度为 2 序可加测度.

首先给出以下引理.

引理 8.1 对任意的 $T \subset X$, 由上述算法确定的交互作用指标满足如下不等式

$$I_i^* - \frac{1}{2}\sum_{x_j \in X\setminus T} I_{ij}^* + \frac{1}{2}\sum_{x_j \in T\setminus\{x_i\}} I_{ij}^* \geqslant 0, \quad i,j = 1,\cdots,n \quad \text{且} \quad i \neq j.$$

证明 对任意 $\{x_i, x_j\} \subset X$, 由菱形成对比较法所得的 I_i^{ij}, I_j^{ij}, I_{ij}^- 可得

$$\mu^{ij}(\{i\}) = I_i^{ij} - \frac{1}{2}I_{ij}^-, \quad \mu^{ij}(\{j\}) = I_j^{ij} - \frac{1}{2}I_{ij}^-,$$

其中, μ^{ij} 为 $\{x_i, x_j\}$ 上的非可加测度.

由 $0 \leqslant \mu^{ij}(\{i\}), \mu^{ij}(\{j\}) \leqslant 1$, 可得

$$-\min(I_i^{ij}, I_j^{ij}) \leqslant \frac{1}{2}I_{ij}^- \leqslant \min(I_i^{ij}, I_j^{ij}),$$

进而有

$$-\frac{I_i^* \min(I_i^{ij}, I_j^{ij})}{(n-1)I_i^{ij}} \leqslant \frac{I_i^* I_{ij}^-}{2(n-1)I_i^{ij}} \leqslant \frac{I_i^* \min(I_i^{ij}, I_j^{ij})}{(n-1)I_i^{ij}},$$

即

$$-\frac{I_i^* I_i^{ij}}{(n-1)I_i^{ij}} \leqslant \frac{I_i^* I_{ij}^-}{2(n-1)I_i^{ij}} \leqslant \frac{I_i^* I_i^{ij}}{(n-1)I_i^{ij}},$$

故

$$-\frac{I_i^*}{n-1} \leqslant \frac{I_i^* I_{ij}^-}{2(n-1)I_i^{ij}} \leqslant \frac{I_i^*}{n-1}.$$

代入式 (8.3) 可得

$$-\frac{I_i^*}{n-1} \leqslant \frac{1}{2}I_{ij}^* \leqslant \frac{I_i^*}{n-1},$$

故对任意的 $T \subset X$, 有

$$-\frac{(n-1)I_i^*}{n-1} \leqslant -\frac{1}{2}\sum_{x_j \in X\setminus T} I_{ij}^* + \frac{1}{2}\sum_{x_j \in T\setminus\{x_i\}} I_{ij}^* \leqslant \frac{(n-1)I_i^*}{n-1},$$

即

$$I_i^* - \frac{1}{2}\sum_{x_j \in X\setminus T} I_{ij}^* + \frac{1}{2}\sum_{x_j \in T\setminus\{x_i\}} I_{ij}^* \geqslant 0.$$

证毕.

要证明算法所求得的非可加测度为 2 序可加测度, 只需证明所确定的默比乌斯表示系数满足定理 2.1 的要求即可.

定理 8.1 由上述算法确定的非可加测度为 2 序可加测度.

证明 由式 (5.2), 有

$$\begin{cases} m(\{x_i\}) = I_i^* - \dfrac{1}{2}\displaystyle\sum_{\{x_i,x_j\}\subset X} I_{ij}^*, \\ m(\{x_i,x_j\}) = I_{ij}^*. \end{cases}$$

由步骤 4 可得 $m(\varnothing)=0$, 且当 $|T|>2$ 时, $m(T)=I_T^*=0$.

下面证明上述算法所确定的默比乌斯表示系数满足定理 2.1 的所要求三个条件, 以及满足 2 序可加测度的定义.

(1) 显然 $m(\varnothing)=0$. 另外

$$\begin{aligned}\sum_{A\subset X} m(A) &= \sum_{x_i\in X} m(\{x_i\}) + \sum_{\{x_i,x_j\}\subset X} m(\{x_i,x_j\}) \\ &= \sum_{x_i\in X}\left(I_i^* - \frac{1}{2}\sum_{x_j\in X\setminus\{x_i\}} I_{ij}^*\right) + \sum_{\{x_i,x_j\}\subset X} I_{ij}^* \\ &= \sum_{x_i\in X} I_i^* - \frac{1}{2}\sum_{x_i\in X}\sum_{x_j\in X\setminus\{x_i\}} I_{ij}^* + \sum_{\{x_i,x_j\}\subset X} I_{ij}^* \\ &= \sum_{x_i\in X} I_i^* \\ &= 1.\end{aligned}$$

(2) 对于 $\forall A\subset X$, 有

$$\begin{aligned}\sum_{x_i\in T\subset A} m(T) &= \sum_{x_i\in T} m(\{x_i\}) + \sum_{x_j\in T\setminus\{x_i\}} m(\{x_i,x_j\}) \\ &= \sum_{x_i\in T}\left(I_i^* - \frac{1}{2}\sum_{x_j\in X\setminus\{x_i\}} I_{ij}^*\right) + \sum_{x_j\in T\setminus\{x_i\}} I_{ij}^* \\ &= I_i^* - \frac{1}{2}\sum_{x_j\in X\setminus A} I_{ij}^* + \frac{1}{2}\sum_{x_j\in A\setminus\{x_i\}} I_{ij}^*,\end{aligned}$$

由引理 8.1 可得

$$\sum_{x_i \in T, T \subset A} m(T) \geqslant 0.$$

(3) 显然, 若 $|T| > 2$, 有 $m(T) = 0$. 并且, 因为决策准则间存在交互性, 一定存在 $x_{i_0}, x_{j_0} \in X$, 使得 $I^*_{i_0 j_0} \neq 0$, 进而 $m(\{i_0, j_0\}) \neq 0$.

故由上述算法可以唯一确定一个 2 序可加测度, 证毕.

8.3.3 数值算例及结果分析

下面仍用 8.2 节供应商评价与选择的实例来验证算法的可行性与有效性.

步骤 1 利用菱形成对比较方法对决策准则进行两两比较, 得相对重要性矩阵 $\boldsymbol{P}$(见表 8.1 第 1 列) 及交互作用程度系数矩阵 $\boldsymbol{Q}$(见表 8.1 第 2 列):

$$\boldsymbol{P} = \begin{bmatrix} 1 & 0.6527 & 0.5150 & 0.7164 & 0.5811 \\ 0.3473 & 1 & 0.3945 & 0.4527 & 0.3612 \\ 0.4850 & 0.6055 & 1 & 0.5940 & 0.5213 \\ 0.2836 & 0.5473 & 0.4060 & 1 & 0.5725 \\ 0.4189 & 0.6388 & 0.4787 & 0.4275 & 1 \end{bmatrix},$$

$$\boldsymbol{Q} = \begin{bmatrix} — & +0.4012 & +0.2300 & +0.1402 & +0.1231 \\ +0.4012 & — & +0.3215 & +0.1534 & +0.3241 \\ +0.2300 & +0.3215 & — & +0.2458 & -0.0745 \\ +0.1402 & +0.1534 & +0.2458 & — & -0.1752 \\ +0.1231 & +0.3241 & -0.0745 & -0.1752 & — \end{bmatrix}.$$

步骤 2 计算决策准则的相对重要性矩阵

$$\boldsymbol{C} = \begin{bmatrix} 1 & 1.8794 & 1.0619 & 2.5261 & 1.3872 \\ 0.5321 & 1 & 0.6515 & 0.8272 & 0.5654 \\ 0.9417 & 1.5349 & 1 & 1.4631 & 1.0890 \\ 0.3959 & 1.2090 & 0.683 & 1 & 1.3392 \\ 0.7209 & 1.7685 & 0.9183 & 0.7467 & 1 \end{bmatrix}.$$

步骤 3 矩阵 $\boldsymbol{C}$ 的最大特征向量为

$$(\omega_1, \omega_2, \cdots, \omega_5)^{\mathrm{T}} = (0.2863, 0.1329, 0.2255, 0.1664, 0.1889)^{\mathrm{T}},$$

即各决策准则 x_i 的重要性分别为

$$I_1^* = 0.2863, \quad I_2^* = 0.1329, \quad I_3^* = 0.2255, \quad I_4^* = 0.1664, \quad I_5^* = 0.1889.$$

利用式 (8.3) 对矩阵 $\boldsymbol{Q}$ 进行变换, 比如,

$$\begin{aligned} I_{12}^* &= \operatorname{sgn}(I_{12}^-)\min\left(\left|\frac{I_1^* I_{12}^-}{(n-1)I_1^{12}}\right|, \left|\frac{I_2^* I_{12}^-}{(n-1)I_2^{12}}\right|\right) \\ &= \min\left(\left|\frac{0.2863\times 0.4012}{(5-1)\times 0.6527}\right|, \left|\frac{0.1329\times 0.4012}{(5-1)\times 0.3473}\right|\right) \\ &= 0.0384, \end{aligned}$$

求得新的交互作用指标矩阵

$$\boldsymbol{Q}^* = \begin{bmatrix} — & 0.0384 & 0.0267 & 0.0140 & 0.0139 \\ 0.0384 & — & 0.0271 & 0.0113 & 0.0240 \\ 0.0267 & 0.0271 & — & 0.0233 & -0.0073 \\ 0.0140 & 0.0113 & 0.0233 & — & -0.0127 \\ 0.0139 & 0.0240 & -0.0073 & -0.0127 & — \end{bmatrix}.$$

步骤 4 求得所有默比乌斯表示系数 $\{m(T)\}_{1\leqslant |T|\leqslant 2}$.

例如,

$$a_1 = I_1^* - \frac{1}{2}\sum_{x_j\in X\setminus x_1} I_{1j}^* = 0.2863 - \frac{1}{2}(0.0384+0.0267+0.0140+0.0139) = 0.2398,$$

表 8.5 列出了最终确定出的默比乌斯表示系数.

步骤 5 由非可加测度与默比乌斯表示系数的对应关系, 即式 (2.2), 可得决策准则集 X 的任一子集的非可加测度值, 如表 8.6 所示.

步骤 6 依据表 8.6 中的数据, 利用 Choquet 积分融合决策矩阵, 得 4 家供应商最终评价结果:

$$C_\mu(a) = 0.7187,\quad C_\mu(b) = 0.7851,\quad C_\mu(c) = 0.6383,\quad C_\mu(d) = 0.5271,$$

故 $b \succ a \succ c \succ d$, 供应商 b 为最优选择.

表 8.5 所有准则子集的默比乌斯表示值

A	$m(A)$	A	$m(A)$	A	$m(A)$	A	$m(A)$
∅	0	{4}	0.1485	{1,4}	0.0140	{2,5}	0.0240
{1}	0.2398	{5}	0.1800	{1,5}	0.0139	{3,4}	0.0233
{2}	0.0825	{1,2}	0.0384	{2,3}	0.0271	{3,5}	−0.0073
{3}	0.1906	{1,3}	0.0267	{2,4}	0.0113	{4,5}	−0.0127

表 8.6 所有准则子集的可加测度集

A	$\mu(A)$	A	$\mu(A)$	A	$\mu(A)$	A	$\mu(A)$
∅	0.0000	{1,4}	0.4023	{1,2,3}	0.6051	{2,4,5}	0.4335
{1}	0.2398	{1,5}	0.4337	{1,2,4}	0.5345	{3,4,5}	0.5223
{2}	0.0825	{2,3}	0.3002	{1,2,5}	0.5786	{1,2,3,4}	0.8022
{3}	0.1906	{2,4}	0.2423	{1,3,4}	0.6429	{1,2,3,5}	0.8157
{4}	0.1485	{2,5}	0.2865	{1,3,5}	0.6437	{1, 2,4,5}	0.7396
{5}	0.1800	{3,4}	0.3624	{1,4,5}	0.5834	{1, 3,4,5}	0.8280
{1,2}	0.3607	{3,5}	0.3633	{2,3,4}	0.4833	{2, 3,4,5}	0.6672
{1,3}	0.4571	{4,5}	0.3157	{2,3,5}	0.4969	{1,2, 3,4,5}	1.0000

可见, 4 个供应商的评价次序与 8.3 节方法所得结果一致, 但本节提出的方法在简单性及准确性上有一定的优势.

图 8.7 对由两种方法得到非可加测度值进行直观对比. 可以看出, 两种方法确定的非可加测度有一定的差异. 除计算方法的不同外, 2 序可加测度与一般非可加测度定义的不同也是导致差异存在的原因.

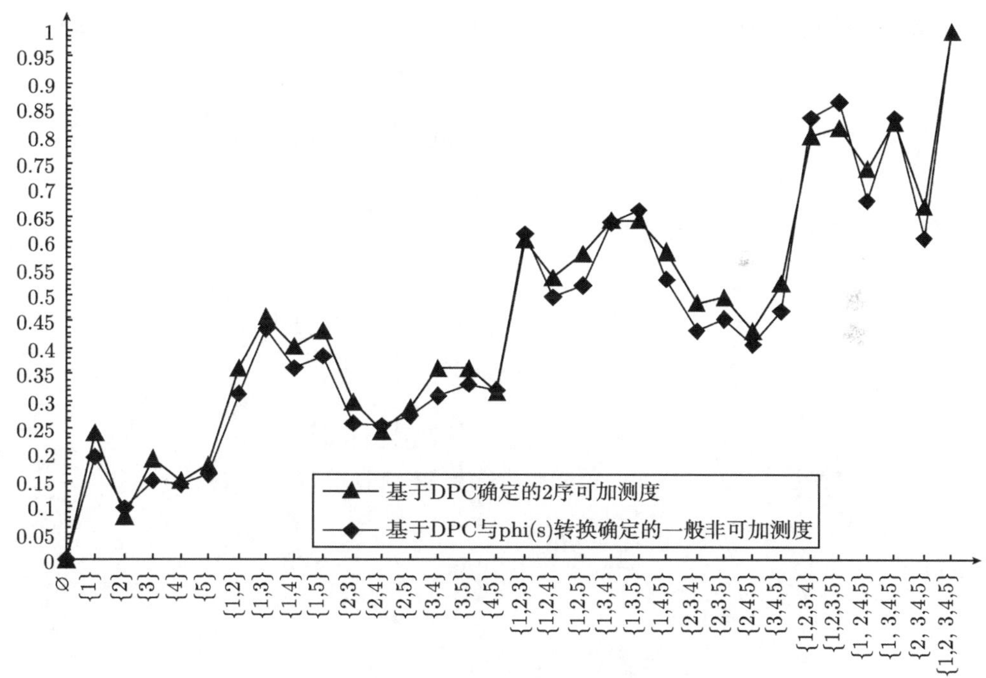

图 8.7 两种方法确定的非可加测度值的对比

基于 DPC 确定 2 序可加测度的算法与基于 DPC 与 phi(s) 转换的确定一般非可加测度的算法相比, 计算量要小得多, 体现了 2 序可加测度在保证最终评价结果准确度的同时, 提高了决策过程的简易性和可操作性.

8.4 基于 DPC 与最大熵原则的 2 序可加测度确定方法

本节在 8.3 节研究思路的基础上, 进一步结合最大熵方法来确定 2 序可加测度.

8.4.1 理论基础

首先来看 2 序可加测度 Marichal 熵的默比乌斯表示及 Shapley 交互作用指标表示形式.

由非可加测度 μ 的 Marichal 熵定义 (见 6.4 节) 可知

$$H_{\mathrm{M}}(\mu)=\sum_{i=1}^{n}\sum_{S\subset X\backslash x_i}\frac{(|X|-|S|-1)!|S|!}{|S|!}h[\mu(S\cup\{x_i\})-\mu(S)],$$

其中, $h(x)=-x\ln x$, 若 $x>0$; $h(x)=0$, 若 $x=0$.

由非可加测度与默比乌斯表示系数的对应关系, 即式 (2.2), 以及 2 序可加测度的定义, 可得 2 序可加测度熵的默比乌斯表示形式:

$$H_{\mathrm{M}}(m)=\sum_{i=1}^{n}\sum_{S\subset X\backslash\{x_i\}}\frac{(|X|-|S|-1)!|S|!}{|X|!}h[m_\mu(\{x_i\})+\sum_{x_j\in S}m_\mu(\{x_i,x_j\})].$$

另由式 (3.1), 对于 $\forall A\subset X\backslash\{x_i\}$, 有

$$\begin{aligned}m(\{x_i\})+\sum_{x_j\in S}m(\{x_i,x_j\})&=I_i-\frac{1}{2}\sum_{x_j\in X\backslash\{x_i\}}I_{ij}+\sum_{x_j\in S}I_{ij}\\&=I_i-\frac{1}{2}\sum_{x_j\in X\backslash\{S\cup\{x_i\}\}}I_{ij}+\frac{1}{2}\sum_{x_j\in S}I_{ij}.\end{aligned}$$

进而, 2 序可加测度熵的 Shapley 交互作用指标表示形式为

$$H_{\mathrm{M}}(I)=\sum_{i=1}^{n}\sum_{S\subset X\backslash\{x_i\}}\frac{(|X|-|S|-1)!|S|!}{|X|!}h\left[I_i-\frac{1}{2}\sum_{x_j\in X\backslash\{A\cup\{x_i\}\}}I_{ij}+\frac{1}{2}\sum_{x_j\in A}I_{ij}\right].\tag{8.4}$$

下面研究当给定各决策准则的重要性, 记为 I_i', 且有

$$\sum_{i=1}^{n}I'=1,\tag{8.5}$$

各交互作用指标系数对应于一个 2 序可加测度的一个充分条件.

设所求满足条件的交互作用系数为 $I'_{ij}(i,j=1,2,\cdots,n$ 且 $i\neq j)$. 由 2 序可加测度的定义, 可得

$$\begin{aligned}\sum_{A\subset X} m(A) &= \sum_{x_i\in X} m(\{x_i\}) + \sum_{\{x_i,x_j\}\subset X} m(\{x_i,x_j\})\\ &= \sum_{x_i\in X}\left[I'_i - \frac{1}{2}\sum_{x_j\in X\setminus\{x_i\}} I'_{ij}\right] + \sum_{\{x_i,x_j\}\subset X} I'_{ij}\\ &= \sum_{x_i\in X} I'_i - \frac{1}{2}\sum_{x_i\in X}\sum_{x_j\in X\setminus\{x_i\}} I'_{ij} + \sum_{\{x_i,x_j\}\subset X} I'_{ij}\\ &= \sum_{x_i\in X} I'_i = 1.\end{aligned}$$

此外, 对于 $\forall A\subset X$, $\forall x_i\in A$ 由定理 8.1 的推导过程可得

$$\sum_{x_i\in B\subset A} m(B) = I'_i - \frac{1}{2}\sum_{\{x_i,x_j\}\subset X\setminus A} I'_{ij} + \frac{1}{2}\sum_{\{x_i,x_j\}\subset A} I'_{ij},$$

依据定理 2.1, 需有

$$I'_i - \frac{1}{2}\sum_{\{x_i,x_j\}\subset X\setminus A} I'_{ij} + \frac{1}{2}\sum_{\{x_i,x_j\}\subset A} I'_{ij} \geqslant 0.$$

因此, 可以设定

$$-\frac{1}{n-1}I'_i \leqslant \frac{1}{2}I'_{ij} \leqslant \frac{1}{n-1}I'_i. \tag{8.6}$$

此外, 最终的交互作用系数 I'_{ij} 应该反映由菱形成对比较法所得的交互作用程度 I^-_{ij}. 由引理 8.1 证明过程, 可知

$$-\frac{I'_i\min(I^{ij}_i, I^{ij}_j)}{(n-1)I^{ij}_i} \leqslant \frac{I'_i I^-_{ij}}{2(n-1)I^{ij}_i} \leqslant \frac{I'_i\min(I^{ij}_i, I^{ij}_j)}{(n-1)I^{ij}_i}.$$

为得到式 (8.5), 可设

$$\max\left(\frac{I'_i I^-_{ij}}{(n-1)I^{ij}_i}, \frac{I'_j I^-_{ij}}{(n-1)I^{ij}_j}\right) \leqslant I'_{ij} \leqslant 0, \quad 如果 I_{ij}\leqslant 0, \tag{8.7}$$

$$0 \leqslant I'_{ij} \leqslant \min\left(\frac{I'_i I^-_{ij}}{(n-1)I^{ij}_i}, \frac{I'_j I^-_{ij}}{(n-1)I^{ij}_j}\right), \quad 如果 I_{ij}\geqslant 0. \tag{8.8}$$

因此, 可得满足式 (8.5), (8.7) 和 (8.8) 的交互作用系数将对应于一个 2 序可加测度.

8.4.2　模型构建及方法步骤

依据最大熵原则, 以及式 (8.5), (8.7) 和 (8.8) 可构建如下模型:

$$\max\ z=\sum_{i=1}^{n}\sum_{A\subset X\backslash\{x_i\}}\frac{(|X|-|A|-1)!|A|!}{|X|!}h\left[I_i'-\frac{1}{2}\sum_{x_j\in X\backslash\{A\cup\{x_i\}\}}I_{ij}'+\frac{1}{2}\sum_{x_j\in A}I_{ij}'\right]$$

$$\text{s.t.}\begin{cases}\max\left(\dfrac{I_i'I_{ij}-}{(n-1)I_i^{ij}},\dfrac{I_j'I_{ij}^{-}}{(n-1)I_j^{ij}}\right)\leqslant I_{ij}'\leqslant 0, & I_{ij}\leqslant 0,\\ 0\leqslant I_{ij}'\leqslant\min\left(\dfrac{I_i'I_{ij}^{-}}{(n-1)I_i^{ij}},\dfrac{I_j'I_{ij}^{-}}{(n-1)I_j^{ij}}\right), & I_{ij}\geqslant 0,\\ I_i'=w_i,\\ i,j=1,2,\cdots,n,\quad 且 i\neq j,\end{cases}\tag{8.9}$$

其中, $h(x)=-x\ln x$, 若 $x>0$; $h(x)=0$, 若 $x=0$. w_i 为准则 x_i 的重要性, $\sum_{i=1}^{n}w_i=1$.

非可加测度熵是一个严格的凹函数, 故由上式所得到的最优解是唯一的. 利用 MATLAB, 上式很容易求解.

基于菱形成对比较法与最大熵原则确定 2 序可加测度的方法可以表述如下.

步骤 1　通过菱形成对比较法得到所有准则对的相对重要性与交互作用程度. 相对重要性程度可以通过 AHP 方法的成对比较获得. 基于 Choquet 积分的等价值曲线可以帮助决策确定两个准则间的交互作用程度.

步骤 2　生成相对重要性比率矩阵, 通过求最大特征向量得各准则的全局重要性.

步骤 3　依据式 (8.9) 构建非线性规划模型, 求得准则间的交互作用指标值.

步骤 4　当 $|T|>2$ 时, 令 $I_T^*=0$. 令 $m(\varnothing)=0$, 利用 Shapley 交互指标值与默比乌斯表示之间的关系 (式 (5.2)), 可得所有非空准则子集的默比乌斯表示的值.

步骤 5　利用非可加测度与默比乌斯表示的对应关系, 即式 (2.2), 得决策准则集 X 的任一子集的非可加测度.

8.4.3　算例分析

下面以文献 [49] 中所给的例子来验证上述方法的可行性与有效性.

现考虑意大利餐馆可口程度评价问题[49]. 假定该评价过程考虑以下 5 种食物 (可看作 5 个评价准则):

“pasta” (1), “pizza” (2), “meat dish” (3), “seafood dish” (4), “appetizer” (5). 方便起见, 记决策准则集为 $X=\{1,2,3,4,5\}$.

由菱形成对比较法, 决策给出各准则对的相对重要性和交互作用程度, 如表 8.7(文献 [49] 中表 2) 所示. 设 $c_{ij} = I_i^{ij}/I_j^{ij}$ 且 $c_{ii} = 1$, $i, j = 1, \cdots, 5$, 可得相对重要性比率矩阵:

$$\boldsymbol{C} = \begin{bmatrix} 1 & 1.1918 & 0.7583 & 0.9048 & 2.6364 \\ 0.8391 & 1 & 1.1622 & 0.4815 & 2.2000 \\ 1.3188 & 0.8605 & 1 & 0.6000 & 1.4242 \\ 1.1053 & 2.0769 & 1.6667 & 1 & 3.0000 \\ 0.3793 & 0.4545 & 0.7021 & 0.3333 & 1 \end{bmatrix},$$

$\boldsymbol{C}$ 的最大特征向量为

$$\boldsymbol{w} = (0.2204, 0.1877, 0.1893, 0.3041, 0.0985)^{\mathrm{T}}.$$

因此, 各准则全局重要性为

$$I_1' = 0.2204, \quad I_2' = 0.1877, \quad I_3' = 0.1893, \quad I_4' = 0.3041, \quad I_5' = 0.0985.$$

表 8.7 各准则对的相对重要性和交互作用程度

(i, j)	I_i	I_j	I_{ij}	$c_{ij} = I_i / I_j$
(1, 2)	0.5438	0.4563	0.5500	1.1918
(1, 3)	0.4313	0.5688	−0.0750	0.7583
(1, 4)	0.4750	0.5250	−0.1250	0.9048
(1, 5)	0.7250	0.2750	−0.5250	2.6364
(2, 3)	0.5375	0.4625	−0.2500	1.1622
(2, 4)	0.3250	0.6750	−0.4375	0.4815
(2, 5)	0.6875	0.3125	−0.6250	2.2000
(3, 4)	0.3750	0.6250	0.5250	0.6000
(3, 5)	0.5875	0.4125	−0.7000	1.4242
(4, 5)	0.7500	0.2500	−0.4750	3.0000

由式 (8.9), 构建如下非线性规划模型:

$$\begin{aligned} \max\ z = & \sum_{S \subset X \backslash \{1\}} \frac{(|X|-|S|-1)!|S|!}{|X|!} h\left[0.2204 - \frac{1}{2} \sum_{j \in X \backslash \{A \cup \{1\}\}} I_{1j}' + \frac{1}{2} \sum_{j \in A} I_{1j}'\right] \\ & + \sum_{S \subset X \backslash \{2\}} \frac{(|X|-|S|-1)!|S|!}{|X|!} h\left[0.1877 - \frac{1}{2} \sum_{j \in X \backslash \{A \cup \{2\}\}} I_{2j}' + \frac{1}{2} \sum_{j \in A} I_{2j}'\right] \\ & + \sum_{S \subset X \backslash \{3\}} \frac{(|X|-|S|-1)!|S|!}{|X|!} h\left[0.1893 - \frac{1}{2} \sum_{j \in X \backslash \{A \cup \{3\}\}} I_{3j}' + \frac{1}{2} \sum_{j \in A} I_{3j}'\right] \end{aligned}$$

$$+\sum_{S\subset X\backslash\{4\}}\frac{(|X|-|S|-1)!|S|!}{|X|!}h\left[0.3041-\frac{1}{2}\sum_{j\in X\backslash\{A\cup\{4\}\}}I'_{4j}+\frac{1}{2}\sum_{j\in A}I'_{4j}\right]$$
$$+\sum_{S\subset X\backslash\{5\}}\frac{(|X|-|S|-1)!|S|!}{|X|!}h\left[0.0985-\frac{1}{2}\sum_{j\in X\backslash\{A\cup\{5\}\}}I'_{5j}+\frac{1}{2}\sum_{j\in A}I'_{5j}\right]$$

$$\text{s.t.}\begin{cases}0\leqslant I'_{12}\leqslant 0.0557,\\ -0.0062\leqslant I'_{13}\leqslant 0,\\ -0.0145\leqslant I'_{14}\leqslant 0,\\ -0.0399\leqslant I'_{15}\leqslant 0,\\ -0.0218\leqslant I'_{23}\leqslant 0,\\ -0.0493\leqslant I'_{24}\leqslant 0,\\ -0.0427\leqslant I'_{25}\leqslant 0,\\ 0\leqslant I'_{34}\leqslant 0.0639,\\ -0.0418\leqslant I'_{35}\leqslant 0,\\ -0.0468\leqslant I'_{45}\leqslant 0,\end{cases}$$

其中, $h(x)=-x\ln x$, 当 $x>0$; $h(x)=0$, 当 $x=0$.

利用 MATLAB 软件求解上式可得

$$\begin{aligned}&I'_{12}=0.0200,\quad I'_{13}=-0.0062,\quad I'_{14}=-0.0045,\\&I'_{15}=-0.0099,\quad I'_{23}=-0.0018,\quad I'_{24}=-0.0093,\\&I'_{25}=-0.0027,\quad I'_{34}=0.0200,\quad I'_{35}=-0.0018,\\&I'_{45}=-0.0068.\end{aligned}$$

进而, 相应的默比乌斯表示的值为

$$\begin{aligned}&m(\{1\})=0.2199,\quad m(\{2\})=0.1846,\quad m(\{3\})=0.1834,\\&m(\{4\})=0.3044, m(\{5\})=0.1091,\quad m(\{1,2\})=0.0200,\\&m(\{1,3\})=-0.0062,\quad m(\{1,4\})=-0.0045,\quad m(\{1,5\})=-0.0099,\\&m(\{2,3\})=-0.0018,\quad m(\{2,4\})=-0.0093,\quad m(\{2,5\})=-0.0027,\\&m(\{3,4\})=0.0200,\quad m(\{3,5\})=-0.0018,\quad m(\{4,5\})=-0.0068,\\&m(A)=0,\ \text{当}|A|>2.\end{aligned}$$

最终可得任意子集的 2 序可加测度 $\mu(A)$, $A\subset X$, 如表 8.8 所示.

基于表 8.7 中数据, 文献 [49] 利用基于菱形成对比较法与 phi(s) 转换的确定方法给出两种一般非可加测度, 分别记为 $\mu^S(A)$ 和 $\mu^P(A)$. 为比较两种方法, 表 8.8 列出三个非可加测度.

如表 8.8 所示, 三个非可加测度值之间存在一些差异. 主要原因是基于菱形成对比较法与最大熵原则的确定方法是用一个 2 序可加测度来近似描述普通非可加测度. 与文献 [49] 中的基于菱形成对比较法与 phi(s) 转换的确定方法相比, 本方法更加简单.

现假定现在有 4 家意大利餐馆, 即候选方案集为 $Y=\{y_1,y_2,y_3,y_4\}$. 决策者依据决策准则集 $X=\{1,2,3,4,5\}$ 给出各候选方案的部分评价值, 如表 8.9 所示.

表 8.8 所有准则子集的非可加测度值

A	$\mu(A)$	$\mu^S(A)$	$\mu^P(A)$	A	$\mu(A)$	$\mu^S(A)$	$\mu^P(A)$
∅	0.0000	0.0000	0.0000	{5}	0.1091	0.0327	0.0222
{1}	0.2207	0.1280	0.1702	{1, 5}	0.3199	0.1897	0.2439
{2}	0.1846	0.1134	0.1507	{2, 5}	0.2910	0.1717	0.2185
{1,2}	0.4253	0.1918	0.2549	{1, 2, 5}	0.5218	0.2678	0.3542
{3}	0.1842	0.1329	0.1674	{3, 5}	0.2915	0.1956	0.2403
{1, 3}	0.3987	0.3786	0.3972	{1, 3, 5}	0.4961	0.4969	0.5396
{2, 3}	0.3670	0.3505	0.3709	{2, 3, 5}	0.4716	0.4624	0.5053
{1, 2, 3}	0.6015	0.5009	0.5116	{1, 2, 3, 5}	0.6962	0.6468	0.6885
{4}	0.3044	0.1897	0.2391	{4, 5}	0.4067	0.2653	0.3336
{1, 4}	0.5206	0.4859	0.4944	{1, 4, 5}	0.6130	0.6284	0.6662
{2, 4}	0.4797	0.4519	0.4651	{2, 4, 5}	0.5793	0.5868	0.6280
{1, 2, 4}	0.7159	0.6332	0.6214	{1, 2, 4, 5}	0.8056	0.8090	0.8316
{3, 4}	0.5086	0.2567	0.3234	{3, 4, 5}	0.6091	0.3474	0.4435
{1, 3, 4}	0.7186	0.6121	0.6088	{1, 3, 4, 5}	0.8092	0.7832	0.8151
{2, 3, 4}	0.6821	0.5714	0.5761	{2, 3, 4, 5}	0.7799	0.7333	0.7726
{1, 2, 3, 4}	0.9121	0.7889	0.7507	{1, 2, 3, 4, 5}	1.0000	1.0000	1.0000

表 8.9 各餐馆的在 5 种食物上的评价值

	"pasta" (1)	"pizza" (2)	"meat dish" (3)	"seafood dish" (4)	"appetizer" (5)
y_1	0.70	0.84	0.45	0.62	0.78
y_2	0.47	0.62	0.50	0.55	0.53
y_3	0.91	0.54	0.56	0.72	0.84
y_4	0.94	0.83	0.78	0.51	0.87

现在, 可以基于三个非可加测度 $\mu(A)$, $\mu^S(A)$ 及 $\mu^P(A)$, 利用 Choquet 积分来分别得到 4 家餐馆的综合评价值.

基于非可加测度 $\mu(A)$, 4 家餐馆的总体评价值 $e_j(j=1,2,3,4)$ 为

$$e_1=0.6631,\quad e_2=0.5333,\quad e_3=0.7081,\quad e_4=0.7523.$$

基于非可加测度 $\mu^S(A)$, 四个餐馆的总体评价值 $e_j^S(j=1,2,3,4)$ 为

$$e_1^S=0.6295,\quad e_2^S=0.5266,\quad c_3^S=0.6879,\quad e_4^S=0.7146.$$

基于非可加测度 $\mu^P(A)$, 四个餐馆的总体评价值 $e_j^P(j=1,2,3,4)$ 为

$$e_1^P=0.6462,\quad e_2^P=0.5319,\quad e_3^P=0.7041,\quad e_4^P=0.7353.$$

可以看出基于三个不同的非可加测度, 得到了相同的最佳餐馆以及相同的排序. 因此, 最佳餐馆是 y_4, 四个餐馆的排序为

$$y_4\succ y_3\succ y_1\succ y_2.$$

与此同时, 本节所提出的确定方法的可行性与有效性得到验证.

8.5 基于 AHP 与最大熵原则的 2 序可加测度确定方法

基于 DPC 的方法需要决策者对决策准则进行两两比较, 给出它们的相对重要程度及交互作用值. 相对重要性可以通过层次分析法 (AHP) 的成对比较来获得, 决策者比较熟悉, 因此, 操作难度不大. 而决策者提供交互作用的具体数值在实践中往往比较困难. 针对这一问题, 本节研究结合 AHP 与最大熵原则确定 2 序可加测度的方法. 该方法的主要思路是基于 AHP 得出的各准则的全局重要性, 结合决策者提供的各准则对间的交互作用程度 (比如准则 x_i, x_j 间存在显著的正交互性), 确定出交互作用的取值范围, 再利用最大熵原则构建优化模型, 最终得到一个 2 序可加测度.

其实, 由 8.4 节的式 (8.5) 与 (8.6) 出发, 不难得到交互作用系数唯一确定一个 2 序可加测度的一个充分条件.

8.5.1 理论基础

定理 8.2 设决策准则集为非空有限集 $X=\{x_1,\cdots,x_n\}$, 如果定义在准则集幂集上的 2^n 个交互作用系数 $\{I(S)\}_{S\subset X}$ 满足

(1) $I(\varnothing)=\dfrac{1}{2}\sum\limits_{x_i\in X}I(\{x_i\})-\dfrac{1}{6}\sum\limits_{\{x_i,x_j\}\subset X}I(\{x_i,x_j\})$,

$I(\{x_i\})\geqslant 0$, 且 $\sum\limits_{i=1}^{n}I(\{x_i\})=1$;

(2) 对 $\forall\{x_i,x_j\}\subset X$, 有

$$|I(\{x_i,x_j\})|\leqslant 2I(\{x_i\})/(n-1),\tag{8.10}$$

其中, $|I(\{x_i,x_j\})|$ 表示其绝对值;

(3) 对 $\forall S\subset X$ 且 $|S|>2$ 均有 $I(S)=0$, 并且至少存在一个子集 T, $|T|=2$, 使得 $I(T)\neq 0$,

则由下式

$$\begin{cases} m(\varnothing) = I(\varnothing) - \dfrac{1}{2}\displaystyle\sum_{x_i\in X} I(\{x_i\}) + \dfrac{1}{6}\sum_{\{x_i - x_j\}\subset X} I(\{x_i, x_j\}), \\ m(\{x_i\}) = I(\{x_i\}) - \dfrac{1}{2}\displaystyle\sum_{\{x_i, x_j\}\subset X} I(\{x_i, x_j\}), \\ m(\{x_i, x_j\}) = I(\{x_i, x_j\}), \\ m(A) = 0, \quad \text{对于}|A| > 2 \end{cases} \tag{8.11}$$

导出的默比乌斯表示系数 $\{m(S)\}_{S\subset X}$ 可以唯一确定一个 2 序可加测度.

证明 显然, 根据式 (8.11), 由

$$I(\varnothing) = \frac{1}{2}\sum_{x_i\in X} I(\{x_i\}) - \frac{1}{6}\sum_{\{x_i, x_j\}\subset X} I(\{x_i, x_j\}),$$

可得 $m(\varnothing) = 0$.

由式 (8.11) 及条件 (3) 可得, 对于 $\forall S \subset X$ 且 $|S| > 2$ 均有 $m(S) = 0$ 并且至少存在一个子集 T, $|T| = 2$, 使得 $m(T) \neq 0$.

另由式 (8.11) 及 $\sum\limits_{i=1}^{n} I(\{x_i\}) = 1$, 可得

$$\sum_{S\subset X} m(S) = 1.$$

对 $\forall S \subset X$, $\forall x_i \in S$, 有

$$\begin{aligned} \sum_{x_i\in T\subset S} m(T) &= m(\{x_i\}) + \sum_{\{x_i, x_j\}\subset T} m(\{x_i, x_j\}) \\ &= I(\{x_i\}) - \frac{1}{2}\sum_{\{x_i, x_j\}\subset X} I(\{x_i, x_j\}) + \sum_{\{x_i, x_j\}\subset T} I(\{x_i, x_j\}) \\ &= I(\{x_i\}) - \frac{1}{2}\sum_{j\in N\setminus T} I(\{x_i, x_j\}) + \frac{1}{2}\sum_{\{i,j\}\subset T} I(\{x_i, x_j\}) \\ &\geqslant I(\{x_i\}) - \frac{1}{2}\sum_{\{i,j\}\subset N} |I(\{x_i, x_j\})|. \end{aligned}$$

由条件 (2), 可得

$$\sum_{x_i\in T\subset S} m(T) \geqslant 0,$$

故由定理 2.1, $\{m(S)\}_{S\subset X}$ 可以唯一确定一个 2 序可加测度, 证毕.

8.5.2 方法步骤

步骤 1　由层次分析法 (AHP) 确定各准则的重要性程度.

首先, 构造两两准则间权重比矩阵

$$\boldsymbol{C} = [c_{ij}]_{n\times n},$$

其中, c_{ij} 为准则 x_i 相对于准则 x_j 的重要性, $0 \leqslant c_{ij} \leqslant 1$, $c_{ij} = 1/c_{ji}$ 且 $c_{ii} = 1$.

其次, 求矩阵 $\boldsymbol{C}$ 的最大特征值 $\lambda_{\max}$. 遵循 AHP 的步骤, 利用 $d = (\lambda_{\max} - n)/(n-1)$ 对权重比矩阵进行一致性检验. 若 $d > 0.1$, 则需继续调整矩阵 $\boldsymbol{C}$ 直至满足 $d \leqslant 0.1$. 若 $d \leqslant 0.1$, 求 $\lambda_{\max}$ 对应的特征向量 $\boldsymbol{w}_{\max} = (w_1^*, w_2^*, \cdots, w_n^*)^{\mathrm{T}}$, 则各准则的重要性为

$$I(\{x_i\}) = w_i^*, \quad i = 1, \cdots, n.$$

步骤 2　确定两两准则间交互作用的取值范围.

由定理 8.2 的式 (8.10) 可知, 若交互作用系数唯一的确定一个 2 序可加测度, 可令

$$|I(\{x_i, x_j\})| \leqslant \frac{2I(\{x_i\})}{(n-1)},$$

$$|I(\{x_i, x_j\})| \leqslant \frac{2I(\{x_j\})}{(n-1)}.$$

因此, 令

$$t_{ij} = \min\left(\frac{2I(\{x_i\})}{(n-1)}, \frac{2I(\{x_j\})}{(n-1)}\right),$$

则交互作用的取值需限制在区间 $[-t_{ij}, t_{ij}]$ 内. 为确定准则 $x_i, x_j \in X$ 间的交互作用, 可对区间 $[-t_{ij}, t_{ij}]$ 进行划分以显示交互作用的程度. 简便起见, 可将区间 $[-t_{ij}, t_{ij}]$ 区分为五等分, 即

$$\left[\frac{3}{5}t_{ij}, t_{ij}\right], \quad \left[\frac{1}{5}t_{ij}, \frac{3}{5}t_{ij}\right], \quad \left[-\frac{1}{5}t_{ij}, \frac{1}{5}t_{ij}\right], \quad \left[-\frac{3}{5}t_{ij}, -\frac{1}{5}t_{ij}\right], \quad \left[-t_{ij}, -\frac{3}{5}t_{ij}\right],$$

分别表示准则 x_i 与准则 x_j 间存在显著的正交互性 (互补关系)、存在正交互性、基本不存在交互性 (基本彼此独立)、存在负交互性 (冗余关系)、存在显著的负交互性. 决策者可从中选择一个区间来确定交互作用的取值范围, 记交互作用 $I(\{x_i, x_j\})$ 的取值范围为区间 $\bar{t}_{ij}(i, j = 1, 2, \cdots, n$ 且 $i \neq j)$.

步骤 3　利用最大熵原则确定交互作用值.

根据最大熵原则 (式 (8.4)), 构造下式所示非线性规划来求解交互作用的确切值:

$$\max\ z=\sum_{i=1}^{n}\sum_{A\subset X\backslash x_i}\frac{(|X|-|A|-1)!|A|!}{|X|!}h[I(\{x_i\})-\frac{1}{2}\sum_{x_j\in X\backslash\{A\cup\{x_i\}\}}I(\{x_i,x_j\})+\frac{1}{2}\sum_{x_j\in A}I(\{x_i,x_j\})]$$

$$\text{s.t.}\begin{cases}I(\{x_i,x_j\})\in\bar{t}_{ij},\\ I(\{x_i\})=w_i^*,\\ i,j=1,2,\cdots,n,\quad i\neq j,\end{cases}\tag{8.12}$$

其中, $h(x)=-x\ln x$ 当 $x>0$; 0 当 $x=0$.

由于目标函数是一严格凹函数, 故式 (8.12) 具有唯一最优解. 记最终确定的准则 x_i 与准则 x_j 交互作用值为 $I^*(\{x_i,x_j\})(i,j=1,2,\cdots,n$ 且 $i\neq j)$.

步骤 4 确定相应的默比乌斯表示形式.

利用 2 序可加测度的默比乌斯表示形式与交互作用指标之间的对应关系, 即式 (5.2), 得默比乌斯表示形式的取值.

步骤 5 由非可加测度与默比乌斯表示形式的转化关系, 即式 (2.2), 确定出准则集所有子集的 2 序可加测度值.

8.5.3 数值算例

下面以企业资源计划 (ERP) 评价与选择的实例对上述算法进行验证.

ERP 系统可以通过重组业务流程和整合商业数据来提升企业的竞争力. 选择适合企业自身需要的 ERP 系统直接关系到 ERP 项目实施的成败[131]. 现考虑某制造型企业依据以下五项指标对 4 个候选 ERP 系统 $y_j(j=1,2,3,4)$ 进行评估[131]:

(1) 实施总成本,

(2) 系统功能的适应性,

(3) 系统运行柔性,

(4) 提供者的行业地位,

(5) 服务支持水平.

方便起见, 决策准则集记为 $X=\{1,2,3,4,5\}$.

项目实施人员给出指标准则权重比矩阵为

$$\boldsymbol{C}=\begin{bmatrix}1 & 0.4815 & 1.1622 & 2.2000 & 0.8391\\ 2.0769 & 1 & 1.6667 & 3.0000 & 1.1053\\ 0.8605 & 0.6000 & 1 & 1.4242 & 1.3188\\ 0.4545 & 0.3333 & 0.7583 & 1 & 0.3793\\ 1.1918 & 0.9048 & 0.7021 & 2.6364 & 1\end{bmatrix},$$

矩阵 $\boldsymbol{C}$ 的最大特征值为 $\lambda_{\max} = 5.0928$, 因此, 有 $d = 0.0928/4 = 0.0232 \leqslant 0.1$, 故矩阵 $\boldsymbol{C}$ 满足一致性要求. 因 $\boldsymbol{C}$ 的最大特征向量为

$$\boldsymbol{w}_{\max} = (0.1877,0.3041,0.1893,0.0985,0.2204)^{\mathrm{T}}.$$

可得各准则的重要性程度为

$$I(\{1\}) = 0.1877, \quad I(\{2\}) = 0.3041, \quad I(\{3\}) = 0.1893,$$

$$I(\{4\}) = 0.0985, \quad I(\{5\}) = 0.2204.$$

因此, 有

$$t_{12} = \min(2 \times 0.1877/4, 2 \times 0.3044/4) = 0.0939.$$

类似地,

$$t_{13} = 0.0939, \quad t_{14} = 0.0493, \quad t_{15} = 0.0939, \quad t_{23} = 0.0946,$$

$$t_{24} = 0.0493, \quad t_{25} = 0.1102, \quad t_{34} = 0.0493, \quad t_{35} = 0.0946, \quad t_{45} = 0.0493.$$

项目实施人员给出的准则间交互作用程度为

准则 1 与 4, 2 与 4, 3 与 4 间存在显著互补关系;

准则 1 与 5, 3 与 5 间存在互补关系;

准则 2 与 5 基本彼此独立;

准则 1 与 2, 1 与 3 间存在冗余关系;

准则 2 与 3, 4 与 5 存在着显著的冗余关系,

故可得

$$\bar{t}_{12} = \left[-\frac{3}{5}t_{12}, -\frac{1}{5}t_{12}\right] = [-0.0563, -0.0188].$$

类似地,

$$\begin{aligned}
&\bar{t}_{13} = [-0.0563, -0.0188], \quad \bar{t}_{14} = [0.0296, 0.0493],\\
&\bar{t}_{15} = [0.0188,0.0563], \quad \bar{t}_{23} = [-0.0946, -0.0563],\\
&\bar{t}_{24} = [0.0296, 0.0493], \quad \bar{t}_{25} = [-0.0220,0.0220],\\
&\bar{t}_{34} = [0.0296, 0.0493], \quad \bar{t}_{35} = [0.0189,0.0568],\\
&\bar{t}_{45} = [-0.0493, -0.0296].
\end{aligned}$$

据式 (8.12), 构造非线性规划模型

$$\begin{aligned}
\max\ z = \sum_{i=1}^{5} \sum_{S \subset X \setminus i} \frac{(5-|S|-1)!|S|!}{5!} h\Bigg[& I(i) - \frac{1}{2} \sum_{x_j \in X \setminus \{A \cup \{x_i\}\}} I(\{i,j\})\\
&+ \frac{1}{2} \sum_{x_j \in A} I(\{i,j\})\Bigg]
\end{aligned}$$

$$
\text{s.t.}\begin{cases}
I(\{1\})=0.1877,\\
I(\{2\})=0.3041,\\
I(\{3\})=0.1893,\\
I(\{4\})=0.0985,\\
I(\{5\})=0.2204,\\
-0.0563\leqslant I(\{1,2\}),I(\{1,3\})\leqslant -0.0188,\\
0.0296\leqslant I(\{1,4\}),I(\{2,4\}),I(\{3,4\})\leqslant 0.0493,\\
0.0188\leqslant I(\{1,5\})\leqslant 0.0563,\\
-0.0946\leqslant I(\{2,3\})\leqslant -0.0568,\\
-0.0220\leqslant I(\{2,5\})\leqslant 0.0220,\\
0.0189\leqslant I(\{3,5\})\leqslant 0.0568,\\
-0.0493\leqslant I(\{4,5\})\leqslant -0.0296.
\end{cases}
$$

利用 MATLAB 软件求解上式, 可得

$$
\begin{aligned}
&I^*(\{1,2\})=-0.0063,\quad I^*(\{1,3\})=-0.0063,\quad I^*(\{1,4\})=0.0396,\\
&I^*(\{1,5\})=0.0488,\quad I^*(\{2,3\})=-0.0646,\quad I^*(\{2,4\})=0.0396,\\
&I^*(\{2,5\})=-0.0020,\quad I^*(\{3,4\})=0.0396,\quad I^*(\{3,5\})=0.0489,\\
&I^*(\{4,5\})=-0.0393.
\end{aligned}
$$

进而, 可得相应默比乌斯表示形式的取值为

$$
\begin{aligned}
&m(\{1\})=0.1498,\quad m(\{2\})=0.3208,\quad m(\{3\})=0.1805,\\
&m(\{4\})=0.0588,\quad m(\{5\})=0.1922,\quad m(\{1,2\})=-0.0063,\\
&m(\{1,3\})=-0.0063,\quad m(\{1,4\})=0.0396,\quad m(\{1,5\})=0.0488,\\
&m(\{2,3\})=-0.0646,\quad m(\{2,4\})=0.0396,\quad m(\{2,5\})=-0.0020,\\
&m(\{3,4\})=0.0396,\quad m(\{3,5\})=0.0489,\quad m(\{4,5\})=-0.0393.
\end{aligned}
$$

由非可加测度与默比乌斯表示形式的转化关系, 可确定出准则集所有子集的 2 序可加测度值, 如表 8.10 所示.

表 8.10 所有准则子集的 2 序可加测度值

A	$\mu(A)$	A	$\mu(A)$	A	$\mu(A)$	A	$\mu(A)$
{}	0.0000	{4}	0.0588	{5}	0.1922	{4, 5}	0.2117
{1}	0.1498	{1, 4}	0.2482	{1, 5}	0.3908	{1, 4, 5}	0.4499
{2}	0.3208	{2, 4}	0.4191	{2, 5}	0.5110	{2, 4, 5}	0.5700
{1,2}	0.4643	{1, 2, 4}	0.6022	{1, 2, 5}	0.7033	{1, 2, 4, 5}	0.8019
{3}	0.1805	{3, 4}	0.2789	{3, 5}	0.4216	{3, 4, 5}	0.4807
{1, 3}	0.3240	{1, 3, 4}	0.4620	{1, 3, 5}	0.6139	{1, 3, 4, 5}	0.7126
{2, 3}	0.4367	{2, 3, 4}	0.5746	{2, 3, 5}	0.6758	{2, 3, 4, 5}	0.7744
{1, 2, 3}	0.5739	{1, 2, 3, 4}	0.7514	{1, 2, 3, 5}	0.8618	{1, 2, 3, 4, 5}	1.0000

现依据 5 个决策准则对 4 个候选 ERP 系统 $y_j(j=1,2,3,4)$ 评价, 并将评价进行标准化处理, 如表 8.11 所示.

表 8.11　各 ERP 在 5 个准则上的评价值

	准则 1	准则 2	准则 3	准则 4	准则 5
y_1	0.70	0.84	0.45	0.62	0.78
y_2	0.47	0.62	0.50	0.55	0.53
y_3	0.91	0.54	0.56	0.72	0.84
y_4	0.94	0.83	0.78	0.51	0.87

基于表 8.10 所给出的非可加测度值, 利用 Choquet 积分作为集成算子, 求得各 ERP 系统的综合评价值 $e_j(j=1,2,3,4)$:

$$e_1=0.7027,\quad e_2=0.5412,\quad e_3=0.6692,\quad e_4=0.7895,$$

故 4 个候选 ERP 系统的排序为

$$y_4 \succ y_1 \succ y_3 \succ y_2,$$

即系统 y_4 是该企业的最佳选择方案.

本章介绍了菱形成对比较法 (DPC), 结合供应商评价与选择实例对基于 DPC 与 phi(s) 转换的方法进行了说明. 2 序可加测度在非可加测度的描述能力与结构复杂性之间找到一个很好的折中点. 基于 2 序可加测度熵的默比乌斯表示与 Shapley 交互作用系数的表示方式, 2 序可加的 Choquet 积分的等价值方案的交互作用直观表示, 以及交互作用指标系数对应于一个 2 序可加测度的三个充分条件, 分别提出了基于 DPC、基于 DPC 与最大熵原则以及基于 AHP 与最大熵原则的确定 2 序可加测度的三种方法, 并以多准则决策分析的应用实例对三种方法的可行性与有效性进行了验证. 三种方法中, 基于 AHP 与最大熵原则的确定方法的计算量较小, 且能较直观地反映决策者的主观判断.

第三部分　Sugeno积分理论拓展与决策应用

Sugeno 积分的理论拓展主要有两类方式: 一是对“取大”和“取小”两种算子进行拓展, 如替换为 t-余模或 t-模[75,117,118], 得到泛积分[55−57]; 二是对非可加测度和被积函数的值域进行拓展, 得到集值 Sugeno 积分[77−79]、区间值 Sugeno 积分[76,82]、模糊值 Sugeno 积分[80−82] 以及直觉模糊值 Sugeno 积分[83,163,164].

第 9 章　区间值与模糊值 Sugeno 积分

9.1　区间值与模糊值测度

先来看区间数与模糊数的定义及其相应的运算.

定义 9.1[80−82]　设 $I(R^+) = (\bar{r} : [r^-, r^+] \subset R^+)$,$R^+ = [0, \infty)$, 则集合 $I(R^+)$ 的元素被称为区间数.

设 $\bar{r}, \bar{p} \in I(R^+)$, 则定义如下运算:

$$\bar{r} * \bar{p} = [r^- * p^-, r^+ * p^+], \quad * \in \{+, \cdot, \vee, \wedge\},$$

$$k \cdot \bar{r} = [kr^-, kr^+],$$

$\bar{r} \leqslant \bar{p}$ 当且仅当 $r^- \leqslant p^-, r^+ \leqslant p^+$,

$$d(\bar{r}, \bar{p}) = \max(|r^- - p^-|, |r^+ - p^+|),$$

其中,$k \in R^+$. 对由区间数构成的数列 $\{\bar{r}_n\}$, 称 $\bar{r}_n \to \bar{r}$, 如果有 $d(\bar{r}, \bar{p}) \to 0$. 显然, $\bar{r}_n \to \bar{r}$ 当且仅当 $r_n^- \to r^-$,$r_n^+ \to r^+$.

定义 9.2[80−82]　称 $\tilde{r}$ 为非负实数集 R^+ 上的模糊数, 如果满足如下条件:

(1) (规范性) 存在 $r \in R^+$, 使得 $\tilde{r}(r) = 1$,

(2) (闭凸性) 对任意的 $\lambda \in (0, 1]$, $\tilde{r}_\lambda = \{r \in R^+ : \tilde{r}(r) \geqslant \lambda\} \in I(R^+)$,

其中, $\tilde{r}(r)$ 为模糊数 $\tilde{r}$ 的隶属度函数.

所有模糊数构成的集合记为 $\tilde{R}^+$, 且定义如下运算:

$$(\tilde{r} * \tilde{p})_\lambda = \bar{r}_\lambda * \bar{p}_\lambda, \quad * \in \{+, \cdot, \vee, \wedge\},$$

$$(k \cdot \tilde{r})_\lambda = k \cdot \tilde{r}_\lambda,$$

$\tilde{r} \leqslant \tilde{p}$ 当且仅当对任意的 $\lambda \in (0, 1]$, 有 $\tilde{r}_\lambda \leqslant \tilde{p}_\lambda$,

$$D(\tilde{r}, \tilde{p}) = \sup\{d(\bar{r}, \bar{p}) : \lambda \in (0, 1]\}.$$

显然, $(R^+, \leqslant)$ 是一个偏序集.

图 9.1 列出了四种常见的模糊数.

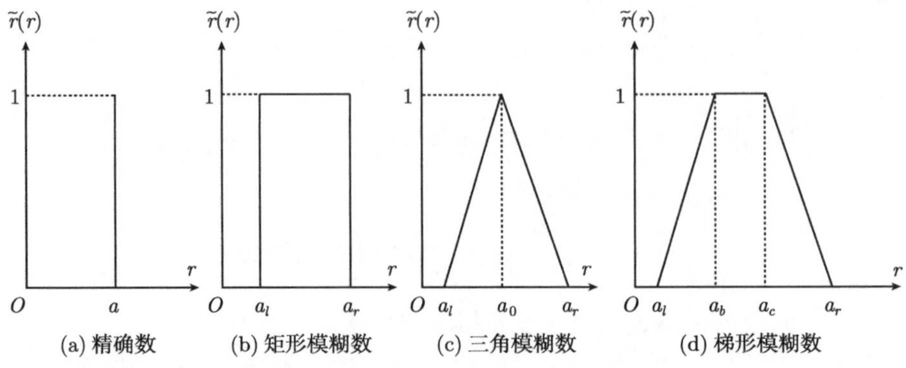

(a) 精确数　(b) 矩形模糊数　(c) 三角模糊数　(d) 梯形模糊数

图 9.1　四种常见的模糊数的隶属度函数

下面给出非空集上的非可加测度的定义.

定义 9.3[1,2,53]　设 X 是一非空集合, $\mathcal{P}(X)$ 为其幂集, 称映射 $\mu:\mathcal{P}(X)\to R^+$ 为 X 上的非可加测度, 如果满足如下条件:

(1) $\mu(\varnothing)=0$, (边界条件)

(2) $A\subset B\Rightarrow \mu(A)\leqslant \mu(B)$,(单调性)

(3) $A_n\nearrow A$ 或 $A_n\searrow A\Rightarrow \mu(A_n)\to\mu(A)$. (上、下连续性)

值得指出的是, 在本定义中 X 不是有限集合, 故需要加上条件 (3) 来限定非可加测度的上、下连续性. 此外, 本定义边界条件没有要求规范性: $\mu(X)=1$, 可以说是一种广义上的非可加测度. 若无特殊说明, 不再要求非有限集上的非可加测度满足规范性. 非空集 X 上所有非可加测度构成的集合记为 $M(X)$.

定义 9.4[80−82]　设 X 是一非空集合, $\mathcal{P}(X)$ 为其幂集, 称映射 $\bar{\mu}:\mathcal{P}(X)\to I(R^+)$ 为 X 上的区间值非可加测度, 如果满足如下条件:

(1) $\bar{\mu}(\varnothing)=\bar{0}$, (边界条件)

(2) $A\subset B\Rightarrow \bar{\mu}(A)\leqslant \bar{\mu}(B)$,(单调性)

(3) $A_n\nearrow A$ 或 $A_n\searrow A\Rightarrow \bar{\mu}(A_n)\to\bar{\mu}(A)$, (连续性)

其中, $\bar{0}=[0,0]$. 本定义边界条件仍然没有要求规范性: $\mu(X)=\bar{1}=[1,1]$. 非空集 X 上所有的区间值非可加测度构成的集合记为 $\bar{M}(X)$.

定理 9.1[80−82]　设映射 $\bar{\mu}:\mathcal{P}(X)\to I(R^+)$ 为 X 上的区间值非可加测度当且仅当 μ^-,μ^+ 是非可加测度, 其中 $\mu^-(A)=\bar{\mu}(A)^-$, 即由 $\bar{\mu}(A)$ 的左端点构成的映射, $\mu^+(A)=\bar{\mu}(A)^+$, 即由 $\bar{\mu}(A)$ 的右端点构成的映射.

定义 9.5[80−82]　设 X 是一非空集合, $\mathcal{P}(X)$ 为其幂集, 称映射 $\tilde{\mu}:\mathcal{P}(X)\to\tilde{R}^+$ 为 X 上的模糊值非可加测度, 如果满足如下条件:

(1) $\tilde{\mu}(\varnothing)=\tilde{0}$, (边界条件)

(2)$A\subset B\Rightarrow \tilde{\mu}(A)\leqslant \tilde{\mu}(B)$,(单调性)

(3)$A_n \nearrow A$ 或 $A_n \searrow A \Rightarrow \tilde{\mu}(A_n) \xrightarrow{s} \tilde{\mu}(A)$, (连续性)

其中, $\tilde{r}_n \xrightarrow{s} r$ 当且仅当 $\tilde{D}(\tilde{r}_n, r) \to 0(n \to \infty)$, $\tilde{0}$ 的隶属度函数为

$$\tilde{0}(r) = \begin{cases} 1, & r = 0, \\ 0, & r \neq 0. \end{cases}$$

非空集 X 上所有的模糊值非可加测度构成的集合记为 $\tilde{M}(X)$.

定理 9.2[80−82] 如果映射 $\tilde{\mu} : \mathcal{P}(X) \to \tilde{R}^+$ 为 X 上的模糊值非可加测度, 则对任意 $\lambda \in (0,1]$, $\bar{\mu}_\lambda = \tilde{\mu}(X)_\lambda$ 是区间值非可加测度.

定理 9.3[80−82] 设 $\{\bar{\mu}_\lambda : \lambda \in (0,1]\}$ 是一组区间值非可加测度, 且满足如下条件:

(1) $\lambda_1 < \lambda_2 \Rightarrow \bar{\mu}_{\lambda_2} \subset \bar{\mu}_{\lambda_1}$,

(2) $A_n \nearrow A$ 或 $A_n \searrow A \Rightarrow \bar{\mu}_\lambda(A_n)$ 一致收敛于 $\bar{\mu}_\lambda(A)$.

如果映射 $\tilde{\mu} : \mathcal{P}(X) \to \tilde{R}^+$ 为 X 上的模糊值非可加测度, 则对任意 $\lambda \in (0,1]$, $\bar{\mu}_\lambda = \tilde{\mu}(X)_\lambda$ 是区间值非可加测度.

9.2 区间值与模糊值 Sugeno 积分形式与性质

先来看实值函数关于区间值非可加测度的 Sugeno 积分.

定义 9.6[2,82] 设 X 是一非空集合, $\mathcal{P}(X)$ 为其幂集, 函数 $f : X \to R^+$, 称 f 在 X 上是可测的, 如果对任意的 $\alpha \in R^+$, 有 $F_\alpha = \{x \in X | f(x) \geqslant \alpha\} \in \mathcal{P}(X)$. X 上所有可测函数构成的集合记为 $F(X)$.

定义 9.7[1,2] 设 X 是一非空集合, $\mu \in M(X)$, 可测函数 $f \in F(X)$, 函数 f 关于 μ 的 Sugeno 积分定义为

$$(\mathrm{S}) \int f \mathrm{d}\mu = \sup_{\alpha \in R^+} [\alpha \wedge \mu(F_\alpha)].$$

定义 9.8[82] 设 X 是一非空集合, 可测函数 $f \in F(X)$, 区间值非可加测度 $\bar{\mu} \in \bar{M}(X)$, 函数 f 关于 $\bar{\mu}$ 的 Sugeno 积分定义为

$$(\mathrm{S}) \int f \mathrm{d}\bar{\mu} = \vee_{\alpha \in R^+} [\alpha \wedge \bar{\mu}(F_\alpha)].$$

定义 9.9 若 $X = \{x_1, \cdots, x_n\}$ 为包含 n 个元素的非空有限集合, 则任意 X 上函数 f 关于 $\bar{\mu}$ 的 (离散)Sugeno 积分可以表示为

$$(\mathrm{S}) \int f \mathrm{d}\bar{\mu} = \bigvee_{i=1}^{n} [f(x_{(i)}) \wedge \bar{\mu}(X_{(i)})],$$

其中, $X_{(\cdot)}$ 为集合 X 上一个置换, 使得 $f(x_{(1)}) \leqslant \cdots \leqslant f(x_{(n)})$, $X_{(i)} = \{x_{(i)}, \cdots, x_{(n)}\}$. 离散形式的 Sugeno 积分适用于多准则决策分析.

定理 9.4[82] 设 X 是一非空集合, 可测函数 $f \in F(X)$, 区间值非可加测度 $\bar{\mu} \in \bar{M}(X)$, 则

$$(\mathrm{S})\int f \mathrm{d}\bar{\mu} = \left[\int f \mathrm{d}\mu^-, \int f \mathrm{d}\mu^+\right].$$

上述定理可以由区间值非可加测度的单调性证明.

定理 9.5[82] 设 X 是一非空集合, $f_1, f_2 \in F(X)$, $\bar{\mu}_1, \bar{\mu}_2 \in \bar{M}(X)$, 则

(1) $f_1 \leqslant f_2 \Rightarrow (\mathrm{S})\int f_1 \mathrm{d}\bar{\mu} \leqslant (\mathrm{S})\int f_2 \mathrm{d}\bar{\mu}$,

(2) $\bar{\mu}_1 \leqslant \bar{\mu}_2 \Rightarrow (\mathrm{S})\int f \mathrm{d}\bar{\mu}_1 \leqslant (\mathrm{S})\int f \mathrm{d}\bar{\mu}_2$,

(3) $(\mathrm{S})\int r \mathrm{d}\bar{\mu} = r \wedge \bar{\mu}(X)$, 其中, $r \in R^+$,

(4) $(\mathrm{S})\int (f + r) \mathrm{d}\bar{\mu} \leqslant (\mathrm{S})\int f \mathrm{d}\bar{\mu} + (\mathrm{S})\int r \mathrm{d}\bar{\mu}$, 其中, $r \in R^+$,

(5) 如果 $|f_1 - f_2| < r$, 则 $d\left((S)\int f_1 \mathrm{d}\bar{\mu}, (S)\int f_2 \mathrm{d}\bar{\mu}\right) < r$.

定理 9.6[82] 设 $f \in F(X)$, $\{\bar{\mu}_n (n \geqslant 1), \bar{\mu}\} \subset \bar{M}(X)$, 如果 $\bar{\mu}_n \to \bar{\mu}$, 则

$$(\mathrm{S})\int f \mathrm{d}\bar{\mu}_n \to (\mathrm{S})\int f \mathrm{d}\bar{\mu}.$$

定理 9.7[82] 设 $\{f_n (n \geqslant 1), f\} \subset F(X)$, $\{\bar{\mu}_n (n \geqslant 1), \bar{\mu}\} \subset \bar{M}(X)$, 如果 $f_n \nearrow f$ 且 $\bar{\mu}_n \nearrow \bar{\mu}$ (或 $f_n \nearrow f$ 且 $\bar{\mu}_n \searrow \bar{\mu}$), 则

$$(\mathrm{S})\int f_n \mathrm{d}\bar{\mu}_n \to (\mathrm{S})\int f \mathrm{d}\bar{\mu}.$$

下面分析实值函数关于模糊值非可加测度的 Sugeno 积分.

定义 9.10[82] 设 X 是一非空集合, 可测函数 $f \in F(X)$, 模糊值非可加测度 $\tilde{\mu} \in \tilde{M}(X)$, 函数 f 关于 $\tilde{\mu}$ 的 Sugeno 积分的隶属度函数为

$$\left((\mathrm{S})\int f \mathrm{d}\tilde{\mu}\right)(r) = \sup\left\{\lambda \in (0,1], r \in (\mathrm{S})\int f \mathrm{d}\bar{\mu}_\lambda\right\}.$$

定理 9.8[82] 设可测函数 $f \in F(X)$, 模糊值非可加测度 $\tilde{\mu} \in \tilde{M}(X)$, 则 $(\mathrm{S})\int f \mathrm{d}\tilde{\mu} \in \tilde{R}^+$, 且对任意 $\lambda \in (0,1]$, 有 $\left((\mathrm{S})\int f \mathrm{d}\tilde{\mu}\right)_\lambda = (\mathrm{S})\int f \mathrm{d}\tilde{\mu}_\lambda$.

定理 9.9[82] 设 X 是一非空集合, $f_1, f_2 \in F(X)$, $\tilde{\mu}_1, \tilde{\mu}_2 \in \tilde{M}(X)$, 则

(1) $f_1 \leqslant f_2 \Rightarrow (\mathrm{S})\int f_1 \mathrm{d}\tilde{\mu} \leqslant (\mathrm{S})\int f_2 \mathrm{d}\tilde{\mu}$,

(2) $\tilde{\mu}_1 \leqslant \tilde{\mu}_2 \Rightarrow (\mathrm{S})\int f\mathrm{d}\tilde{\mu}_1 \leqslant (\mathrm{S})\int f\mathrm{d}\tilde{\mu}_2$,

(3) $(\mathrm{S})\int r\mathrm{d}\tilde{\mu} = r \wedge \tilde{\mu}(X)$, 其中, $r \in R^+$,

(4) $(\mathrm{S})\int (f+r)\mathrm{d}\tilde{\mu} \leqslant (\mathrm{S})\int f\mathrm{d}\tilde{\mu} + (\mathrm{S})\int r\mathrm{d}\tilde{\mu}$, 其中, $r \in R^+$,

(5) 对于任意 $r \in R^+$, 如果 $|f_1 - f_2| < r$, 则 $D\left((\mathrm{S})\int f_1\mathrm{d}\tilde{\mu}, (\mathrm{S})\int f_2\mathrm{d}\tilde{\mu}\right) < r$.

推论 9.1[82] 设 X 是一非空集合, $f_1, f_2 \in F(X)$, $\tilde{\mu} \in \tilde{M}(X)$, 则

(1) $(\mathrm{S})\int f_1\mathrm{d}\tilde{\mu} \vee (\mathrm{S})\int f_2\mathrm{d}\tilde{\mu} \leqslant (S)\int (f_1 \vee f_2)\mathrm{d}\tilde{\mu}$,

(2) $(\mathrm{S})\int f_1\mathrm{d}\tilde{\mu} \wedge (\mathrm{S})\int f_2\mathrm{d}\tilde{\mu} \leqslant (\mathrm{S})\int (f_1 \wedge f_2)\mathrm{d}\tilde{\mu}$,

(3) $\tilde{\mu}(X) = \tilde{0} \Rightarrow (\mathrm{S})\int f\mathrm{d}\tilde{\mu} = \tilde{0}$.

定理 9.10[82] 设 $\{f_n(n \geqslant 1), f\} \subset F(X)$, $\{\tilde{\mu}_n(n \geqslant 1), \tilde{\mu}\} \subset \tilde{M}(X)$,

(1) 如果 $f_n \nearrow f$ 且 $\tilde{\mu}_n \nearrow \tilde{\mu}$, 则 $(\mathrm{S})\int f_n\mathrm{d}\tilde{\mu}_n \nearrow (\mathrm{S})\int f\mathrm{d}\tilde{\mu}$.

(2) 如果 $f_n \searrow f$ 且 $\tilde{\mu}_n \searrow \tilde{\mu}$, 则 $(\mathrm{S})\int f_n\mathrm{d}\tilde{\mu}_n \searrow (\mathrm{S})\int f\mathrm{d}\tilde{\mu}$.

其实, 依照上述定义, 还可以给出区间值与模糊值函数关于实值非可加测度的 Sugeno 积分的定义及其类似的性质, 有兴趣的读者不妨尝试, 在这里就不再赘述.

下面分析区间值函数与模糊值函数的非可加测度的 Sugeno 积分.

定义 9.11[2,82] 设 X 是一非空集合, $\tilde{\mathcal{P}}(X)$ 是由 X 是所有模糊子集构成的模糊幂集, 称实值 $f: X \to R^+$ 是模糊可测的, 如果对于任意 $\alpha \in R^+$ 有 $\chi_{F_\alpha} \in \tilde{\mathcal{P}}(X)$, 其中,

$$F_\alpha = \{x \in X | f(x) \geqslant \alpha\}, \quad \chi_{F_\alpha} = \begin{cases} 0, & x \notin F_\alpha, \\ 1, & x \in F_\alpha. \end{cases}$$

定义 9.12[2,81,82] 设 X 是一非空集合, 称函数 $\bar{f}: X \to I(R^+)$ 为可测的, 如果 $\bar{f}^-$ 和 $\bar{f}^+$ 是模糊可测的.

定义 9.13[2,81,82] 设 X 是一非空集合, 称函数 $\tilde{f}: X \to \tilde{R}^+$ 为可测的, 如果对于任意 $\lambda \in (0,1]$, $\tilde{f}_\lambda^-$ 和 $\tilde{f}_\lambda^+$ 是模糊可测的.

定义 9.14[81,82] 设 X 是一非空集合, 可测的区间值函数 $\bar{f}: X \to I(R^+)$, $\bar{\mu} \in \bar{M}(X)$, 则 $\bar{f}$ 关于非可加测度 $\bar{\mu}$ 的 Sugeno 积分定义为

$$(\mathrm{S})\int \bar{f}\mathrm{d}\bar{\mu} = \left[(\mathrm{S})\int \bar{f}^-\mathrm{d}\mu^-, (S)\int \bar{f}^+\mathrm{d}\mu^+\right].$$

定义 9.15[81,82] 设 X 是一非空集合, 可测的模糊值函数 $\tilde{f}: X \to \tilde{R}^+$, $\tilde{\mu} \in$

$\tilde{M}(X)$, 则 $\tilde{f}$ 关于非可加测度 $\tilde{\mu}$ 的 Sugeno 积分定义为

$$(\mathrm{S})\int \tilde{f}\mathrm{d}\tilde{\mu} = \sup\left\{\lambda \in (0,1] : r \in (\mathrm{S})\int \tilde{f}_\lambda \mathrm{d}\tilde{\mu}_\lambda\right\}.$$

定理 9.11[82] 设 $\tilde{f}: X \to \tilde{R}^+$ 为可测的模糊值函数, $\tilde{\mu} \in \tilde{M}(X)$, 则有

$$(\mathrm{S})\int \tilde{f}\mathrm{d}\tilde{\mu} \in \tilde{R}^+, \text{且} \left((\mathrm{S})\int \tilde{f}\mathrm{d}\tilde{\mu}\right)_\lambda = (\mathrm{S})\int \tilde{f}_\lambda \mathrm{d}\tilde{\mu}_\lambda.$$

定理 9.12[82] 设 $\tilde{f}_1, \tilde{f}_2 : X \to \tilde{R}^+$ 为可测的模糊值函数, $\tilde{\mu}_1, \tilde{\mu}_2 \in \tilde{M}(X)$, 则

(1) $\tilde{f}_1 \leqslant \tilde{f}_2,\ \tilde{\mu}_1 \leqslant \tilde{\mu}_2 \Rightarrow (\mathrm{S})\int \tilde{f}_1 \mathrm{d}\tilde{\mu}_1 \leqslant (\mathrm{S})\int \tilde{f}_2 \mathrm{d}\tilde{\mu}_2$,

(2) $(\mathrm{S})\int \tilde{r}\mathrm{d}\tilde{\mu} = \tilde{r} \wedge \tilde{\mu}(X)$, 其中, $\tilde{r} \in \tilde{R}^+$,

(3) $(\mathrm{S})\int (\tilde{f} + \tilde{r})\mathrm{d}\tilde{\mu} \leqslant (\mathrm{S})\int \tilde{f}\mathrm{d}\tilde{\mu} + (\mathrm{S})\int \tilde{r}\mathrm{d}\tilde{\mu}$, 其中, $\tilde{r} \in \tilde{R}^+$,

(4) 设 $\tilde{r} \in \tilde{R}^+$, 如果 $D\left(\tilde{f}_1, \tilde{f}_2\right) \leqslant \tilde{r}$, 则 $D\left((\mathrm{S})\int \tilde{f}_1 \mathrm{d}\tilde{\mu}, (\mathrm{S})\int \tilde{f}_2 \mathrm{d}\tilde{\mu}\right) \leqslant \tilde{r}$.

第 10 章 直觉模糊值 Sugeno 积分及其决策分析

本章介绍格值 Sugeno 积分的组合分解定理, 给出直觉模糊值 Sugeno 积分和区间直觉模糊值 Sugeno 积分的定义, 并对它们有关性质进行研究.

10.1 直觉模糊集与区间直觉模糊集

定义 10.1[84,85] 非空集合 X 上的直觉模糊集(intuitionistic fuzzy set, IFS) 定义为

$$\tilde{A}=\{\langle x,\mu_{\tilde{A}}(x),\ \gamma_{\tilde{A}}(x)\rangle\ |x\in X\},$$

其中, 函数 $\mu_{\tilde{A}}(x):X\to[0,1]$ 与 $\gamma_{\tilde{A}}(x):X\to[0,1]$ 分别为元素 x 关于集合 $\tilde{A}$ 的隶属度与非隶属度函数, 且对任意 $x\in X$ 有 $0\leqslant\mu_{\tilde{A}}(x)+\gamma_{\tilde{A}}(x)\leqslant 1$.

称 $\pi_{\tilde{A}}=1-\mu_{\tilde{A}}(x)-\gamma_{\tilde{A}}(x)$ 为元素 x 的直觉模糊指标, 其反映了该元素属于集合 $\tilde{A}$ 的犹豫度或不确定性. 显然, 当所有元素的直觉模糊指标值为 0 时, 直觉模糊集退化为模糊集[132].

记 X 上所有的直觉模糊集构成的集合为 $\mathcal{IF}(X)$, 对任意 $\tilde{A},\tilde{B}\in\mathcal{IF}(X)$, 可以定义如下关系或运算[84,133−135].

包含关系: $\tilde{A}\subset\tilde{B}$ 当且仅当对 $\forall x\in X$ 有 $\mu_{\tilde{A}}(x)\leqslant\mu_{\tilde{B}}(x)$ 及 $\gamma_{\tilde{A}}(x)\geqslant\gamma_{\tilde{B}}(x)$.

补运算: $\bar{\tilde{A}}=\{\langle x,\gamma_{\tilde{A}}(x),\ \mu_{\tilde{A}}(x)\rangle\ |x\in X\}$.

交运算: $\tilde{A}\cap\tilde{B}=\{\langle x,\mu_{\tilde{A}}(x)\wedge\mu_{\tilde{B}}(x),\ \gamma_{\tilde{A}}(x)\vee\gamma_{\tilde{B}}(x)\rangle\ |x\in X\}$.

并运算: $\tilde{A}\cup\tilde{B}=\{\langle x,\mu_{\tilde{A}}(x)\vee\mu_{\tilde{B}}(x),\ \gamma_{\tilde{A}}(x)\wedge\gamma_{\tilde{B}}(x)\rangle\ |x\in X\}$.

伪加运算: $\tilde{A}\oplus\tilde{B}=\{\langle x,\mu_{\tilde{A}}(x)+\mu_{\tilde{B}}(x)-\mu_{\tilde{A}}(x)\mu_{\tilde{B}}(x),\ \gamma_{\tilde{A}}(x)\gamma_{\tilde{B}}(x)\rangle\ |x\in X\}$.

伪乘运算: $\tilde{A}\otimes\tilde{B}=\{\langle x,\mu_{\tilde{A}}(x)\mu_{\tilde{B}}(x),\ \gamma_{\tilde{A}}(x)+\gamma_{\tilde{B}}(x)-\gamma_{\tilde{A}}(x)\cdot\gamma_{\tilde{B}}(x)\rangle\ |x\in X\}$.

数乘运算: $\alpha\tilde{A}=\{\langle x,\ 1-(1-\mu_{\tilde{A}}(x))^{\alpha},\ (\gamma_{\tilde{A}}(x))^{\alpha}\rangle\ |x\in X\},\ \alpha\geqslant 0$.

幂运算: $\tilde{A}^{\alpha}=\{\langle x,\ [\mu_{\tilde{A}}(x)]^{\alpha},\ 1-(1-\gamma_{\tilde{A}}(x))^{\alpha}\rangle\ |x\in X\},\ \alpha\geqslant 0$.

方便起见, 可称

$$\tilde{a}=(\mu_{\tilde{a}},\gamma_{\tilde{a}}),\quad 0\leqslant\mu_{\tilde{a}},\gamma_{\tilde{a}}\leqslant 1,\quad \mu_{\tilde{a}}+\gamma_{\tilde{a}}\leqslant 1$$

为直觉模糊值(intuitionistic fuzzy value, IFV)[135].

设 $\tilde{a}$,$\tilde{b}$ 为直觉模糊值, 且 $\alpha\geqslant 0$, 则 $\tilde{a}\cap\tilde{b}$, $\tilde{a}\cup\tilde{b}$, $\tilde{a}\oplus\tilde{b}$, $\tilde{a}\otimes\tilde{b}$, $\alpha\tilde{a}$, 以及 $\tilde{a}^{\alpha}$ 仍为直觉模糊值.

此外, 直觉模糊值的上述运算具有如下性质.

定理 10.1 设 $\tilde{a}, \tilde{b}, \tilde{c}$ 为直觉模糊值, 且 $\alpha, \beta \geqslant 0$, 则

(1) $\bar{\bar{\tilde{a}}} = \tilde{a}$,

(2) $\tilde{a} \oplus \tilde{b} = \tilde{b} \oplus \tilde{a}$, $\tilde{a} \otimes \tilde{b} = \tilde{b} \otimes \tilde{a}$,

(3) $(\tilde{a} \oplus \tilde{b}) \oplus \tilde{c} = \tilde{a} \oplus (\tilde{b} \oplus \tilde{c})$, $(\tilde{a} \otimes \tilde{b}) \otimes \tilde{c} = \tilde{a} \otimes (\tilde{b} \otimes \tilde{c})$,

(4) $(0,1) \oplus \tilde{a} = \tilde{a} \oplus (0,1) = \tilde{a}$,$(1,0) \otimes \tilde{a} = \tilde{a} \otimes (1,0) = \tilde{a}$,

(5) $\alpha(\tilde{a} \oplus \tilde{b}) = \alpha\tilde{a} \oplus \alpha\tilde{b}$, $(\tilde{a} \otimes \tilde{b})^{\alpha} = \tilde{a}^{\alpha} \otimes \tilde{b}^{\alpha}$,

(6) $\alpha\tilde{a} \oplus \beta\tilde{a} = (\alpha + \beta)\tilde{a}$, $\tilde{a}^{\alpha} \otimes \tilde{a}^{\beta} = \tilde{a}^{\alpha+\beta}$,

(7) $\alpha(\beta\tilde{a}) = \beta(\alpha\tilde{a}) = (\alpha\beta)\tilde{a}$, $(\tilde{a}^{\alpha})^{\beta} = (\tilde{a}^{\beta})^{\alpha} = \tilde{a}^{\alpha\beta}$,

(8) $\alpha\bar{\tilde{a}} = \overline{\tilde{a}^{\alpha}}$, $\overline{\alpha\tilde{a}} = (\bar{\tilde{a}})^{\alpha}$,

(9) $\overline{\tilde{a} \oplus \tilde{b}} = \bar{\tilde{a}} \otimes \bar{\tilde{b}}$, $\overline{\tilde{a} \otimes \tilde{b}} = \bar{\tilde{a}} \oplus \bar{\tilde{b}}$,

(10) $\alpha\bar{\tilde{a}} \oplus \alpha\bar{\tilde{b}} = \overline{\left(\tilde{a} \otimes \tilde{b}\right)^{\alpha}}$, $(\bar{\tilde{a}})^{\alpha} \otimes \left(\bar{\tilde{b}}\right)^{\alpha} = \overline{\alpha\left(\tilde{a} \oplus \tilde{b}\right)}$.

证明 (1) 可直接由补运算的定义得到. (2)−(4) 可由 t-模与 t-余模的性质得到[75,117,118,134]. (5) 与 (6) 的证明可参见文献 [134−136].

(7) 设 $\tilde{a} = (\mu_{\tilde{a}}, \gamma_{\tilde{a}})$, 则

$$\begin{aligned}\alpha(\beta\tilde{a}) &= \alpha(1 - (1 - \mu_{\tilde{a}})^{\beta}, (\gamma_{\tilde{a}})^{\beta}) = (1 - (1 - (1 - (1 - \mu_{\tilde{a}})^{\beta}))^{\alpha}, (\gamma_{\tilde{a}})^{\beta\alpha}) \\ &= (1 - (1 - \mu_{\tilde{a}})^{\beta\alpha}, (\gamma_{\tilde{a}})^{\beta\alpha}) = (\alpha\beta)\tilde{a},\end{aligned}$$

且

$$\begin{aligned}\beta(\alpha\tilde{a}) &= \beta(1 - (1 - \mu_{\tilde{a}})^{\alpha}, (\gamma_{\tilde{a}})^{\alpha}) = (1 - (1 - (1 - (1 - \mu_{\tilde{a}})^{\alpha}))^{\beta}, (\gamma_{\tilde{a}})^{\alpha\beta}) \\ &= (1 - (1 - \mu_{\tilde{a}})^{\alpha\beta}, (\gamma_{\tilde{a}})^{\alpha\beta}) = (\alpha\beta)\tilde{a},\end{aligned}$$

即

$$\alpha(\beta\tilde{a}) = \beta(\alpha\tilde{a}) = (\alpha\beta)\tilde{a}.$$

又因

$$\begin{aligned}(\tilde{a}^{\alpha})^{\beta} &= ((\mu_{\tilde{a}})^{\alpha}, 1 - (1 - \gamma_{\tilde{a}})^{\alpha})^{\beta} = ((\mu_{\tilde{a}})^{\alpha\beta}, 1 - (1 - (1 - (1 - \gamma_{\tilde{a}})^{\alpha}))^{\beta}) \\ &= ((\mu_{\tilde{a}})^{\alpha\beta}, 1 - (1 - \gamma_{\tilde{a}})^{\alpha\beta}) = \tilde{a}^{\alpha\beta},\end{aligned}$$

且

$$\begin{aligned}(\tilde{a}^{\beta})^{\alpha} &= ((\mu_{\tilde{a}})^{\beta}, 1 - (1 - \gamma_{\tilde{a}})^{\beta})^{\alpha} = ((\mu_{\tilde{a}})^{\alpha\beta}, 1 - (1 - (1 - (1 - \gamma_{\tilde{a}})^{\beta}))^{\alpha}) \\ &= ((\mu_{\tilde{a}})^{\alpha\beta}, 1 - (1 - \gamma_{\tilde{a}})^{\alpha\beta}) = \tilde{a}^{\alpha\beta},\end{aligned}$$

即

$$(\tilde{a}^{\alpha})^{\beta} = (\tilde{a}^{\beta})^{\alpha} = \tilde{a}^{\alpha\beta}.$$

(8) 设 $\tilde{a}=(\mu_{\tilde{a}},\gamma_{\tilde{a}})$, 则有

$$\alpha\bar{\tilde{a}}=\alpha(\gamma_{\tilde{a}},\mu_{\tilde{a}})=(1-(1-\gamma_{\tilde{a}})^{\alpha},(\mu_{\tilde{a}})^{\alpha})=\overline{((\mu_{\tilde{a}})^{\alpha},1-(1-\gamma_{\tilde{a}})^{\alpha})}=\overline{(\mu_{\tilde{a}},\gamma_{\tilde{a}})^{\alpha}}=\overline{\tilde{a}^{\alpha}},$$

且

$$\overline{\alpha\tilde{a}}=\overline{\alpha(\mu_{\tilde{a}},\gamma_{\tilde{a}})}=\overline{(1-(1-\mu_{\tilde{a}})^{\alpha},(\gamma_{\tilde{a}})^{\alpha})}=((\gamma_{\tilde{a}})^{\alpha},1-(1-\mu_{\tilde{a}})^{\alpha})=(\gamma_{\tilde{a}},\mu_{\tilde{a}})^{\alpha}=(\bar{\tilde{a}})^{\alpha}.$$

(9) 设 $\tilde{a}=(\mu_{\tilde{a}},\gamma_{\tilde{a}})$, $\tilde{b}=(\mu_{\tilde{b}},\gamma_{\tilde{b}})$, 可得

$$\overline{\tilde{a}\oplus\tilde{b}}=\overline{(\mu_{\tilde{a}},\gamma_{\tilde{a}})\oplus(\mu_{\tilde{b}},\gamma_{\tilde{b}})}=\overline{(\mu_{\tilde{a}}+\mu_{\tilde{b}}-\mu_{\tilde{a}}\mu_{\tilde{b}},\gamma_{\tilde{a}}\gamma_{\tilde{b}})}=(\gamma_{\tilde{a}}\gamma_{\tilde{b}},\mu_{\tilde{a}}+\mu_{\tilde{b}}-\mu_{\tilde{a}}\mu_{\tilde{b}})=\bar{\tilde{a}}\otimes\bar{\tilde{b}},$$

且

$$\overline{\tilde{a}\otimes\tilde{b}}=\overline{(\mu_{\tilde{a}},\gamma_{\tilde{a}})\otimes(\mu_{\tilde{b}},\gamma_{\tilde{b}})}=\overline{(\mu_{\tilde{a}}\mu_{\tilde{b}},\gamma_{\tilde{a}}+\gamma_{\tilde{b}}-\gamma_{\tilde{a}}\gamma_{\tilde{b}})}=(\gamma_{\tilde{a}}+\gamma_{\tilde{b}}-\gamma_{\tilde{a}}\gamma_{\tilde{b}},\mu_{\tilde{a}}\mu_{\tilde{b}})=\bar{\tilde{a}}\oplus\bar{\tilde{b}}.$$

(10) 设 $\tilde{a}=(\mu_{\tilde{a}},\gamma_{\tilde{a}})$, $\tilde{b}=(\mu_{\tilde{b}},\gamma_{\tilde{b}})$, 由 (5), (8), (9), 可得

$$\alpha\bar{\tilde{a}}\oplus\alpha\bar{\tilde{b}}=\alpha\left(\bar{\tilde{a}}\oplus\bar{\tilde{b}}\right)=\alpha\left(\overline{\tilde{a}\otimes\tilde{b}}\right)=\overline{\left(\tilde{a}\otimes\tilde{b}\right)^{\alpha}},$$

且

$$(\bar{\tilde{a}})^{\alpha}\otimes\left(\bar{\tilde{b}}\right)^{\alpha}=\left(\bar{\tilde{a}}\otimes\bar{\tilde{b}}\right)^{\alpha}=\left(\overline{\tilde{a}\oplus\tilde{b}}\right)^{\alpha}=\overline{\alpha\left(\tilde{a}\oplus\tilde{b}\right)}.$$

证毕.

定义 10.2[137] 设 X 为非空集合, $D[0,1]$ 是区间 $[0,1]$ 上所有闭子区间构成的集合, X 上的区间直觉模糊集定义为

$$\tilde{A}=\{\langle x,\mu_{\tilde{A}}(x),\ \gamma_{\tilde{A}}(x)\rangle\ |x\in X\},$$

其中, 函数 $\mu_{\tilde{A}}(x):X\to D[0,1]$ 与 $\gamma_{\tilde{A}}(x):X\to D[0,1]$ 分别为元素 x 关于集合 $\tilde{A}$ 的隶属度与非隶属度函数, 且对任意 $x\in X$ 有 $0\leqslant[\mu_{\tilde{A}}(x)]^{\mathrm{U}}+[\gamma_{\tilde{A}}(x)]^{\mathrm{U}}\leqslant 1$, 其中, $[\mu_{\tilde{A}}(x)]^{\mathrm{U}}$, $[\gamma_{\tilde{A}}(x)]^{\mathrm{L}}$ 分别为闭区间 $\mu_{\tilde{A}}(x)$ 的上确界与下确界.

设 $[\alpha,\beta]$,$[\gamma,\delta]\in D[0,1]$, 则可以定义如下运算与关系:

$$[\alpha,\beta]\curlyvee[\gamma,\delta]=[\alpha\vee\gamma,\beta\vee\delta],$$

$$[\alpha,\beta]\curlywedge[\gamma,\delta]=[\alpha\wedge\gamma,\beta\wedge\delta],$$

$$[\alpha,\beta]\precsim[\gamma,\delta]\Leftrightarrow\alpha\leqslant\gamma\ ,\beta\leqslant\delta.$$

记 X 上所有的区间直觉模糊集构成的集合为 $\mathcal{IIF}(X)$, 对任意 $\tilde{A},\tilde{B}\in\mathcal{IIF}(X)$, 可以定义类似于直觉模糊集的多种运算[137,138]. 例如,

补运算: $\bar{\tilde{A}} = \{\langle x, \gamma_{\tilde{A}}(x),\ \mu_{\tilde{A}}(x)\rangle\ | x \in X\}$.

交运算: $\tilde{A} \cap \tilde{B} = \{\langle x, \mu_{\tilde{A}}(x) \curlywedge \mu_{\tilde{B}}(x),\ \gamma_{\tilde{A}}(x) \curlyvee \gamma_{\tilde{B}}(x)\rangle\ | x \in X\}$.

并运算: $\tilde{A} \cup \tilde{B} = \{\langle x, \mu_{\tilde{A}}(x) \curlyvee \mu_{\tilde{B}}(x),\ \gamma_{\tilde{A}}(x) \curlywedge \gamma_{\tilde{B}}(x)\rangle\ | x \in X\}$.

方便起见, 可称

$$([\alpha,\beta],[\gamma,\delta]), [\alpha,\beta], [\gamma,\delta] \in D[0,1], \quad \beta \leqslant 1-\delta$$

为区间直觉模糊值 (interval intuitionistic fuzzy value, IIFV). 区间直觉模糊值的相关运算也有类似于定理 10.1 的性质, 不再赘述.

10.2 直觉模糊值 Sugeno 积分及其决策方法

10.2.1 格值 Sugeno 积分及其组合分解定理

设 $\boldsymbol{L} = (L, \vee, \wedge, \leqslant)$ 为一完备格, 其最小元素与最大元素分别记为 $0_{\boldsymbol{L}}$, $1_{\boldsymbol{L}}$.

定义 10.3[83] 非空集合 X 上的格值非可加测度或称为 $\boldsymbol{L}$-非可加测度, 是一格值集函数 $\mu : \mathcal{P}(X) \to \boldsymbol{L}$, 且满足以下条件:

(1) $\mu(\varnothing) = 0_{\boldsymbol{L}}$, $\mu(X) = 1_{\boldsymbol{L}}$;

(2) $S, T \in \mathcal{P}(X)$, $S \subset T \Rightarrow \mu(S) \leqslant \mu(T)$.

定义 10.4[83] 格值映射 $f : X \to \boldsymbol{L}$ 称为 $\boldsymbol{L}$-可测的, 如果对于任意 $\alpha \in \boldsymbol{L}$, 有 F_α, $F^\alpha \in \mathcal{P}(X)$, 其中, $F_\alpha = \{x \in X | f(x) \geqslant \alpha\}$, $F^\alpha = \{x \in X | f(x) \leqslant \alpha\}$.

定义 10.5[83] 设 μ 为 X 上的 $\boldsymbol{L}$-非可加测度, f 是 X 上的 $\boldsymbol{L}$-可测函数, 函数 f 关于 μ 格值 Sugeno 积分或 $\boldsymbol{L}$-Sugeno 积分定义为

$$(\mathrm{S})\int_L f d\mu = \bigvee_{\alpha \in L} [\alpha \wedge \mu(F_\alpha)].$$

当 $L = [0,1]$, 格值 Sugeno 积分退化为传统的 Sugeno 积分, 见式 (2.10).

根据格值 Sugeno 积分的定义, 易得格值 Sugeno 积分关于非可加测度以及被积函数的单调性:

(1) 设 μ, υ 是 X 上的 $\boldsymbol{L}$-非可加测度, 且对任意 $S \subset X$, 有 $\mu(S) \leqslant \upsilon(S)$ 则有

$$(\mathrm{S})\int_{\boldsymbol{L}} f \mathrm{d}\mu \leqslant (\mathrm{S})\int_{\boldsymbol{L}} f \mathrm{d}\upsilon;$$

(2) 设 f,g 是 X 上的 $\boldsymbol{L}$-可测函数, 且对 $x \in X$ 有 $f(x) \leqslant g(x)$, 则有

$$(\mathrm{S})\int_{\boldsymbol{L}} f \mathrm{d}\mu \leqslant (\mathrm{S})\int_{\boldsymbol{L}} g \mathrm{d}\mu.$$

定义 10.6[83] 称映射 $^- : \boldsymbol{L} \to \boldsymbol{L}$ 为 $\boldsymbol{L}$ 上的否定算子, 如果

(1) $\overline{0_{\boldsymbol{L}}} = 1_{\boldsymbol{L}}$, $\overline{1_{\boldsymbol{L}}} = 0_{\boldsymbol{L}}$;

(2) $\alpha, \beta \in \boldsymbol{L}$, $\alpha \leqslant \beta \Rightarrow \overline{\beta} \leqslant \overline{\alpha}$;

(3) 对任意 $\alpha \in \boldsymbol{L}$, 有 $\overline{\overline{\alpha}} = \alpha$.

显然, 对任意 $\alpha, \beta \in \boldsymbol{L}$, 有 $\overline{\alpha \wedge \beta} = \overline{\alpha} \vee \overline{\beta}$, $\overline{\alpha \vee \beta} = \overline{\alpha} \wedge \overline{\beta}$.

设 $\boldsymbol{L} = (L, \vee, \wedge, \leqslant)$, $\boldsymbol{L}^{(2)} = \{(\alpha, \beta) | \alpha, \beta \in \boldsymbol{L}, \alpha \leqslant \overline{\beta}\}$, 对所有 $(\alpha_1, \beta_1), (\alpha_2, \beta_2) \in \boldsymbol{L}^{(2)}$, 可定义 $\boldsymbol{L}^{(2)}$ 的运算与关系如下:

$$(\alpha_1, \beta_1) \curlyvee (\alpha_2, \beta_2) = (\alpha_1 \curlyvee \alpha_2, \beta_1 \curlywedge \beta_2),$$

$$(\alpha_1, \beta_1) \curlywedge (\alpha_2, \beta_2) = (\alpha_1 \curlywedge \alpha_2, \beta_1 \curlyvee \beta_2),$$

$$(\alpha_1, \beta_1) \precsim (\alpha_2, \beta_2) \Leftrightarrow \alpha_1 \leqslant \alpha_2, \quad \beta_1 \geqslant \beta_2.$$

因此, $\boldsymbol{L}^{(2)} = (L^{(2)}, \curlyvee, \curlywedge, \precsim)$ 的最小与最大元素分别为 $0_{\boldsymbol{L}^{(2)}} = (0_{\boldsymbol{L}}, 1_{\boldsymbol{L}})$, $1_{\boldsymbol{L}^{(2)}} = (1_{\boldsymbol{L}}, 0_{\boldsymbol{L}})$, 格 $\boldsymbol{L}^{(2)}$ 仍是完备格.

定理 10.2[83] 若 $\mu: \mathcal{P}(X) \to \boldsymbol{L}^{(2)}$, $\mu(S) = (\mu_1(S), \mu_2(S))$, $\forall S \subset X$, 是 $\boldsymbol{L}^{(2)}$-非可加测度, 则非可加测度 $\mu_1, \overline{\mu_2}: \mathcal{P}(X) \to \boldsymbol{L}$ 是 $\boldsymbol{L}$-非可加测度, 其中, $\bar{\cdot}: \boldsymbol{L} \to \boldsymbol{L}$ 是 $\boldsymbol{L}$ 上的否定算子, 对任意 $A \in \mathcal{P}(X)$, $\overline{\mu_2}(A) = \overline{\mu_2(A)}$.

定理 10.3[83] $\boldsymbol{L}^{(2)}$-值映射 $f: X \to \boldsymbol{L}^{(2)}$, $f(x) = (g(x), h(x))$, $\forall x \in X$, 是 $\boldsymbol{L}^{(2)}$-可测的当且仅当 $\boldsymbol{L}$-值映射 $g, h: X \to \boldsymbol{L}$ 是 $\boldsymbol{L}$-可测的.

下面的定理被称为格值 Sugeno 积分的组合分解定理.

定理 10.4[83] 设 $\mu: \mathcal{P}(X) \to \boldsymbol{L}^{(2)}$, $\mu(S) = (\mu_1(S), \mu_2(S))$, $\forall S \subset X$ 是 $\boldsymbol{L}^{(2)}$-非可加测度, $f: X \to \boldsymbol{L}^{(2)}$, $f(x) = (g(x), h(x))$, 是 $\boldsymbol{L}^{(2)}$-可测映射, 则

$$(\mathrm{S}) \int_{\boldsymbol{L}^{(2)}} f \mathrm{d}\mu = ((s) \int_{\boldsymbol{L}} g \mathrm{d}\mu_1, \overline{(\mathrm{S}) \int_{\boldsymbol{L}} \bar{h} \mathrm{d}\overline{\mu_2}}),$$

其中, 映射 $\bar{\cdot}: \boldsymbol{L} \to \boldsymbol{L}$ 是 $\boldsymbol{L}$ 上的否定算子.

推论 10.1[83] 设 $\mu: \mathcal{P}(X) \to \boldsymbol{L}^{(2)}$, $\mu(S) = (\mu_1(S), \mu_2(S))$, $\forall S \subset X$, 是 $\boldsymbol{L}^{(2)}$-非可加测度, $f: X \to \boldsymbol{L}^{(2)}$, $f(x) = (g(x), h(x))$, $\forall x \in X$, 是 $\boldsymbol{L}^{(2)}$-可测映射, 则

$$(\mathrm{S}) \int_{\boldsymbol{L}^{(2)}} f \mathrm{d}\mu = \left(\bigvee_{\alpha \in \boldsymbol{L}} (\alpha \wedge \mu_1(G_\alpha)), \bigwedge_{\alpha \in \boldsymbol{L}} (\alpha \vee \mu_2(H^\alpha)) \right).$$

10.2.2 直觉模糊值 Sugeno 积分及其性质

若 $\boldsymbol{L} = [0, 1]$, 且定义否定算子 $\bar{\cdot}: \boldsymbol{L} \to \boldsymbol{L}$ 为 $\forall \alpha \in [0, 1]$, $\bar{\alpha} = 1 - \alpha$, 则

$$\boldsymbol{L}^{(2)} = \{(\alpha, \beta) | \alpha, \beta \in [0, 1], \alpha \leqslant 1 - \beta\},$$

可见, $\boldsymbol{L}^{(2)}$ 即为由所有直觉模糊值构成的集合, 标记此集合为 $\boldsymbol{L}^{\mathrm{IFV}}$.

进而, 基于运算 "$\curlywedge, \curlyvee, \precsim$", 直觉模糊值可测函数 $f^{\mathrm{IFV}}: X \to \boldsymbol{L}^{\mathrm{IFV}}$ 关于直觉模糊值非可加测度 $\mu: \mathcal{P}(X) \to \boldsymbol{L}^{\mathrm{IFV}}$ 的直觉模糊值 Sugeno 积分可定义为

$$(\mathrm{S})\int_{\boldsymbol{L}^{\mathrm{IFV}}} f\mathrm{d}\mu = \mathop{\curlyvee}_{(\alpha,\beta)\in\boldsymbol{L}^{\mathrm{IFV}}}[(\alpha,\beta) \curlywedge \mu(F_{(\alpha,\beta)})].$$

定义 10.7[85]　设 X 为非空集合, $D[0,1]$ 是 $[0,1]$ 上所有闭区间子集构成的集合, X 上的区间值集合 $\tilde{A}$ 定义为

$$\tilde{A} = \{\langle x, m_A(x)\rangle | x \in X\},$$

其中, $m_A(x): X \to D[0,1]$ 是元素 x 的隶属度函数.

方便起见, 称 $[a,b] \in D[0,1]$ 为区间值 (interval value, IV). 记 $\boldsymbol{L}^{\mathrm{IV}} = (D[0,1], \curlywedge, \curlyvee, \precsim)$.

定义 10.8　设 X 为非空集合, 区间值可测函数 $f: X \to \boldsymbol{L}^{\mathrm{IV}}$ 关于区间值非可加测度 $\mu: \mathcal{P}(X) \to \boldsymbol{L}^{\mathrm{IV}}$ 的区间值 Sugeno 积分可定义为

$$(\mathrm{S})\int_{\boldsymbol{L}^{\mathrm{IV}}} f\mathrm{d}\mu = \mathop{\curlyvee}_{[a,b]\in\boldsymbol{L}^{\mathrm{IV}}}[[a,b] \curlywedge \mu(F_{[a,b]})].$$

设区间值可测函数 $f: X \to \boldsymbol{L}^{\mathrm{IV}}$, $f(x) = [f^{\mathrm{L}}(x), f^{\mathrm{U}}(x)]$, 则根据格值 Sugeno 积分的单调性原理可得

$$(\mathrm{S})\int_{\boldsymbol{L}^{\mathrm{IV}}} f\mathrm{d}\mu = \left[\int_{\boldsymbol{L}} f^{\mathrm{L}}\mathrm{d}\mu^{\mathrm{L}}, \int_{\boldsymbol{L}} f^{\mathrm{U}}\mathrm{d}\mu^{\mathrm{U}}\right].$$

可见, 由定义 10.8 给出的区间值 Sugeno 积分的积分值与文献 [82] 的计算结果是一致的, 说明了定义 10.8 的合理性.

文献 [87] 和 [88] 指出直觉模糊集与区间模糊集是对传统模糊集的等价拓展, 即虽然两者在语法或决策意义上含义不同, 但从数学本质上来讲是一致的. 其实对任意区间值 $[a,b] \in D[0,1]$, 则有一直觉模糊值 $(a, 1-b)$ 与其对应, 可简写为

$$[a,b] := (a, 1-b).$$

设 $\mu: \mathcal{P}(X) \to \boldsymbol{L}^{\mathrm{IV}}$, $\mu(S) = [f^{\mathrm{L}}(S), f^{\mathrm{U}}(S)]$, $\forall S \subset X$, 是区间值非可加测度, $f: X \to \boldsymbol{L}^{\mathrm{IV}}$, $f(x) = [f^{\mathrm{L}}(x), f^{\mathrm{U}}(x)]$ 区间值可测函数, 可设直觉模糊值非可加测度

$$v(S) = (v_1(S), v_2(S)) = \left([\mu(S)]^{\mathrm{L}}, 1 - [\mu(S)]^{\mathrm{U}}\right), \quad \forall S \subset X,$$

以及直觉模糊值可测函数

$$g(x) = (g_1(x), g_2(x)) = \left([f(x)]^{\mathrm{L}}, 1 - [f(x)]^{\mathrm{U}}\right), \quad \forall x \in X,$$

则

$$\begin{aligned}(\mathrm{S})\int_{\boldsymbol{L}^{\mathrm{IV}}} f\mathrm{d}\mu &= [(\mathrm{S})\int_{\boldsymbol{L}} f^{\mathrm{L}}\mathrm{d}\mu^{\mathrm{L}}, (\mathrm{S})\int_{\boldsymbol{L}} f^{\mathrm{U}}\mathrm{d}\mu^{\mathrm{U}}] \\ &= \left((\mathrm{S})\int f^{\mathrm{L}}\mathrm{d}\mu^{\mathrm{L}}, 1-(\mathrm{S})\int_{\boldsymbol{L}} f^{\mathrm{U}}\mathrm{d}\mu^{\mathrm{U}}\right) \\ &= \left((\mathrm{S})\int_{\boldsymbol{L}} g_1\mathrm{d}\upsilon_1, 1-(\mathrm{S})\int_{\boldsymbol{L}} [1-g_2]\mathrm{d}[1-\upsilon_2]\right) \\ &= \left((\mathrm{S})\int_{\boldsymbol{L}} g_1\mathrm{d}\upsilon_1, \overline{(\mathrm{S})\int_{\boldsymbol{L}} \overline{g_2}\mathrm{d}\overline{\upsilon_2}}\right) \\ &= (\mathrm{S})\int_{\boldsymbol{L}^{\mathrm{IEF}}} g\mathrm{d}\upsilon.\end{aligned}$$

因此, 可以说区间值 Sugeno 积分与直觉模糊值 Sugeno 积分在数学本质上是一致的.

10.2.3 基于直觉模糊值 Sugeno 积分的多准则决策方法

根据定理 10.4 及推论 10.1, 不难得到, 直觉模糊值 Sugeno 积分具有幂等性以及基于关系 “$\precsim$” 的单调性等性质, 因此, 可以将其作为集成函数应用于直觉模糊信息环境下多准则决策分析.

基于直觉模糊值 Sugeno 积分的多准则决策方法的步骤可概括如下.

步骤 1 确定决策准则集上的直觉模糊值非可加测度.

对各准则子集的非可加测度值赋予一个直觉模糊值来描述其在决策过程中的重要性程度. 例如, 某准则子集 $S\subset X$ 的测度值为 $\mu(S)=(0.6,0.3)$, 可理解为该准则子集的重要性程度为区间 $[0.6,0.7]$ 上的某一值. 显然, 空集的重要性程度为 $(0,1)$, 而全集的重要性程度为 $(1,0)$, 并且对所有子集的赋值须满足基于集合包含关系的单调性约束, 即

$$\forall S,T\subset X,\quad S\subset T\Rightarrow \mu(S)\precsim\mu(T).$$

步骤 2 给出各候选方案在各准则上的直觉模糊值的评价值, 得直觉模糊值决策矩阵.

记某候选方案在某决策准则上的评价值为直觉模糊值 (α,β), 其中, α 表示该候选方案在该决策上隶属于 “优秀” 等级的程度, β 表示该候选方案在该决策上不隶属于 “优秀” 等级的程度. 进而, 得到所有候选方案在各决策准则上的直觉模糊值的评价值.

步骤 3 对各直觉模糊值评价信息进行融合集成, 得到各候选方案的综合评价分值.

集成方法有两种: 一是将直觉模糊值非可加测度或评价信息, 转化成区间值, 再利用区间值 Sugeno 积分来求解综合评价值, 最后再将区间值转化为直觉模糊值;

二是利用直觉模糊值 Sugeno 积分离散形式来直接求得直觉模糊值综合评价信息.

由定理 10.4 及推论 10.1, 可得直觉模糊值 Sugeno 积分的离散形式:

若 X 为非空有限集合, $\mu:\mathcal{P}(X)\to \boldsymbol{L}^{\mathrm{IFV}}$, $\mu(S)=(\mu_1(S),\mu_2(S))$, 为 X 上直觉模糊值非可加测度, $f:X\to \boldsymbol{L}^{\mathrm{IFV}}$, $f(x)=(g(x),h(x))$, 为直觉模糊值函数, 则函数 f 关于 μ 的 Sugeno 积分的离散形式可表示为

$$\begin{aligned} S^{\mathrm{IFV}}(f_1,\cdots,f_n)=\Big(&\bigvee_{i=1}^{n}(g_{\pi(i)}\wedge \mu_1(\{x_{\pi(i)},\cdots,x_{\pi(n)}\})),\\ &\bigwedge_{i=1}^{n}(h_{\pi'(i)}\vee \mu_2(\{x_{\pi'(1)},\cdots,x_{\pi'(i)}\}))\Big),\end{aligned}$$

其中, π, π' 为 X 上的置换, 使得 $g_{\pi(1)}\leqslant\cdots\leqslant g_{\pi(n)}$, $h_{\pi'(1)}\leqslant\cdots\leqslant h_{\pi'(n)}$.

步骤 4　对各候选方案的综合评价值进行排序.

若各方案的综合评价值满足关系 "$\precsim$", 则可得直觉模糊值之间的优劣次序. 若不满足, 则依据其他评价方法 (可参见 12.1 节对比较方法的详细介绍) 对这些综合评价值进行排序.

下面以数值算例 (改编自文献 [139]) 对上述方法进行简单说明.

某工厂需要购买一些设备, 现依据三个准则进行评价:

价格 x_1;　性能 x_2;　售后服务 x_3.

对三台设备 a, b, c 进行评价. 现给出准则集 $X=\{x_1,x_2,x_3\}$ 上的直觉模糊值非可加测度 μ 如下:

$$\mu(\{x_1\})=(0.1,0.6),\quad \mu(\{x_2\})=(0.2,0.4),\quad \mu(\{x_3\})=(0.7,0.1),$$

$$\mu(\{x_1,x_2\})=(0.4,0.3),\quad \mu(\{x_2,x_3\})=(0.9,0.1),$$

$$\mu(\{x_2,x_3\})=(0.8,0.1),\quad \mu(X)=(1,0).$$

假定直觉模糊值决策矩阵为

$$\tilde{\boldsymbol{D}}=\begin{bmatrix}(0.7,0.1) & (0.5,0.4) & (0.8,0.1)\\ (0.5,0.3) & (0.7,0.2) & (0.6,0.2)\\ (0.3,0.4) & (0.5,0.2) & (0.5,0.1)\end{bmatrix}.$$

利用直觉模糊值 Sugeno 积分的离散形式来求得各设备的综合评价值. 如设备 a 的综合评价值为

$$\begin{aligned} S(a)&=((0.5\wedge 1.0)\vee(0.5\wedge 1.0)\vee(0.5\wedge 1.0),\ (0.1\vee 0.1)\wedge(0.1\vee 0.1)\wedge(0.4\vee 0.0))\\ &=(0.7,0.1).\end{aligned}$$

类似地, 可得

$$S(b)=(0.6,0.2),\quad S(c)=(0.5,0.2),$$

故有 $S(a)\succ S(b)\succ S(c)$, 即设备 a 为最佳选择.

10.3 区间直觉模糊值 Sugeno 积分及其决策应用

10.3.1 格值 Sugeno 积分组合分解定理的拓展

现设 $\boldsymbol{L}^{(4)}=\{(\alpha,\beta,\gamma,\delta)|\alpha,\beta,\gamma,\delta\in L,\alpha\leqslant\beta,\gamma\leqslant\delta,\beta\leqslant\overline{\delta}\}$, 对所有 $(\alpha_1,\beta_1,\gamma_1,\delta_1),(\alpha_2,\beta_2,\gamma_2,\delta_2)\in\boldsymbol{L}^{(4)}$, 定义如下运算与关系为

$$(\alpha_1,\beta_1,\gamma_1,\delta_1)(\alpha_2,\beta_2,\gamma_2,\delta_2)=(\alpha_1\vee\alpha_2,\beta_1\vee\beta_2,\gamma_1\wedge\gamma_2,\delta_1\wedge\delta_2),$$

$$(\alpha_1,\beta_1,\gamma_1,\delta_1)(\alpha_2,\beta_2,\gamma_2,\delta_2)=(\alpha_1\wedge\alpha_2,\beta_1\wedge\beta_2,\gamma_1\vee\gamma_2,\delta_1\vee\delta_2),$$

$$(\alpha_1,\beta_1,\gamma_1,\delta_1)\precsim(\alpha_2,\beta_2,\gamma_2,\delta_2)\Leftrightarrow\alpha_1\leqslant\alpha_2,\beta_1\leqslant\beta_2,\gamma_1\geqslant\gamma_2,\delta_1\geqslant\delta_2,$$

则 $\boldsymbol{L}^{(4)}=(L^{(4)},\curlyvee,\curlywedge,\precsim)$, 最小元素与最大元素为 $0_{\boldsymbol{L}^{(4)}}=(0_{\boldsymbol{L}},0_{\boldsymbol{L}},1_{\boldsymbol{L}},1_{\boldsymbol{L}})$, $1_{\boldsymbol{L}^{(4)}}=(1_{\boldsymbol{L}},1_{\boldsymbol{L}},0_{\boldsymbol{L}},0_{\boldsymbol{L}})$, 则 $\boldsymbol{L}^{(4)}$ 是完备格.

定理 10.5 设 $\mu:\mathcal{P}(X)\to\boldsymbol{L}^{(4)}$, $\mu(A)=(\mu_1(A),\mu_2(A),\mu_3(A),\mu_4(A))$ 为 $\boldsymbol{L}^{(4)}$-非可加测度, 则 $\mu_1,\mu_2,\overline{\mu_3},\overline{\mu_4}:\mathcal{P}(X)\to\boldsymbol{L}$ 是 $\boldsymbol{L}$-非可加测度, 其中, $\overline{\cdot}:\boldsymbol{L}\to\boldsymbol{L}$ 是 $\boldsymbol{L}$ 上的否定算子, 对任意 $A\in\mathcal{P}(X)$, 有 $\overline{\mu_3}(A)=\overline{\mu_3(A)}$, $\overline{\mu_4}(A)=\overline{\mu_4(A)}$.

证明 由定义 10.3 与定义 10.6 可直接得到.

定理 10.6 称映射 $f:X\to\boldsymbol{L}^{(4)}$, $f(x)=(g(x),h(x),u(x),v(x))$ 为 $\boldsymbol{L}^{(4)}$-可测的当且仅当 $\boldsymbol{L}$-值函数 $g,h,u,v:X\to\boldsymbol{L}$ 是 $\boldsymbol{L}$-可测的.

证明 若 g,h,u,v 是 $\boldsymbol{L}$-可测的, 则由定义 10.4 可得, 对于 $\alpha\in L$, 有

$$G^\alpha,\quad G_\alpha,\quad H^\alpha,\quad H_\alpha,\quad U^\alpha,\quad U_\alpha,\quad V^\alpha,\quad V_\alpha\in\mathcal{P}(X).$$

因此, 对于 $(\alpha,\beta,\gamma,\delta)\in\boldsymbol{L}^{(4)}$, 有

$$F_{(\alpha,\beta,\gamma,\delta)}=\{x|f(x)\geqslant(\alpha,\beta,\gamma,\delta)\}=\{x|g(x)\geqslant\alpha,h(x)\geqslant\beta,u(x)\leqslant\gamma,v(x)\leqslant\delta)\}$$

即

$$F_{(\alpha,\beta,\gamma,\delta)}=G_\alpha\cap H_\beta\cap U^\gamma\cap V^\delta.$$

进而可得

$$F_{(\alpha,\beta,\gamma,\delta)}\in\mathcal{P}(X).$$

类似地, 有

$$F^{(\alpha,\beta,\gamma,\delta)}\in\mathcal{P}(X).$$

此外, 如果 f 是 $\boldsymbol{L}^{(4)}$-可测函数, 则对任意 $(\alpha,\beta,\gamma,\delta)\in\boldsymbol{L}^{(4)}$, 有

$$F_{(\alpha,\beta,\gamma,\delta)}\in\mathcal{P}(X)\text{ 及 }F^{(\alpha,\beta,\gamma,\delta)}\in\mathcal{P}(X),$$

即有

$$G_\alpha \cap H_\beta \cap U^\gamma \cap V^\delta \in \mathcal{P}(X) \text{ 及 } G^\alpha \cap H^\beta \cap U_\gamma \cap V_\delta \in \mathcal{P}(X).$$

对任意 $\alpha \in \boldsymbol{L}$, 可得

$$(\alpha, 1_{\boldsymbol{L}}, 0_{\boldsymbol{L}}, 0_{\boldsymbol{L}}) \in \boldsymbol{L}^{(4)},$$

进而, 有

$$F^{(\alpha, 1_{\boldsymbol{L}}, 0_{\boldsymbol{L}}, 0_{\boldsymbol{L}})} \in \mathcal{P}(X),$$

即

$$G^\alpha \cap H^1 \cap U_{0_{\boldsymbol{L}}} \cap V_{0_{\boldsymbol{L}}} = G^\alpha \cap \mathcal{P}(X) = G^\alpha \in \mathcal{P}(X).$$

类似地, 因为对任意 $\alpha \in \boldsymbol{L}$, 有

$$(0_{\boldsymbol{L}}, 0_{\boldsymbol{L}}, \alpha, 1_{\boldsymbol{L}}) \in \boldsymbol{L}^{(4)},$$

进而可得

$$F_{(0_{\boldsymbol{L}}, 0_{\boldsymbol{L}}, \alpha, 1_{\boldsymbol{L}})} = U^\alpha \in \mathcal{P}(X).$$

因对任意 $x \in X$, 有

$$g(x) \leqslant h(x),$$

即

$$h(x) \leqslant \alpha \Rightarrow g(x) \leqslant \alpha,$$

$$g(x) \geqslant \alpha \Rightarrow h(x) \geqslant \alpha,$$

可得

$$H^\alpha \subset G^\alpha, \quad G_\alpha \subset H_\alpha.$$

因此, 对任意 $\alpha \in \boldsymbol{L}$, 可得

$$F^{(\alpha_{\boldsymbol{L}}, \alpha_{\boldsymbol{L}}, 0_{\boldsymbol{L}}, 0_{\boldsymbol{L}})} = H^\alpha \in \mathcal{P}(X), \quad F_{(\alpha_{\boldsymbol{L}}, \alpha_{\boldsymbol{L}}, 0_{\boldsymbol{L}}, 0_{\boldsymbol{L}})} = G_\alpha \in \mathcal{P}(X).$$

另外, 对任意 $x \in X$, 有

$$h(x) \leqslant \bar{v}(x),$$

进而可得

$$\bar{v}(x) \leqslant \bar{\alpha} \Rightarrow h(x) \leqslant \bar{\alpha},$$

即

$$v(x) \geqslant \alpha \Rightarrow h(x) \leqslant \bar{\alpha}.$$

进而, 可得

$$V_\alpha \subset H^{\bar{\alpha}} \subset G^{\bar{\alpha}}.$$

因此, 对 $\alpha \in \boldsymbol{L}$, 有

$$F^{(\bar{\alpha},\bar{\alpha},0_{\boldsymbol{L}},\alpha)} = V_\alpha \in \mathcal{P}(X).$$

又因对任意 $x \in X$, 有

$$u(x) \leqslant v(x)$$

可得, 对 $\alpha \in \boldsymbol{L}$, 有

$$U_\alpha \subset V_\alpha, \quad V^\alpha \subset U^\alpha.$$

因此, 有

$$F^{(\bar{\alpha},\bar{\alpha},\alpha,\alpha)} = G^{\bar{\alpha}} \cap H^{\bar{\alpha}} \cap U_\alpha \cap V_\alpha = U_\alpha \cap V_\alpha = U_\alpha \in \mathcal{P}(X),$$

$$F_{(0_{\boldsymbol{L}},0_{\boldsymbol{L}},\alpha,\alpha)} = V^\alpha \cap U^\alpha = V^\alpha \in \mathcal{P}(X).$$

对于任意 $x \in X$, 有

$$h(x) \leqslant \bar{v}(x),$$

可得对于任意 $\alpha \in \boldsymbol{L}$,

$$H_\alpha \subset V^{\bar{\alpha}}.$$

又因对于任意 $\alpha \in \boldsymbol{L}$, 有

$$V^{\bar{\alpha}} \subset U^{\bar{\alpha}},$$

进而有

$$F_{(0_{\boldsymbol{L}},\alpha,\bar{\alpha},\bar{\alpha})} = H_\alpha \cap U^{\bar{\alpha}} \cap V^{\bar{\alpha}} = H_\alpha \in \mathcal{P}(X).$$

至此, 对任意 $\alpha \in \boldsymbol{L}$, 有

$$G^\alpha, G_\alpha, H^\alpha, H_\alpha, U^\alpha, U_\alpha, V^\alpha,\ V_\alpha \in \mathcal{P}(X),$$

即 $g, h, u, v : X \to \boldsymbol{L}$ 是 $\boldsymbol{L}$-可测的, 证毕.

定理 10.7 设 $\mu : \mathcal{A} \to \boldsymbol{L}^{(4)}$, $\mu(A) = (\mu_1(A), \mu_2(A), \mu_3(A), \mu_4(A))$ 是 $\boldsymbol{L}^{(4)}$-非可加测度, $f : X \to \boldsymbol{L}^{(4)}$, $f(x) = (g(x), h(x), u(x), v(x))$ 是 $\boldsymbol{L}^{(4)}$-可测映射, 则函数 f 关于 μ 的 Sugeno 积分定义为

$$(\mathrm{S}) \int_{\boldsymbol{L}^{(4)}} f \mathrm{d}\mu = \left((\mathrm{S}) \int_{\boldsymbol{L}} g \mathrm{d}\mu_1, (\mathrm{S}) \int_{\boldsymbol{L}} h \mathrm{d}\mu_2, \overline{(\mathrm{S}) \int_{\boldsymbol{L}} \bar{u} \mathrm{d}\overline{\mu_3}}, \overline{(\mathrm{S}) \int_{\boldsymbol{L}} \bar{v} \mathrm{d}\overline{\mu_4}} \right),$$

其中, $\bar{\cdot} : \boldsymbol{L} \to \boldsymbol{L}$ 是 $\boldsymbol{L}$ 上的否定算子.

证明 由定义 10.5 可得

$$
\begin{aligned}
(\mathrm{S})\int_{\boldsymbol{L}^{(4)}} f\mathrm{d}\mu &= \bigvee_{(\alpha,\beta,\gamma,\delta)\in\boldsymbol{L}^{(4)}}[(\alpha,\beta,\gamma,\delta)\wedge\mu(F_{(\alpha,\beta,\gamma,\delta)})]\\
&= \bigvee_{(\alpha,\beta,\gamma,\delta)\in\boldsymbol{L}^{(4)}}[(\alpha,\beta,\gamma,\delta)\wedge\big(\mu_1(F_{(\alpha,\beta,\gamma,\delta)}),\\
&\quad \mu_2(F_{(\alpha,\beta,\gamma,\delta)}),\mu_3(F_{(\alpha,\beta,\gamma,\delta)}),\mu_4(F_{(\alpha,\beta,\gamma,\delta)})\big)]\\
&= \bigvee_{(\alpha,\beta,\gamma,\delta)\in\boldsymbol{L}^{(4)}}[\alpha\wedge\mu_1(F_{(\alpha,\beta,\gamma,\delta)}),\beta\wedge\mu_2(F_{(\alpha,\beta,\gamma,\delta)}),\\
&\quad \gamma\vee\mu_3(F_{(\alpha,\beta,\gamma,\delta)}),\delta\vee\mu_4(F_{(\alpha,\beta,\gamma,\delta)})].\\
&= \Big(\bigvee_{(\alpha,\beta,\gamma,\delta)\in\boldsymbol{L}^{(4)}}[\alpha\wedge\mu_1(F_{(\alpha,\beta,\gamma,\delta)})],\bigvee_{(\alpha,\beta,\gamma,\delta)\in\boldsymbol{L}^{(4)}}[\beta\wedge\mu_2(F_{(\alpha,\beta,\gamma,\delta)})],\\
&\quad \bigwedge_{(\alpha,\beta,\gamma,\delta)\in\boldsymbol{L}^{(4)}}[\gamma\vee\mu_3(F_{(\alpha,\beta,\gamma,\delta)})],\bigwedge_{(\alpha,\beta,\gamma,\delta)\in\boldsymbol{L}^{(4)}}[\delta\vee\mu_4(F_{(\alpha,\beta,\gamma,\delta)})]\Big).
\end{aligned}
$$

因 $\mu_1:\mathcal{A}\to\boldsymbol{L}$ 是关于集合包含关系的非减函数, 由

$$F_{(\alpha,\beta,\gamma,\delta)}=G_\alpha\cap H_\beta\cap U^\gamma\cap V^\delta\subset G_\alpha$$

可得

$$\mu_1(F_{(\alpha,\beta,\gamma,\delta)})\leqslant\mu_1(G_\alpha),$$

即

$$\bigvee_{(\alpha,\beta,\gamma,\delta)\in\boldsymbol{L}^{(4)}}[\alpha\wedge\mu_1(F_{(\alpha,\beta,\gamma,\delta)})]\leqslant\bigvee_{(\alpha,\beta,\gamma,\delta)\in\boldsymbol{L}^{(4)}}[\alpha\wedge\mu_1(G_\alpha)]=\bigvee_{\alpha\in\boldsymbol{L}}[\alpha\wedge\mu_1(G_\alpha)].$$

类似地, 因 μ_2 也为不减函数, 由

$$F_{(\alpha,\beta,\gamma,\delta)}\subset H_\beta$$

可得

$$\bigvee_{(\alpha,\beta,\gamma,\delta)\in\boldsymbol{L}^{(4)}}[\beta\wedge\mu_2(F_{(\alpha,\beta,\gamma,\delta)})]\leqslant\bigvee_{\beta\in\boldsymbol{L}}[\beta\wedge\mu_2(H_\beta)].$$

因 μ_3 是非增函数, 由

$$F_{(\alpha,\beta,\gamma,\delta)}\subset U^\gamma$$

可得

$$\mu_3(F_{(\alpha,\beta,\gamma,\delta)})\geqslant\mu_3(U^\gamma),$$

则

$$\bigwedge_{(\alpha,\beta,\gamma,\delta)\in\boldsymbol{L}^{(4)}}[\gamma\vee\mu_3(F_{(\alpha,\beta,\gamma,\delta)})]\geqslant\bigwedge_{\gamma\in\boldsymbol{L}}[\gamma\vee\mu_3(U^\gamma)].$$

类似地, 有

$$\bigwedge_{(\alpha,\beta,\gamma,\delta)\in\boldsymbol{L}^{(4)}}[\delta\vee\mu_4(F_{(\alpha,\beta,\gamma,\delta)})]\geqslant\bigwedge_{\delta\in\boldsymbol{L}}[\delta\vee\mu_4(V^\gamma)].$$

即有

$$\int_{L^{(4)}} f\mathrm{d}\mu \leqslant \left(\bigvee_{\alpha\in L}[\alpha\wedge\mu_1(G_\alpha)], \bigvee_{\beta\in L}[\beta\wedge\mu_2(H_\beta)], \bigwedge_{\gamma\in L}[\gamma\vee\mu_3(U^\gamma)], \bigwedge_{\sigma\in L}[\sigma\vee\mu_4(V^\sigma)]\right).$$

此外, 从定理 10.5 证明过程, 对任意 $\alpha\in L$, 有

$$H^\alpha\subset G^\alpha,\quad G_\alpha\subset H_\alpha,\quad V_\alpha\subset H^{\bar\alpha}\subset G^{\bar\alpha},\quad U_\alpha\subset V_\alpha,\quad V^\alpha\subset U^\alpha,\quad H_\alpha\subset V^{\bar\alpha}.$$

因此, 对任意 $\alpha\in L$, 有

$$\begin{aligned}
&G_\alpha\subset H_\alpha\subset V^{\bar\alpha}\subset U^{\bar\alpha},\\
&G_{\bar\alpha}\subset H_{\bar\alpha}\subset V^\alpha\subset U^\alpha,\\
&U_\alpha\subset V_\alpha\subset H^{\bar\alpha}\subset G^{\bar\alpha},\\
&U_{\bar\alpha}\subset V_{\bar\alpha}\subset H^\alpha\subset G^\alpha,
\end{aligned}$$

则

$$\begin{aligned}
\bigvee_{\alpha\in L}[\alpha\wedge\mu_1(G_\alpha)] &= \bigvee_{\alpha\in L}[\alpha\wedge\mu_1(G_\alpha\cap H_\alpha\cap V^{\bar\alpha}\cap U^{\bar\alpha})]\\
&= \bigvee_{(\alpha,\alpha,\bar\alpha,\bar\alpha)\in L^{(4)}}[\alpha\wedge\mu_1(G_\alpha\cap H_\alpha\cap V^{\bar\alpha}\cap U^{\bar\alpha})]\\
&\leqslant \bigvee_{(\alpha,\beta,\gamma,\delta)\in L^{(4)}}[\alpha\wedge\mu_1(G_\alpha\cap H_\beta\cap V^\gamma\cap U^\delta)]\\
&= \bigvee_{(\alpha,\beta,\gamma,\delta)\in L^{(4)}}[\alpha\wedge\mu_1(F_{(\alpha,\beta,\gamma,\delta)})],
\end{aligned}$$

$$\begin{aligned}
\bigvee_{\beta\in L}[\beta\wedge\mu_2(H_\beta)] &= \bigvee_{\beta\in L}[\beta\wedge\mu_2(G_{0_L}\cap H_\beta\cap V^{\bar\beta}\cap U^{\bar\beta})]\\
&= \bigvee_{(0_L,\beta,\beta,\beta)\in L^{(4)}}[\beta\wedge\mu_2(G_{0_L}\cap H_\beta\cap V^{\bar\beta}\cap U^{\bar\beta})]\\
&\leqslant \bigvee_{(\alpha,\beta,\gamma,\delta)\in L^{(4)}}[\beta\wedge\mu_2(G_\alpha\cap H_\beta\cap V^\gamma\cap U^\delta)]\\
&= \bigvee_{(\alpha,\beta,\gamma,\delta)\in L^{(4)}}[\beta\wedge\mu_2(F_{(\alpha,\beta,\gamma,\delta)})],
\end{aligned}$$

$$\begin{aligned}
\bigwedge_{\delta\in L}[\delta\vee\mu_4(V^\delta)] &= \bigwedge_{\delta\in L}[\delta\vee\mu_4(G_{0_L}\cap H_{0_L}\cap V^\delta\cap U^\delta)]\\
&= \bigwedge_{(0_L,0_L,\delta,\delta)\in L^{(4)}}[\delta\vee\mu_4(G_{0_L}\cap H_{0_L}\cap V^\delta\cap U^\delta)]\\
&\geqslant \bigwedge_{(\alpha,\beta,\gamma,\delta)\in L^{(4)}}[\delta\vee\mu_4(G_\alpha\cap H_\beta\cap V^\gamma\cap U^\delta)]\\
&= \bigwedge_{(\alpha,\beta,\gamma,\delta)\in L^{(4)}}[\delta\vee\mu_4(F_{(\alpha,\beta,\gamma,\delta)})],
\end{aligned}$$

$$\begin{aligned}
\bigwedge_{\gamma\in L}[\gamma\vee\mu_3(U^\gamma)] &= \bigwedge_{\gamma\in L}[\gamma\vee\mu_3(G_{0_L}\cap H_{0_L}\cap V^\gamma\cap U^{1_L})]\\
&= \bigwedge_{(0_L,0_L,\gamma,1_L)\in L}[\gamma\vee\mu_3(G_{0_L}\cap H_{0_L}\cap V^\gamma\cap U^{1_L})]\\
&\geqslant \bigwedge_{(\alpha,\beta,\gamma,\delta)\in L^{(4)}}[\gamma\vee\mu_3(G_\alpha\cap H_\beta\cap V^\gamma\cap U^\delta)]\\
&= \bigwedge_{(\alpha,\beta,\gamma,\delta)\in L^{(4)}}[\gamma\vee\mu_3(F_{(\alpha,\beta,\gamma,\delta)})].
\end{aligned}$$

因此, 有

$$\int_{\boldsymbol{L}^{(4)}} f\mathrm{d}\mu \geqslant \left(\bigvee_{\alpha\in\boldsymbol{L}}[\alpha\wedge\mu_1(G_\alpha)], \bigvee_{\beta\in\boldsymbol{L}}[\beta\wedge\mu_2(H_\beta)], \bigwedge_{\gamma\in\boldsymbol{L}}[\gamma\vee\mu_3(U^\gamma)], \bigwedge_{\sigma\in\boldsymbol{L}}[\sigma\vee\mu_4(V^\sigma)]\right).$$

进而, 有

$$\int_{\boldsymbol{L}^{(4)}} f\mathrm{d}\mu = \left(\bigvee_{\alpha\in\boldsymbol{L}}[\alpha\wedge\mu_1(G_\alpha)], \bigwedge_{\beta\in\boldsymbol{L}}[\beta\wedge\mu_2(H_\beta)], \bigwedge_{\gamma\in\boldsymbol{L}}[\gamma\vee\mu_3(U^\gamma)], \bigwedge_{\sigma\in\boldsymbol{L}}[\sigma\vee\mu_4(V^\sigma)]\right).$$

由定义 10.5, 可得

$$\int_{\boldsymbol{L}} g\mathrm{d}\mu_1 = \bigvee_{\alpha\in\boldsymbol{L}}[\alpha\wedge\mu_1(G_\alpha)],$$

$$\int_{\boldsymbol{L}} h\mathrm{d}\mu_2 = \bigvee_{\beta\in\boldsymbol{L}}[\beta\wedge\mu_2(G_\beta)].$$

由定义 10.5 与定义 10.6 可得

$$\begin{aligned}\overline{\int_{\boldsymbol{L}} \bar{u}\mathrm{d}\overline{\mu_3}} &= \overline{\bigvee_{\gamma\in\boldsymbol{L}}[\gamma\wedge\overline{\mu_3(\overline{u(x)}\geqslant\gamma)}]} = \bigwedge_{\gamma\in\boldsymbol{L}}[\bar{\gamma}\vee\mu_3(\overline{u(x)}\geqslant\gamma)] = \bigwedge_{\gamma\in\boldsymbol{L}}[\bar{\gamma}\vee\mu_3(u(x)\leqslant\bar{\gamma})]\\ &= \bigwedge_{\bar{\gamma}\in\boldsymbol{L}}[\bar{\gamma}\vee\mu_3(u(x)\leqslant\bar{\gamma})] = \bigwedge_{\gamma\in\boldsymbol{L}}[\gamma\vee\mu_3(u(x)\leqslant\gamma)] = \bigwedge_{\gamma\in\boldsymbol{L}}[\gamma\vee\mu_3(U^\gamma)].\end{aligned}$$

类似地, 有

$$\overline{\int_{\boldsymbol{L}} \bar{v}\mathrm{d}\overline{\mu_4}} = \bigwedge_{\sigma\in\boldsymbol{L}}[\sigma\wedge\mu_4(V^\sigma)].$$

因此, 有

$$\int_{\boldsymbol{L}^{(4)}} f\mathrm{d}\mu = \left(\int_{\boldsymbol{L}} g\mathrm{d}\mu_1, \int_{\boldsymbol{L}} h\mathrm{d}\mu_2, \overline{\int_{\boldsymbol{L}} \bar{u}\mathrm{d}\overline{\mu_3}}, \overline{\int_{\boldsymbol{L}} \bar{v}\mathrm{d}\overline{\mu_4}}\right).$$

由上述的组合分解定理的证明过程, 可得推论 10.2.

推论 10.2 设 $\mu: \mathcal{A}\to\boldsymbol{L}^{(4)}$, $\mu(A)=(\mu_1(A),\mu_2(A),\mu_3(A),\mu_4(A))$ 是 $\boldsymbol{L}^{(4)}$-非可加测度, $f: X\to\boldsymbol{L}^{(4)}$, $f(x)=(g(x),h(x),u(x),v(x))$ 是 $\boldsymbol{L}^{(4)}$-可测映射, 则

$$\int_{\boldsymbol{L}^{(4)}} f\mathrm{d}\mu = \left(\bigwedge_{\alpha\in\boldsymbol{L}}[\alpha\wedge\mu_1(G_\alpha)], \bigvee_{\beta\in\boldsymbol{L}}[\beta\wedge\mu_2(H_\beta)], \bigwedge_{\gamma\in\boldsymbol{L}}[\gamma\vee\mu_3(U)^\gamma], \bigwedge_{\sigma\in\boldsymbol{L}}[\sigma\vee\mu_4(V^\sigma)]\right).$$

10.3.2 区间直觉模糊值 Sugeno 积分

若 $\boldsymbol{L}=[0,1]$, 且定义否定算子 $\bar{\cdot}: \boldsymbol{L}\to\boldsymbol{L}$ 为 $\forall\alpha\in[0,1]$, $\bar{\alpha}=1-\alpha$, 则

$$\boldsymbol{L}^{(4)}=\{(\alpha,\beta,\gamma,\delta)|\alpha,\beta,\gamma,\delta\in[0,1],\alpha\leqslant\beta,\gamma\leqslant\delta,\beta\leqslant1-\delta\},$$

显然, $\boldsymbol{L}^{(4)}$ 与由所有直觉模糊值构成的集合 $\boldsymbol{L}^{\mathrm{IIFV}}$ 同构.

定义

$$\boldsymbol{L}^{\mathrm{IIFV}}=\{([\alpha,\beta],[\gamma,\delta])|[a,b],[c,d]\in D[0,1],b\leqslant1-d\}$$

对所有 $([\alpha_1,\beta_1],[\gamma_1,\delta_1]),([\alpha_2,\beta_2],[\gamma_2,\delta_2])\in \boldsymbol{L}^{\mathrm{IIFV}}$, 且定义如下运算与关系:

$$([\alpha_1,\beta_1],[\gamma_1,\delta_1])\curlyvee([\alpha_2,\beta_2],[\gamma_2,\delta_2])=([\alpha_1,\beta_1]\curlyvee[\alpha_2,\beta_2],[\gamma_1,\delta_1]\curlywedge[\gamma_2,\delta_2]),$$

$$([\alpha_1,\beta_1],[\gamma_1,\delta_1])\curlywedge([\alpha_2,\beta_2],[\gamma_2,\delta_2])=([\alpha_1,\beta_1]\curlywedge[\alpha_2,\beta_2],[\gamma_1,\delta_1]\curlywedge[\gamma_2,\delta_2]),$$

$$([\alpha_1,\beta_1],[\gamma_1,\delta_1])\precsim([\alpha_2,\beta_2],[\gamma_2,\delta_2])=([\alpha_1,\beta_1]\precsim[\alpha_2,\beta_2],[\gamma_1,\delta_1]\precsim[\gamma_2,\delta_2]).$$

进而, 基于运算 “$\curlywedge,\curlyvee,\precsim$”, 区间直觉模糊值可测函数 $f:X\to\boldsymbol{L}^{\mathrm{IIFV}}$ 关于区间直觉模糊值非可加测度 $\mu:\mathcal{P}(X)\to\boldsymbol{L}^{\mathrm{IIFV}}$ 的区间直觉模糊值 Sugeno 积分可定义为

$$(\mathrm{S})\int_{\boldsymbol{L}^{\mathrm{IIFV}}} f\mathrm{d}\mu=\underset{([\alpha,\beta],[\gamma,\sigma])\in\boldsymbol{L}^{\mathrm{IIFV}}}{\curlyvee},[(([\alpha,\beta],[\gamma,\delta])\curlywedge\mu(F_{([\alpha,\beta],[\gamma,\sigma])})].$$

由定理 10.7 及推论 10.2, 可得区间直觉模糊值 Sugeno 积分的离散形式.

若 X 为非空有限集合, $\mu:\mathcal{P}(\mathcal{X})\to\boldsymbol{L}^{\mathrm{IIFV}}$, $\mu(S)=([\mu_1(S),\mu_2(S)],[\mu_3(S),\mu_4(S)])$ 为 X 上区间直觉模糊值非可加测度, $f:X\to\boldsymbol{L}^{\mathrm{IIFV}}$, $f(x)=([g(x),h(x)],[u(x),v(x)])$ 为区间直觉模糊值函数, 则函数 f 关于 μ 的区间直觉模糊值 Sugeno 积分的离散形式可表示为

$$\begin{aligned}S^{\mathrm{IIFV}}(f_1,\cdots,f_n)=\bigg(\Big[&\bigvee_{i=1}^{n}(g_{\pi(i)}\wedge\mu_1(\{x_{\pi(i)},\cdots,x_{\pi(n)}\})),\\&\bigvee_{i=1}^{n}(h_{\pi'(i)}\wedge\mu_2(\{x_{\pi'(i)},\cdots,x_{\pi'(n)}\}))\Big],\\&\Big[\bigwedge_{i=1}^{n}(u_{\pi''(i)}\vee\mu_3(\{x_{\pi''(1)},\cdots,x_{\pi''(i)}\})),\\&\bigwedge_{i=1}^{n}(v_{\pi'''(i)}\vee\mu_4(\{x_{\pi'''(1)},\cdots,x_{\pi'''(i)}\}))\Big]\bigg),\end{aligned}$$

其中, π, π', π, π 为 X 上的置换, 使得

$$\begin{aligned}&g_{\pi(1)}\leqslant\cdots\leqslant g_{\pi(n)}, &&h_{\pi'(1)}\leqslant\cdots\leqslant h_{\pi'(n)},\\&u_{\pi''(1)}\leqslant\cdots\leqslant u_{\pi''(n)}, &&v_{\pi'''(1)}\leqslant\cdots\leqslant v_{\pi'''(n)}.\end{aligned}$$

不难验证, 区间直觉模糊 Sugeno 积分的离散形式具有幂等性及基于关系 “$\precsim$” 的单调性等集成性质, 因此, 可以将其作为集成函数应用于区间直觉模糊信息环境下多准则决策分析.

10.3.3 基于区间直觉模糊值 Sugeno 积分的多准则决策方法

区间直觉模糊集对模糊集进行了两次拓展, 能够更加灵活、合理地描述和刻画多属性决策问题的模糊性及关联性.

下面给出基于 Sugeno 积分的区间直觉模糊多准则决策分析方法的具体步骤.

步骤 1 确定决策准则集的区间值模糊值重要性测度.

在现实的决策中, 决策者和专家很难明确地给出各准则的相对重要程度, 其评价结果很难用一个精确的数值或模糊数来表示. 大多数情况下, 决策准则的相对重要程度和不重要程度之间的确定过程都存在一定的犹豫度或不确定性. 因此, 利用区间直觉模糊集来确定准则的权重更能有效地表述决策问题的模糊性和不确定性, 同时减轻决策难度.

为了充分体现决策准则间存在的关联性, 需要对决策准则集的每个子集 $S\subset X$ 赋一个区间直觉模糊值

$$\mu(S)=([\mu_1(S),\mu_2(S)],[\mu_3(S),\mu_4(S)]),$$

其中, $[\mu_1(S),\mu_2(S)]$, $[\mu_3(S),\mu_4(S)]$ 分别表示准则集 S 的重要程度和不重要程度, 且满足 $\mu_2(S)+\mu_4(S)\leqslant 1$. 显然, 区间 $[1-\mu_1(S)-\mu_3(S),1-\mu_2(S)-\mu_4(S)]$ 表示犹豫程度.

如果得到某准则子集的重要程度为精确值 $\alpha\in[0,1]$, 可令其重要性测度为

$$([\alpha,\alpha],[1-\alpha,1-\alpha]),\quad \text{或}([\alpha-\varepsilon,\alpha+\varepsilon],[1-\alpha-\varepsilon,1-\alpha+\varepsilon]),$$

其中, ε 是相对 α 较小的正数, 进而将精确值转换为区间直觉模糊值.

显然, 空集 $\varnothing$ 不含任何准则, 其重要性测度为 $([0,0],[1,1])$. 全集 X 的重要性测度为 $([1,1],[0,0])$. 此外, 若准则集 S 中的准则元素都包含在准则集 T 内, 即 $S\subset T$, 则 S 的重要程度小于 T, T 非重要程度要小于 S, 即有

$$[\mu_1(S),\mu_2(S)]\precsim[\mu_1(T),\mu_2(T)],\quad [\mu_3(S),\mu_4(S)]\succsim[\mu_3(T),\mu_4(T)].$$

进而, 确定出的决策准则集 X 上的区间直觉模糊值非可加测度来描述决策的重要性及其间的交互作用.

步骤 2 构建区间直觉模糊多准则决策矩阵.

利用区间直觉模糊值表示各候选方案评价分值, 设某候选方案在某决策准则上的评价值为区间直觉模糊值 $([\alpha,\beta],[\gamma,\delta])$, 则表示该候选方案在该决策上隶属于 “优秀” 等级的程度值为区间 $[\alpha,\beta]$ 中一值, 不隶属于 “优秀” 等级的程度为区间 $[\gamma,\delta]$ 中一值. 进而得到区间直觉模糊多准则决策矩阵.

步骤 3 利用区间直觉模糊值 Sugeno 积分对决策矩阵信息进行融合集成, 得到各候选方案的综合评价分值. 因多准则决策问题涉及的论域是有限的, 故可以用区间直觉模糊值 Sugeno 积分的离散形式来简化计算.

步骤 4 对各候选方案的综合评价值进行排序.

利用关系 “$\precsim$” 对综合评价值进行排序. 如各综合评价值不满足关系 “$\precsim$”, 则可利用如下方法进行排序: 首先, 比较区间直觉模糊值 $([\alpha,\beta],[\gamma,\delta])$ 的记分函数值

$\alpha+\beta-\gamma-\delta$, 值越大越优. 其次, 若记分函数相等, 比较其精确函数值 $\alpha+\beta+\gamma+\delta$, 值越小越优.

下面以数值算例对上述方法进行说明.

某制造公司欲确定某关键部件的供应商, 现有 4 家供应商 y_1, y_2, y_3, y_4 可选, 根据 4 个决策准则对供应商进行评价:

产品价格 x_1, 产品质量 x_2, 售后维修服务水平 x_3, 供应商信誉 x_4.

专家组根据已有的经验知识, 最终给定决策准则集的区间直觉模糊值非可加测度为

$$\mu(\varnothing)=([0,0],[1,1]),\quad \mu(\{x_1\})=([0.1,0.2],[0.6,0.7]),$$
$$\mu(\{x_2\})=([0.2,0.3],[0.6,0.6]),\quad \mu(\{x_3\})=([0.2,0.2],[0.5,0.7]),$$
$$\mu(\{x_4\})=([0.1,0.1],[0.7,0.8]),\quad \mu(\{x_1,x_2\})=([0.3,0.5],[0.5,0.5]),$$
$$\mu(\{x_1,x_3\})=([0.3,0.6],[0.4,0.4]),\quad \mu(\{x_1,x_4\})=([0.2,0.3],[0.5,0.7]),$$
$$\mu(\{x_2,x_3\})=([0.5,0.6],[0.3,0.4]),\quad \mu(\{x_2,x_4\})=([0.2,0.4],[0.5,0.6]),$$
$$\mu(\{x_3,x_4\})=([0.3,0.3],[0.5,0.5]),\quad \mu(\{x_1,x_2,x_3\})=([0.7,0.8],[0.1,0.2]),$$
$$\mu(\{x_1,x_2,x_4\})=([0.5,0.7],[0.2,0.3]),\quad \mu(\{x_1,x_3,x_4\})=([0.6,0.6],[0.3,0.4]),$$
$$\mu(\{x_2,x_3,x_4\})=([0.8,0.9],[0.1,0.1]),\quad \mu(\{x_1,x_2,x_3,x_4\})=([1,1],[0,0]).$$

各供应商对各决策准则的 “优秀” 等级的满足与不满足程度用区间直觉模糊值表示, 可得如下决策矩阵:

$$\tilde{\boldsymbol{D}}=\begin{bmatrix}([0.2,0.5],[0.4,0.5]) & ([0.3,0.4],[0.3,0.4]) & ([0.3,0.4],[0.4,0.6]) & ([0.3,0.4],[0.4,0.5])\\ ([0.4,0.7],[0.0,0.2]) & ([0.9,1.0],[0.0,0.0]) & ([0.7,0.8],[0.0,0.1]) & ([0.8,0.9],[0.0,0.1])\\ ([0.3,0.4],[0.3,0.5]) & ([0.5,0.8],[0.1,0.2]) & ([0.5,0.6],[0.2,0.4]) & ([0.5,0.6],[0.2,0.3])\\ ([0.4,0.5],[0.2,0.3]) & ([0.7,0.8],[0.0,0.1]) & ([0.6,0.7],[0.1,0.3]) & ([0.7,0.8],[0.1,0.2])\end{bmatrix}.$$

利用区间直觉模糊值 Sugeno 积分的离散形式对各供应商的综合评价值 $\tilde{e}_1, \tilde{e}_2, \tilde{e}_3, \tilde{e}_4$. 例如, y_1 的综合评价值为

$$\begin{aligned}\tilde{e}_1 &= S^{\mathrm{IIFV}}(([0.2,0.5],[0.4,0.5])\ ([0.3,0.4],[0.3,0.4])\\ &\qquad ([0.3,0.4],[0.4,0.6])\ ([0.3,0.4],[0.4,0.5]))\\ &=([(0.2\wedge 1)\vee(0.3\wedge 0.8)\vee(0.3\wedge 0.3)\vee(0.3\wedge 0.1),\\ &\quad (0.4\wedge 1)\vee(0.4\wedge 0.8)\vee(0.4\wedge 0.5)\vee(0.5\wedge 0.2)],\\ &\quad [(0.3\vee 0.6)\wedge(0.4\vee 0.5)\wedge(0.4\vee 0.1)\wedge(0.4\vee 0),\\ &\quad (0.4\vee 0.6)\wedge(0.5\vee 0.5)\wedge(0.5\vee 0.3)\wedge(0.6\vee 0)])\\ &=([0.3,0.4],[0.4,0.5]).\end{aligned}$$

类似地, 可得

$$\tilde{e}_2 = ([0.7, 0.8], [0.0, 0.0]), \quad \tilde{e}_3 = ([0.5, 0.6], [0.2, 0.4]), \quad \tilde{e}_4 = ([0.6, 0.7], [0.1, 0.3]).$$

进而可得, 4 家供应商的排序为

$$y_2 \succ y_4 \succ y_3 \succ y_1.$$

直觉模糊集是对传统模糊集合的一种拓展, 利用隶属度函数与非隶属度函数可以灵活处理复杂决策环境中的不确定及模糊性. 本章基于格值 Sugeno 积分及其组合分解定理, 依据格上的 “$\curlyvee, \curlywedge, \precsim$” 运算, 定义了区间值 Sugeno 积分、直觉模糊值 Sugeno 积分以及区间直觉模糊值 Sugeno 积分, 研究了它们与传统的 Sugeno 积分之间的组合分解关系. 直觉模糊值 Sugeno 积分与区间直觉模糊值 Sugeno 积分的离散形式可作为集成函数应用于不确定信息环境下的关联多准则决策分析.

第四部分 Choquet 积分理论拓展与决策应用

Choquet 积分的拓展情况类似于 Sugeno 积分的拓展, 也可以归结为两类: 一是将传统的加、减运算进行拓展, 如替换为 t-余模或 t-模, 得到类 Choquet 积分; 二是将其值域进行拓展, 进而得到集值 Choquet 积分[89,90]、区间值 Choquet 积分[91,92]、模糊值 Choquet 积分[93−96] 以及直觉模糊值 Choquet 积分[97,98,165]. 此外, 对 Choquet 积分的拓展还有一特殊的方向, 即基于非单调非可加测度 Choquet 积分的拓展.

本篇介绍区间值、模糊值、直觉模糊值 Choquet 积分和非单调 Choquet 积分的拓展情况, 以及基于这些积分的多准则决策分析方法与应用.

第 11 章　区间值与模糊值 Choquet 积分

类似于第 9 章所给出的 Sugeno 积分拓展方式, Choquet 积分也可以被拓展并得到实值可测函数关于区间值与模糊值非可加测度的 Choquet 积分、区间值和模糊值可测函数关于非可加测度的 Choquet 积分, 以及区间值和模糊值可测函数关于区间值与模糊值非可加测度的 Choquet 积分.

本章介绍最后一种拓展形式的定义与性质, 以及其决策应用实例.

11.1　区间值与模糊值 Choquet 积分的定义与性质

定义 11.1[2,53]　设 X 是一非空集合, 函数 $f: X \to R^+$ 是可测的, $f \in F(X)$, μ 是 X 上的非可加测度, $\mu \in M(X)$, 则 f 关于 μ 的 Choquet 积分定义为

$$(\mathrm{C}) \quad \int f \mathrm{d}\mu = \int_0^{\infty} \mu(\{x : f(x) \geqslant \alpha) \mathrm{d}\alpha = \int_0^{\infty} \mu(F_\alpha) \mathrm{d}\alpha.$$

定义 11.2[2,93−96]　设 X 是一非空集合, 区间值函数 $\bar{f}: X \to I(R^+)$ 是可测的, $\bar{\mu}$ 为 X 上的区间值非可加测度, $\bar{\mu} \in \bar{M}(X)$, 则 $\bar{f}$ 关于 $\bar{\mu}$ 的区间值 Choquet 积分定义为

$$(\mathrm{C}) \quad \int \bar{f} \mathrm{d}\bar{\mu} = \left\{ (\mathrm{C}) \int f \mathrm{d}\mu | \mu \in \bar{\mu}, g \in \bar{f} \text{ 且 } f: X \to R^+ \text{是可测的} \right\}.$$

定理 11.1[2,93−96]　设 X 是一非空集合, 区间值函数 $\bar{f}: X \to I(R^+)$ 是可测的, $\bar{\mu}$ 为 X 上的区间值非可加测度, $\bar{\mu} \in \bar{M}(X)$, 则

$$(\mathrm{C}) \int \bar{f} \mathrm{d}\bar{\mu} = \left[(\mathrm{C}) \int f^- \mathrm{d}\mu^-, (\mathrm{C}) \int f^+ \mathrm{d}\mu^+ \right].$$

定义 11.3[2,93−96]　设 X 是一非空集合, 模糊值函数 $\tilde{f}: X \to \tilde{R}^+$ 是可测的, $\tilde{\mu}$ 为 X 上的模糊值非可加测度, $\tilde{\mu} \in \tilde{M}(X)$, 则 $\tilde{f}$ 关于 $\tilde{\mu}$ 的模糊值 Choquet 积分定义为

$$(\mathrm{C}) \int \tilde{f} \mathrm{d}\tilde{\mu} = \cup_{0 \leqslant \alpha \leqslant 1} \left(\alpha (\mathrm{C}) \int \tilde{f}_\alpha \mathrm{d}\tilde{\mu}_\alpha \right),$$

其中, $\alpha\tilde{r}$ 的隶属度函数为 $\alpha \wedge \tilde{r}(r)$, $r \in R^+$.

定理 11.2[2,93−95]　设 X 是一非空集合, 模糊值函数 $\tilde{f}: X \to \tilde{R}^+$ 是可测的, $\tilde{\mu}$ 为 X 上的模糊值非可加测度, $\tilde{\mu} \in \tilde{M}(X)$, 则 $\tilde{f}$ 关于 $\tilde{\mu}$ 的 Choquet 积分的 α 水

平截集为

$$\left((\mathrm{C})\int \tilde{f}\,\mathrm{d}\tilde{\mu}\right)_{\alpha}=\left[(\mathrm{C})\int \tilde{f}_{\alpha}^{-}\,\mathrm{d}\tilde{\mu}_{\alpha}^{-},(\mathrm{C})\int \tilde{f}_{\alpha}^{+}\,\mathrm{d}\tilde{\mu}_{\alpha}^{+},\right].$$

定理 11.3[2,93−95] 设 X 是一非空集合, 模糊值函数 $\tilde{f}:X\to\tilde{R}^{+}$ 是可测的, $\tilde{\mu}$ 为 X 上的模糊值非可加测度, $\tilde{\mu}\in\tilde{M}(X)$, 若存在 $0\leqslant\alpha_1\leqslant\alpha_2\leqslant\cdots\leqslant\alpha_n\leqslant 1$, 则

$$\left((\mathrm{C})\int \tilde{f}\mathrm{d}\tilde{\mu}\right)_{\alpha_n}\subset\cdots\subset\left((\mathrm{C})\int \tilde{f}\mathrm{d}\tilde{\mu}\right)_{\alpha_2}\subset\left((\mathrm{C})\int \tilde{f}\mathrm{d}\tilde{\mu}\right)_{\alpha_1}.$$

定理 11.4[2,93−95] 设 X 是一非空集合, 模糊值函数 $\tilde{f}:X\to\tilde{R}^{+}$ 是可测的, $\tilde{\mu}$ 为 X 上的模糊值非可加测度, $\tilde{\mu}\in\tilde{M}(X)$, 则

$$(\mathrm{C})\int \tilde{f}\mathrm{d}\tilde{\mu}=\cup_{0\leqslant\alpha\leqslant 1}\left[(\mathrm{C})\int \tilde{f}_{\alpha}^{-}\mathrm{d}\tilde{\mu}_{\alpha}^{-},(\mathrm{C})\int \tilde{f}_{\alpha}^{+}\mathrm{d}\tilde{\mu}_{\alpha}^{+},\right].$$

根据定理 11.3 与定理 11.4 可以得到, $\alpha=0$ 和 $\alpha=1$ 的水平截集在模糊值 Choquet 积分求解过程中有非常重要的地位.

由于实值 Choquet 积分具有关于被积函数和非可加测度的双重单调性, 因此, 区间值与模糊值 Choquet 积分也有类似于实值 Choquet 积分的相关性质, 详见文献 [2], [93]-[95].

11.2 基于模糊值 Choquet 积分的决策实例分析

本节分析电子商店的服务质量评价问题 (改编自文献 [93]). 图 11.1 给出了服务质量评价层次指标体系. 在本问题中, 各准则的重要程度以及电子商店在某个准则上的评价值都用语言量来表示, 各语言量与梯形模糊数的对应关系如表 11.1 所示. 其中, 梯形模糊数 $\tilde{t}$ 可用向量 (a_l,a_b,a_c,a_r) 来表示, 其隶属度函数 $\tilde{t}(r)$ 如下 (可参见图 9.1(d)):

$$\tilde{t}(r)=\begin{cases}1, & r\in[a_b,a_c],\\ \dfrac{t-a_l}{a_b-a_l}, & r\in[a_l,a_b),\\ \dfrac{t-a_r}{a_c-a_r}, & r\in(a_c,a_r],\\ 0, & \text{其他}.\end{cases}$$

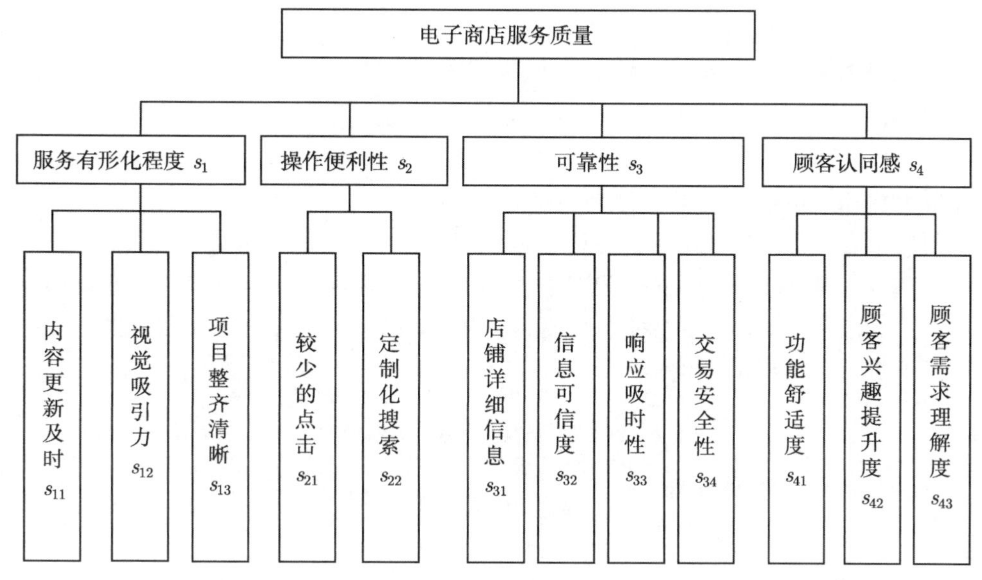

图 11.1 电子商店的服务质量评价指标体系

表 11.1 各语言量与梯形模糊数的对应关系

准则上的评价值		准则的重要程度		对应的梯形模糊数
标签	语言量	标签	语言量	
EL	极低	EU	极不重要	$(0, 0, 0, 0)$
VL	很低	VU	很不重要	$(0, 0.01, 0.02, 0.07)$
L	低	U	不重要	$(0.04, 0.1, 0.18, 0.23)$
SL	偏低	SU	略显不重要	$(0.17, 0.22, 0.36, 0.42)$
M	中	M	一般	$(0.32, 0.41, 0.58, 0.65)$
SH	偏高	SI	略显重要	$(0.58, 0.63, 0.8, 0.86)$
H	高	I	重要	$(0.72, 0.78, 0.92, 0.97)$
VH	很高	VI	很重要	$(0.93, 0.98, 0.98, 1)$
EH	极高	EI	极重要	$(1, 1, 1, 1)$

要形成某电子商店的综合评价值, 就需要层次集成过程. 首先, 依据指标体系对该商店进行评价, 得到该店在三级指标上的语言量 (梯形模糊数), 依据准则重要度 (语言量、梯形模糊数) 确定某组三级指标构成的集合上模糊值非可加测度 (简便起见, 采用 λ- 测度, 见 5.1.2 小节), 进而可采用模糊值 Choquet 积分来形成各二级指标上的评价值. 然后, 依据二级指标构成的集合上的模糊值非可加测度, 采用 Choquet 积分来集成得到该商店的综合评价值. 最后, 对所得综合评价值进行排序. 因梯形模糊值函数关于梯形模糊值非可加测度的 Choquet 积分仍然是梯形模糊数, 要对综合评价值进行排序, 可采用下面的去模糊化方法, 将梯形模糊数转化成均值

中心:

设梯形模糊数 $\tilde{t}=(a_l,a_b,a_c,a_r)$, 则其均值中心为

$$c(\tilde{t})=\frac{a_l+a_b+a_c+a_r}{4},$$

最终依据其均值中心对各梯形模糊数进行排序.

现假定有 86 名评价者对 3 家电子商店进行评价, 下面逐步说明决策过程.

步骤 1　所有评价者给出各准则的重要程度、商店在各准则上所提供服务水平的可接受范围, 以及评价者对 3 个商店在各准则上提供服务的评价值. 表 11.2 列出了某评价者所给出的评价信息.

表 11.2　某评价者给出的评价信息

准则	准则重要性	评价者可接受范围	各商店的评价值		
			商店 1	商店 2	商店 3
s_1	I				
s_{11}	M	[L, M]	SL	SL	L
s_{12}	SI	[L, SH]	SH	M	M
s_{13}	M	[SH, VH]	L	SH	SL
s_2	SI				
s_{21}	SI	[SL, H]	M	L	L
s_{22}	I	[M, SH]	VH	H	SH
s_3	VI				
s_{31}	I	[L, M]	M	M	M
s_{32}	SI	[SH, VH]	SH	SH	SL
s_{33}	SI	[M, H]	H	SL	L
s_{34}	M	[SL, SH]	H	M	SL
s_4	I				
s_{41}	I	[SL, SH]	VH	SL	L
s_{42}	SI	[M, VH]	SH	L	L
s_{43}	M	[M, H]	H	SH	M

步骤 2　收集 86 个评价者的评价信息, 并将各评价信息转换成相应的梯形模糊数, 再将各项对应的 86 个梯形模糊数, 取其算术平均值 (即 86 个梯形模糊数对应的四个顶点数值分别取算术平均值所得到梯形模糊数), 得到群体平均重要性和群体平均评价值, 如表 11.3 和表 11.4 所示.

下面需要利用模糊值 Choquet 积分来对各评价值进行集成, 生成最终综合评价值. 根据定理 11.3 与定理 11.4 可得, 只需对 $\alpha=0$ 和 $\alpha=1$ 的水平截集即可获得梯形模糊值评价值关于梯形模糊值非可加测度的 Choquet 积分值.

表 11.3 所有评价者提供的准则重要性和接受范围的算术平均值

准则	准则重要性 (群体平均)	可接受范围 (群体平均)
s_1	(0.07, 0.09, 0.14, 0.18)	
s_{11}	(0.46, 0.53, 0.68, 0.74)	(0.40, 0.46, 0.87, 0.90)
s_{12}	(0.47, 0.53, 0.68, 0.74)	(0.40, 0.46, 0.86, 0.89)
s_{13}	(0.56, 0.56, 0.71, 0.77)	(0.54, 0.60, 0.92, 0.94)
s_2	(0.11, 0.13, 0.17, 0.22)	
s_{21}	(0.43, 0.49, 0.64, 0.70)	(0.39, 0.44, 0.83, 0.87)
s_{22}	(0.47, 0.53, 0.68, 0.74)	(0.43, 0.49, 0.88, 0.92)
s_3	(0.40, 0.44, 0.48, 0.52)	
s_{31}	(0.52, 0.58, 0.73, 0.79)	(0.58, 0.64, 0.94, 0.96)
s_{32}	(0.55, 0.61, 0.75, 0.81)	(0.58, 0.63, 0.94, 0.96)
s_{33}	(0.50, 0.56, 0.71, 0.77)	(0.50, 0.56, 0.91, 0.94)
s_{34}	(0.59, 0.65, 0.79, 0.85)	(0.54, 0.60, 0.92, 0.94)
s_4	(0.23, 0.26, 0.31, 0.36)	
s_{41}	(0.41, 0.47, 0.62, 0.68)	(0.38, 0.44, 0.84, 0.88)
s_{42}	(0.41, 0.47, 0.63, 0.69)	(0.41, 0.47, 0.87, 0.91)
s_{43}	(0.41, 0.48, 0.63, 0.69)	(0.45, 0.51, 0.90, 0.94)

表 11.4 所有评价者提供的各商店评价值的算术平均值

准则	各商店的评价值 (群体平均)		
	商店 1	商店 2	商店 3
s_1			
s_{11}	(0.61, 0.67, 0.78, 0.83)	(0.64, 0.69, 0.82, 0.87)	(0.49, 0.56, 0.72, 0.78)
s_{12}	(0.59, 0.65, 0.76, 0.80)	(0.62, 0.68, 0.81, 0.87)	(0.48, 0.54, 0.68, 0.74)
s_{13}	(0.70, 0.75, 0.85, 0.89)	(0.70, 0.75, 0.86, 0.91)	(0.46, 0.53, 0.68, 0.74)
s_2			
s_{21}	(0.66, 0.71, 0.79, 0.83)	(0.57, 0.63, 0.75, 0.80)	(0.39, 0.46, 0.6, 0.66)
s_{22}	(0.70, 0.76, 0.84, 0.88)	(0.6, 0.66, 0.79, 0.84)	(0.41, 0.48, 0.63, 0.70)
s_3			
s_{31}	(0.79, 0.84, 0.92, 0.95)	(0.69, 0.74, 0.86, 0.90)	(0.52, 0.58, 0.73, 0.78)
s_{32}	(0.77, 0.82, 0.91, 0.95)	(0.73, 0.78, 0.89, 0.93)	(0.62, 0.68, 0.81, 0.86)
s_{33}	(0.75, 0.80, 0.90, 0.93)	(0.70, 0.76, 0.88, 0.93)	(0.54, 0.61, 0.76, 0.81)
s_{34}	(0.73, 0.78, 0.88, 0.92)	(0.70, 0.75, 0.85, 0.89)	(0.53, 0.59, 0.75, 0.81)
s_4			
s_{41}	(0.60, 0.66, 0.77, 0.82)	(0.60, 0.67, 0.81, 0.87)	(0.59, 0.65, 0.79, 0.84)
s_{42}	(0.64, 0.70, 0.82, 0.87)	(0.62, 0.68, 0.82, 0.87)	(0.61, 0.67, 0.77, 0.81)
s_{43}	(0.67, 0.72, 0.81, 0.85)	(0.61, 0.67, 0.77, 0.81)	(0.49, 0.55, 0.71, 0.77)

推论 11.1 设 X 是一非空有限集合, $\tilde{f}$ 为 X 上的梯形模糊值函数, $\tilde{\mu}$ 为 X 上的梯形模糊值非可加测度, 则

$$(\mathrm{C})\int \tilde{f}\,\mathrm{d}\tilde{\mu}=\left((\mathrm{C})\int \tilde{f}_0^-\,\mathrm{d}\tilde{\mu}_0^-,(\mathrm{C})\int \tilde{f}_1^-\,\mathrm{d}\tilde{\mu}_1^-,(\mathrm{C})\int \tilde{f}_1^+\,\mathrm{d}\tilde{\mu}_1^+,(\mathrm{C})\int \tilde{f}_0^+\,\mathrm{d}\tilde{\mu}_0^+\right).$$

步骤 3　对表 11.4 中的群体平均评价值取 $\alpha\in[0,1]$ 水平截集, 并进行规范化. 显然, 梯形模糊数的 α 水平截集为一区间数. 假定某准则的可接受范围 $\tilde{p}$ 的 λ 水平截集为 $\tilde{p}_\alpha=[\tilde{p}_\alpha^-,\tilde{p}_\alpha^+]$, 该准则上某商店的评价值 $\tilde{e}$ 的 α 水平截集为 $\tilde{e}_\alpha=[\tilde{e}_\alpha^-,\tilde{e}_\alpha^+]$, 则依据 $\tilde{p}$ 对 $\tilde{e}$ 进行规范化所得结果为

$$(\tilde{e}_\alpha)_\mathrm{N}=\frac{[\tilde{e}_\alpha^- -\tilde{p}^+,\tilde{e}_\alpha^+ -\tilde{p}_\alpha^-]+[1,1]}{2}.$$

表 11.5 与表 11.6 分别列出了 $\alpha=0$ 和 $\alpha=1$ 水平下的规范化结果.

表 11.5　$\alpha=0$ 水平下各准则集上的非可加测度值

准则	$\alpha=0$ 各商店在各准则上的规范化评价值		
	商店 1	商店 2	商店 3
s_1	[0.366, 0.709]	[0.373, 0.729]	[0.286, 0.677]
s_{11}	[0.356, 0.715]	[0.369, 0.732]	[0.296, 0.687]
s_{12}	[0.349, 0.700]	[0.363, 0.731]	[0.291, 0.666]
s_{13}	[0.379, 0.675]	[0.380, 0.681]	[0.260, 0.598]
s_2	[0.393, 0.726]	[0.346, 0.707]	[0.250, 0.634]
s_{21}	[0.394, 0.721]	[0.351, 0.708]	[0.259, 0.634]
s_{22}	[0.392, 0.728]	[0.343, 0.706]	[0.244, 0.635]
s_3	[0.410, 0.712]	[0.383, 0.706]	[0.315, 0.655]
s_{31}	[0.416, 0.686]	[0.363, 0.66]	[0.277, 0.602]
s_{32}	[0.407, 0.686]	[0.387, 0.676]	[0.331, 0.643]
s_{33}	[0.405, 0.720]	[0.378, 0.715]	[0.301, 0.659]
s_{34}	[0.394, 0.690]	[0.381, 0.675]	[0.296, 0.634]
s_4	[0.365, 0.725]	[0.352, 0.734]	[0.320, 0.719]
s_{41}	[0.362, 0.721]	[0.360, 0.743]	[0.355, 0.732]
s_{42}	[0.367, 0.729]	[0.354, 0.730]	[0.311, 0.704]
s_{43}	[0.367, 0.699]	[0.339, 0.680]	[0.278, 0.662]

步骤 4　将表 11.3 群体平均重要性值取 $\alpha=0$ 和 $\alpha=1$ 水平截集, 并确定相应的非可加测度值. 方便起见, 在本例取 λ-测度. 由定理 5.3 和定理 5.4 可知, 当单准则的重要程度, 即测度密度已知时, 可通过下面两个式求 λ 的值和任意子集 $E\subset X$ 的测度值 (以 $\alpha=0$ 水平时, 非可加测度 $\tilde{\mu}_0^-$ 为例):

$$\frac{1}{\lambda}\left(\left(\prod_{i=1}^{n}(1+\lambda\tilde{\mu}_0^-(\{x_i\}))\right)-1\right)=1,$$

$$\tilde{\mu}_0^-(E)=\frac{1}{\lambda}\left[\prod_{i=1}^{n}(1+\lambda\tilde{\mu}_0^-(\{x_i\}))-1\right].$$

表 11.6 $\alpha=1$ 水平下各准则集上的非可加测度值

准则	$\alpha=1$		
	各商店在各准则上的规范化评价值		
	商店 1	商店 2	商店 3
s_1	[0.41, 0.655]	[0.415, 0.673]	[0.337, 0.614]
s_{11}	[0.404, 0.66]	[0.414, 0.678]	[0.346, 0.627]
s_{12}	[0.397, 0.65]	[0.410, 0.674]	[0.340, 0.607]
s_{13}	[0.418, 0.62]	[0.417, 0.630]	[0.305, 0.538]
s_2	[0.44, 0.675]	[0.394, 0.652]	[0.304, 0.574]
s_{21}	[0.442, 0.673]	[0.401, 0.654]	[0.314, 0.576]
s_{22}	[0.439, 0.677]	[0.389, 0.649]	[0.296, 0.572]
s_3	[0.446, 0.661]	[0.420, 0.650]	[0.359, 0.595]
s_{31}	[0.450, 0.640]	[0.402, 0.610]	[0.319, 0.545]
s_{32}	[0.441, 0.639]	[0.422, 0.626]	[0.370, 0.588]
s_{33}	[0.443, 0.670]	[0.421, 0.661]	[0.347, 0.600]
s_{34}	[0.433, 0.639]	[0.418, 0.625]	[0.339, 0.575]
s_4	[0.411, 0.669]	[0.403, 0.675]	[0.373, 0.658]
s_{41}	[0.410, 0.668]	[0.412, 0.686]	[0.404, 0.676]
s_{42}	[0.414, 0.674]	[0.402, 0.672]	[0.362, 0.643]
s_{43}	[0.409, 0.651]	[0.385, 0.629]	[0.324, 0.603]

表 11.7 与表 11.8 分别列出了各情况下 λ 的取值以及求解 Choquet 积分 (见式 (2.8) 或 (2.9)) 时所用到的子集的非可加测度值. 如准则 s_1 的子准则 s_{11}, s_{12}, s_{13} 构成的集合不妨仍记为 $s_1=\{s_{11}, s_{12}, s_{13}\}$, 据表中 “重要性” 列的左端点可得

$$\mu_0^-(\{s_{11}\})=0.46, \quad \mu_0^-(\{s_{12}\})=0.47, \quad \mu_0^-(\{s_{13}\})=0.50,$$

则由

$$\frac{(1+0.46\lambda)(1+0.47\lambda)(1+0.50\lambda)-1}{\lambda}=1$$

可得 $\lambda=-0.71$.

进而据表 11.5, 商店 1 在 s_{11}, s_{12}, s_{13} 上评价值 (商店 1 对应列的左端点) 为 0.356, 0.349, 0.379, 故有 $X_{(1)}=\{s_{12}, s_{11}, s_{13}\}$, $X_{(2)}=\{s_{11}, s_{13}\}$, $X_{(3)}=\{s_{13}\}$. 进而得

$$\mu_0^-(X_{(1)})=1.00, \quad \mu_0^-(X_{(2)})=0.80, \quad \mu_0^-(X_{(3)})=0.50.$$

最后, 利用 Choquet 积分 (式 (2.8) 或 (2.9)) 计算其综合评价值 (只是左端点) 得 0.366.

类似地, 可得表 11.7 与表 11.8 所示的数据 (注: 非可加测度值只是利用商店 1 的评价值计算时 Choquet 积分时对应的测度值), 以及表 11.5 与表 11.6 各准则对应的区间值 (Choquet 积分值).

第五步　将准则 s_1, s_2, s_3, s_4, 上的评价值再进一步集成, 生成各商店最终的综合评价值, 并对其进行去模糊化, 得最终排序. 具体结果见表 11.9 与表 11.10.

表 11.7　$\alpha=0$ 水平下各准则集上的非可加测度值

准则	$\alpha=0$		
	重要性值	非可加测度值	
		左端点 $\tilde{\mu}_0^-$	右端点 $\tilde{\mu}_0^+$
s_1		$\lambda=-0.71$	$\lambda=-0.98$
s_{11}	[0.46, 0.74]	$\mu_0^-(X_{(2)})=0.80$	$\mu_0^+(X_{(3)})=0.74$
s_{12}	[0.47, 0.74]	$\mu_0^-(X_{(1)})=1.00$	$\mu_0^+(X_{(2)})=0.94$
s_{13}	[0.50, 0.77]	$\mu_0^-(X_{(3)})=0.50$	$\mu_0^+(X_{(1)})=1.00$
s_2		$\lambda=0.53$	$\lambda=-0.85$
s_{21}	[0.43, 0.70]	$\mu_0^-(X_{(2)})=0.43$	$\mu_0^+(X_{(1)})=1.00$
s_{22}	[0.47, 0.74]	$\mu_0^-(X_{(1)})=1.00$	$\mu_0^+(X_{(2)})=0.74$
s_3		$\lambda=-0.943$	$\lambda=-0.999$
s_{31}	[0.52, 0.79]	$\mu_0^-(X_{(4)})=0.55$	$\mu_0^+(X_{(1)})=1.00$
s_{32}	[0.55, 0.81]	$\mu_0^-(X_{(3)})=0.79$	$\mu_0^+(X_{(2)})=0.995$
s_{33}	[0.50, 0.77]	$\mu_0^-(X_{(2)})=0.92$	$\mu_0^+(X_{(4)})=0.77$
s_{34}	[0.59, 0.85]	$\mu_0^-(X_{(1)})=1.00$	$\mu_0^+(X_{(3)})=0.96$
s_4		$\lambda=-0.48$	$\lambda=-0.96$
s_{41}	[0.41, 0.68]	$\mu_0^-(X_{(1)})=1.00$	$\mu_0^+(X_{(2)})=0.92$
s_{42}	[0.41, 0.69]	$\mu_0^-(X_{(3)})=0.41$	$\mu_0^+(X_{(3)})=0.69$
s_{43}	[0.41, 0.69]	$\mu_0^-(X_{(2)})=0.74$	$\mu_0^+(X_{(1)})=1.00$

表 11.8　$\alpha=1$ 水平下各准则集上的非可加测度值

准则	$\alpha=1$		
	重要性值	非可加测度值	
		左端点 $\tilde{\mu}_1^-$	右端点 $\tilde{\mu}_1^+$
s_1		$\lambda=-0.83$	$\lambda=-0.96$
s_{11}	[0.53, 0.678]	$\mu_1^-(X_{(2)})=0.84$	$\mu_1^+(X_{(3)})=0.68$
s_{12}	[0.53, 0.676]	$\mu_1^-(X_{(1)})=1.00$	$\mu_1^+(X_{(2)})=0.91$
s_{13}	[0.56, 0.71]	$\mu_1^-(X_{(3)})=0.56$	$\mu_1^+(X_{(1)})=1.00$
s_2		$\lambda=-0.062$	$\lambda=-0.734$
s_{21}	[0.49, 0.64]	$\mu_1^-(X_{(2)})=0.49$	$\mu_1^+(X_{(1)})=1.00$
s_{22}	[0.53, 0.68]	$\mu_1^-(X_{(1)})=1.00$	$\mu_1^+(X_{(2)})=0.64$
s_3		$\lambda=-0.97$	$\lambda=-0.996$
s_{31}	[0.58, 0.73]	$\mu_1^-(X_{(4)})=0.58$	$\mu_1^+(X_{(3)})=0.92$
s_{32}	[0.61, 0.75]	$\mu_1^-(X_{(2)})=0.95$	$\mu_1^+(X_{(1)})=1.00$
s_{33}	[0.56, 0.71]	$\mu_1^-(X_{(3)})=0.83$	$\mu_1^+(X_{(4)})=0.71$
s_{34}	[0.65, 0.79]	$\mu_1^-(X_{(1)})=1.00$	$\mu_1^+(X_{(2)})=0.987$

续表

准则	$\alpha=1$		
	重要性值	非可加测度值	
		左端点 $\tilde{\mu}_1^-$	右端点 $\tilde{\mu}_1^+$
s_4		$\lambda=-0.703$	$\lambda=-0.926$
s_{41}	[0.47, 0.62]	$\mu_1^-(X_{(2)})=0.79$	$\mu_1^+(X_{(2)})=0.89$
s_{42}	[0.47, 0.63]	$\mu_1^-(X_{(3)})=0.47$	$\mu_1^+(X_{(3)})=0.63$
s_{43}	[0.48, 0.63]	$\mu_1^-(X_{(1)})=1.00$	$\mu_1^+(X_{(1)})=1.00$

表 11.9 各商店的综合评价值

准则	商店 1	商店 2	商店 3
s_1	**(0.366, 0.41, 0.655, 0.709)**	**(0.373, 0.415, 0.673, 0.729)**	**(0.286, 0.337, 0.614, 0.677)**
s_{11}	(0.356, 0.404, 0.66, 0.715)	(0.369, 0.414, 0.678, 0.732)	(0.296, 0.346, 0.627, 0.687)
s_{12}	(0.349, 0.397, 0.65, 0.7)	(0.363, 0.41, 0.674, 0.731)	(0.291, 0.34, 0.607, 0.666)
s_{13}	(0.379, 0.418, 0.62, 0.675)	(0.38, 0.417, 0.63, 0.681)	(0.26, 0.305, 0.538, 0.598)
s_2	**(0.393, 0.44, 0.675, 0.726)**	**(0.346, 0.394, 0.652, 0.707)**	**(0.25, 0.304, 0.574, 0.634)**
s_{21}	(0.394, 0.442, 0.673, 0.721)	(0.351, 0.401, 0.654, 0.708)	(0.259, 0.314, 0.576, 0.634)
s_{22}	(0.439, 0.392, 0.677, 0.728)	(0.343, 0.389, 0.649, 0.706)	(0.244, 0.296, 0.572, 0.635)
s_3	**(0.41, 0.446, 0.661, 0.712)**	**(0.383, 0.42, 0.65, 0.706)**	**(0.315, 0.359, 0.595, 0.655)**
s_{31}	(0.416, 0.45, 0.64, 0.686)	(0.363, 0.402, 0.61, 0.66)	(0.277, 0.319, 0.545, 0.602)
s_{32}	(0.407, 0.441, 0.639, 0.686)	(0.387, 0.422, 0.626, 0.676)	(0.331, 0.37, 0.588, 0.643)
s_{33}	(0.405, 0.443, 0.67, 0.72)	(0.378, 0.421, 0.661, 0.715)	(0.301, 0.347, 0.6, 0.659)
s_{34}	(0.394, 0.433, 0.639, 0.69)	(0.381, 0.418, 0.625, 0.675)	(0.296, 0.339, 0.575, 0.634)
s_4	**(0.365, 0.411, 0.669, 0.725)**	**(0.352, 0.403, 0.675, 0.734)**	**(0.32, 0.373, 0.658, 0.719)**
s_{41}	(0.362, 0.41, 0.668, 0.721)	(0.36, 0.412, 0.686, 0.743)	(0.355, 0.404, 0.676, 0.732)
s_{42}	(0.367, 0.414, 0.674, 0.729)	(0.354, 0.402, 0.672, 0.73)	(0.311, 0.362, 0.643, 0.704)
s_{43}	(0.367, 0.409, 0.651, 0.699)	(0.339, 0.385, 0.629, 0.68)	(0.278, 0.324, 0.603, 0.662)
综合评价值	**(0.387, 0.43, 0.665, 0.719)**	**(0.367, 0.409, 0.663, 0.718)**	**(0.301, 0.351, 0.614, 0.679)**

表 11.10 去模糊化后各商店的综合评价值及排名

准则	商店 1	商店 2	商店 3
s_1	**0.535**	**0.548***	**0.479**
s_{11}	0.568	0.596*	0.477
s_{12}	0.546	0.589*	0.452
s_{13}	0.546	0.554*	0.35
s_2	**0.559***	**0.525**	**0.441**
s_{21}	0.614*	0.556	0.391
s_{22}	0.617*	0.544	0.374
s_3	**0.557***	**0.54**	**0.481**
s_{31}	0.596*	0.517	0.37
s_{32}	0.586*	0.555	0.466
s_{33}	0.618*	0.587	0.454
s_{34}	0.577*	0.549	0.421

续表

准则	商店 1	商店 2	商店 3
s_4	**0.543***	**0.541**	**0.518**
s_{41}	0.58	0.601*	0.583
s_{42}	0.592*	0.578	0.509
s_{43}	0.563*	0.516	0.433
综合评价值	**0.55***	**0.539**	**0.486**
排名	**1**	**2**	**3**

注: 表中数字右上角 $*$ 表示在其所在行是最优的.

第 12 章　直觉模糊值 Choquet 积分

直觉模糊集同时考虑了隶属度、非隶属度以及犹豫度三个方面的信息, 比传统的模糊集在处理模糊性和不确定性等方面更具灵活性和实用性[138]. 近年来, 直觉模糊集理论被广泛应用多准则决策分析领域[135,140−145], 诸如直觉模糊加权算术平均算子以及有序加权平均算子等基于权重向量的直觉模糊集成算子也被相继提出[134−136].

本章将直觉模糊集理论与 Choquet 积分相结合, 进而提出直觉模糊值 Choquet 积分, 主要基于以下两方面的考虑: 一方面, Choquet 积分是加权算术平均、有序加权平均的拓展, 直觉模糊值 Choquet 积分也是对权重向量的直觉模糊集成算子的拓展, 进而为处理直觉模糊信息环境下决策准则间存在关联性的决策问题提供一种有效的途径; 另一方面, 实值 Choquet 积分已被逐级拓展, 并形成了集值 Choquet 积分[89,90]、区间值 Choquet 积分[91,92] 以及模糊值 Choquet 积分[93−96], 因此, 有必要尝试将 Choquet 积分与直觉模糊集理论进行结合, 进一步拓展 Choquet 积分的理论体系与应用领域.

12.1　直觉模糊值比较方法

由 Choquet 积分定义 (式 (2.11) 及 (2.12)) 可以看出, 被积函数值 (评价值) 之间的排序在离散 Choquet 积分的计算过程中起着至关重要的作用. 因此, 本节首先在多准则决策分析框架下研究直觉模糊值之间的比较方法.

定义 12.1[135,136,142]　设 $\tilde{a}=(\mu_{\tilde{a}},\gamma_{\tilde{a}})$ 为一直觉模糊值, $\tilde{a}$ 的计分函数定义为

$$s(\tilde{a})=\mu_{\tilde{a}}-\gamma_{\tilde{a}},$$

$\tilde{a}$ 的精确度函数定义为

$$h(\tilde{a})=\mu_{\tilde{a}}+\gamma_{\tilde{a}}.$$

设 $\tilde{a},\tilde{b}$ 为直觉模糊值, 则

如果 $s(\tilde{a})<s(\tilde{b})$, 则 $\tilde{a}<_{\rm sh}\tilde{b}$;

如果 $s(\tilde{a})=s(\tilde{b})$, 则

(1) 如果 $h(\tilde{a})<h(\tilde{b})$, 则 $\tilde{a}<_{\rm sh}\tilde{b}$,

(2) 如果 $h(\tilde{a})>h(\tilde{b})$, 则 $\tilde{a}>_{\rm sh}\tilde{b}$,

(3) 如果 $h(\tilde{a}) = h(\tilde{b})$, 则 $\tilde{a} =_{\text{sh}} \tilde{b}$.

显然, 序关系 $\leqslant_{\text{sh}}$ 是自反的、反对称的、传递的以及全序的, 进而定义了直觉模糊值上的全序关系. 在直觉模糊多准则决策中, 候选方案在某一准则上的评价值为一直觉模糊值, 其包含的隶属度反映了该方案对准则的满足程度, 而非隶属度反映了该方案的不满足程度. 在此种情形下, 评价值的记分表示了该方案在准则上的"静满足度", 即满足程度减去不满足程度. 因此, 定义"直觉模糊值的计分值越大, 其值越大"是合理的. 而直觉模糊值的精确度与其不确定程度有如下关系:

$$h(\tilde{a}) = 1 - \pi_{\tilde{a}}.$$

因此, 对于计分值相同的直觉模糊值, 可定义"精确值越大, 即不确定程度越小, 其值越大". 计分值与精确值之间的关系类似于统计学中的期望与方差的关系[97].

基于计分函数与精确函数的比较方法被广泛接受并应用于直觉模糊信息环境下的决策[143,146−150].

另一常用的比较直觉模糊值的方法是基于格关系[84,134,135], 即第 6 章定义的 L^{IFV} 上的关系 "$\precsim$". 设所有直觉模糊值构成的集合为

$$L = \{(\mu, \gamma) : \mu, \gamma \in [0, 1], \mu + \gamma \leqslant 1\}$$

对所有 $\tilde{a}, \tilde{b} \in L$ 可以定义 L 上的关系 $\leqslant_L$ 为

$$\tilde{a} \leqslant_L \tilde{b} \text{ 当且仅当 } \mu_{\tilde{a}} \leqslant \mu_{\tilde{b}}, \quad \gamma_{\tilde{a}} \geqslant \gamma_{\tilde{b}};$$

$$\tilde{a} <_L \tilde{b} \text{ 当且仅当 } \tilde{a} \leqslant_L \tilde{b} \text{ 且 } \tilde{a} \neq \tilde{b}.$$

因此, $(L, \leqslant_L)$ 为完备格, 其最小与最大元素分别为 $0_L = (0, 1)$, $1_L = (1, 0)$.

序关系 $\leqslant_L$ 是自反的、反对称的、传递的, 因此是一偏序. 事实上, 序关系 $\leqslant_L$ 可以看作是对集合包含关系的反映, 但它不能对任意两个直觉模糊值进行比较. 相比与序关系 $\leqslant_{\text{sh}}$, 虽然 $\leqslant_L$ 不是一全序, 但仍有一些比较好的性质.

定理 12.1 设 $\tilde{a}, \tilde{b}, \tilde{c}$ 是直觉模糊值, $\alpha \geqslant 0$,

(1) 如果 $\tilde{a} \leqslant_L \tilde{b}$, 则 $\tilde{a} \leqslant_{\text{sh}} \tilde{b}$.

(2) 如果 $\tilde{a} \leqslant_L \tilde{b}$, 则 $\tilde{a} \oplus \tilde{c} \leqslant_L \tilde{b} \oplus \tilde{c}$, $\tilde{a} \otimes \tilde{c} \leqslant_L \tilde{b} \otimes \tilde{c}$.

(3) 如果 $\tilde{a} \leqslant_L \tilde{b}$, 则 $\alpha\tilde{a} \leqslant_L \alpha\tilde{b}$, $\tilde{a}^\alpha \leqslant_L \tilde{b}^\alpha$.

(4) 如果 $\tilde{a} \leqslant_L \tilde{b}$ 且 $\tilde{a} \leqslant_L \tilde{c}$, 则 $\tilde{a} \leqslant_L (\tilde{b} \cap \tilde{c})$.

(5) 如果 $\tilde{a} \leqslant_L \tilde{c}$ 且 $\tilde{b} \leqslant_L \tilde{c}$, 则 $(\tilde{a} \cup \tilde{b}) \leqslant_L \tilde{c}$.

证明 (1) 令 $\tilde{a} = (\mu_{\tilde{a}}, \gamma_{\tilde{a}})$, $\tilde{b} = (\mu_{\tilde{b}}, \gamma_{\tilde{b}})$, 因 $\tilde{a} \leqslant_L \tilde{b}$, 有 $\mu_{\tilde{a}} \leqslant \mu_{\tilde{b}}$, $\gamma_{\tilde{a}} \geqslant \gamma_{\tilde{b}}$, 进而 $\mu_{\tilde{a}} - \gamma_{\tilde{a}} \leqslant \mu_{\tilde{b}} - \gamma_{\tilde{b}}$, 即 $\tilde{a} \leqslant_{\text{sh}} \tilde{b}$.

(2) 令 $\tilde{a}=(\mu_{\tilde{a}},\gamma_{\tilde{a}})$, $\tilde{b}=(\mu_{\tilde{b}},\gamma_{\tilde{b}})$, $\tilde{c}=(\mu_{\tilde{c}},\gamma_{\tilde{c}})$. 因 $\tilde{a}\leqslant_L\tilde{b}$, 有 $\mu_{\tilde{a}}\leqslant\mu_{\tilde{b}}$, $\gamma_{\tilde{a}}\geqslant\gamma_{\tilde{b}}$. 又 $0\leqslant\mu_{\tilde{c}},\gamma_{\tilde{c}}\leqslant 1$, 得 $\mu_{\tilde{a}}+\mu_{\tilde{c}}-\mu_{\tilde{a}}\mu_{\tilde{c}}\leqslant\mu_{\tilde{b}}+\mu_{\tilde{c}}-\mu_{\tilde{b}}\mu_{\tilde{c}}$, $\gamma_{\tilde{a}}\gamma_{\tilde{b}}\geqslant\gamma_{\tilde{c}}\gamma_{\tilde{d}}$, 即 $\tilde{a}\oplus\tilde{c}\leqslant_L\tilde{b}\oplus\tilde{c}$. 类似地, 可得 $\tilde{a}\otimes\tilde{c}\leqslant_L\tilde{b}\otimes\tilde{c}$.

(3) 类似于 (2) 的证明.

(4) 令 $\tilde{a}=(\mu_{\tilde{a}},\gamma_{\tilde{a}})$, $\tilde{b}=(\mu_{\tilde{b}},\gamma_{\tilde{b}})$, $\tilde{c}=(\mu_{\tilde{c}},\gamma_{\tilde{c}})$. 因 $\tilde{a}\leqslant_L\tilde{b}$, $\tilde{a}\leqslant_L\tilde{c}$, 得 $\mu_{\tilde{a}}\leqslant\mu_{\tilde{b}}$, $\mu_{\tilde{a}}\leqslant\mu_{\tilde{c}}$, $\gamma_{\tilde{a}}\geqslant\gamma_{\tilde{b}}$, $\gamma_{\tilde{a}}\geqslant\gamma_{\tilde{c}}$. 因此, $\mu_{\tilde{a}}\leqslant(\mu_{\tilde{b}}\wedge\mu_{\tilde{c}})$, $\gamma_{\tilde{a}}\geqslant(\gamma_{\tilde{b}}\vee\gamma_{\tilde{c}})$, 即 $\tilde{a}\leqslant_L(\tilde{b}\cap\tilde{c})$.

(5) 类似于 (4) 的证明. 证毕.

在定理 12.1 中, (1) 说明了两个序关系 $\leqslant_L$, $\leqslant_{\rm sh}$ 之间蕴涵关系. (2) — (5) 给出了序关系 $\leqslant_L$ 拥有的性质, 而序关系 $\leqslant_{\rm sh}$ 则不具备这些性质 (见反例 12.1). Liu[151] 将这些性质称为序关系关于某一运算的保序性 (order-preserving properties), 并称具有保序性的全序关系为运算不变序. Liu[151] 指出 $\leqslant_{\rm sh}$ 关于伪加运算不是保序的 (见反例 12.1(1)).

反例 12.1 (1)[151] 令 $\tilde{a}=(0.3,0.4)$, $\tilde{b}=(0.2,0.2)$, $\tilde{c}=(0.1,0.1)$, 则 $\tilde{a}\oplus\tilde{c}=(0.37,0.04)$, $\tilde{b}\oplus\tilde{c}=(0.28,0.02)$. 因 $s(\tilde{a})=-0.1$, $s(\tilde{b})=-0.1$, $s(\tilde{a}\oplus\tilde{c})=0.33$, $s(\tilde{b}\oplus\tilde{c})=0.26$, 可得 $\tilde{a}\leqslant_{\rm sh}\tilde{b}$, 但有 $(\tilde{a}\oplus\tilde{c})\geqslant_{\rm sh}(\tilde{b}\oplus\tilde{c})$, 故 $\leqslant_{\rm sh}$ 不是伪加不变序.

(2) 令 $\tilde{a}=(0.3,0.5)$, $\tilde{b}=(0.4,0.55)$, $\tilde{c}=(0.1,0.2)$, 则 $\tilde{a}\otimes\tilde{c}=(0.03,0.6)$, $\tilde{b}\otimes\tilde{c}=(0.04,0.64)$. 因 $s(\tilde{a})=-0.2$, $s(\tilde{b})=-0.15$, $s(\tilde{a}\otimes\tilde{c})=-0.57$, $s(\tilde{b}\otimes\tilde{c})=-0.6$, 有 $\tilde{a}\leqslant_{\rm sh}\tilde{b}$, 但 $(\tilde{a}\otimes\tilde{c})\geqslant_{\rm sh}(\tilde{b}\otimes\tilde{c})$, 故 $\leqslant_{\rm sh}$ 不是伪乘不变序.

(3) 令 $\tilde{a}=(0.2,0.35)$, $\tilde{b}=(0.39,0.51)$, $\alpha=0.1$, 则 $\alpha\tilde{a}=(0.022,0.9)$, $\alpha\tilde{b}=(0.048,0.935)$. 因 $s(\tilde{a})=-0.15$, $s(\tilde{b})=-0.12$, $s(\alpha\tilde{a})=-0.878$, $s(\alpha\tilde{b})=-0.887$, 有 $\tilde{a}\leqslant_{\rm sh}\tilde{b}$, 但 $(\tilde{a}\otimes\tilde{c})\geqslant_{\rm sh}(\tilde{b}\otimes\tilde{c})$, 故 $\leqslant_{\rm sh}$ 不是数乘不变序.

(4) 令 $\tilde{a}=(0.4,0.5)$, $\tilde{b}=(0.1,0.1)$, $\alpha=0.1$, 则 $\tilde{a}^{\alpha}=(0.69,0.24)$, $\tilde{b}^{\alpha}=(0.40,0.04)$. 因 $s(\tilde{a})=-0.1$, $s(\tilde{b})=0$, $s(\tilde{a}^{\alpha})=0.45$, $s(\tilde{b}^{\alpha})=0.36$, 有 $\tilde{a}\leqslant_{\rm sh}\tilde{b}$, 但 $(\tilde{a}\otimes\tilde{c})\geqslant_{\rm sh}(\tilde{b}\otimes\tilde{c})$, 故 $\leqslant_{\rm sh}$ 不是幂运算不变序.

此外, 易验证 $\leqslant_{\rm sh}$ 也不是并运算及交运算不变序.

如绪论中所述, 集成函数在多准则决策分析中起着至关重要的作用[106−108]. 下面将研究直觉模糊值集成函数的性质与序关系的保序性质间的关系. 直觉模糊集成函数是指以一组直觉模糊值为输入值, 一个直觉模糊值为输出的函数, 即

$$f:L^n\to L.$$

现引入几个常用的直觉模糊集成函数[134,136].

定义 12.2[134,136,146] 设 $\tilde{a}_i=(\mu_{\tilde{a}_i},\gamma_{\tilde{a}_i})$, $i=1,2,\cdots,n$, 为直觉模糊值, 直觉模糊加权算术算子定义为

$$\mathrm{IFWA}_{\omega}(\tilde{a}_1,\cdots,\tilde{a}_n)=\sum_{i=1}^{n}{}^{\oplus}\omega_i\tilde{a}_i=\left(1-\prod_{i=1}^{n}(1-\mu_{\tilde{a}_i})^{\omega_i},\prod_{i=1}^{n}(\gamma_{\tilde{a}_i})^{\omega_i}\right),$$

直觉模糊几何加权算子定义为

$$\mathrm{IFWG}_\omega(\tilde{a}_1,\cdots,\tilde{a}_n)=\sum_{i=1}^{n}{}^{\oplus}\tilde{a}_i^{\omega_i}=\left(\prod_{i=1}^{n}u_i^{\omega_i},1-\prod_{i=1}^{n}(1-\gamma_i)^{\omega_i}\right),$$

其中, ω_i 为 $\tilde{a}_i$ 的权重, $\omega_i\in[0,1]$, $\sum\limits_{i=1}^{n}\omega_i=1$.

定义 12.3[134,136] 设 $\tilde{a}_i=(\mu_{\tilde{a}_i},\gamma_{\tilde{a}_i})$, $i=1,2,\cdots,n$, 为直觉模糊值, 直觉模糊有序加权算子定义为

$$\mathrm{IFOWA}_\omega(\tilde{a}_1,\cdots,\tilde{a}_n)=\sum_{i=1}^{n}{}^{\oplus}\omega_i\tilde{a}_{(i)}=\left(1-\prod_{i=1}^{n}(1-\mu_{\tilde{a}_{(i)}})^{\omega_i},\prod_{i=1}^{n}(\gamma_{\tilde{a}_{(i)}})^{\omega_i}\right),$$

直觉模糊有序几何算子定义为

$$\mathrm{IFOWG}_\omega(\tilde{a}_1,\cdots,\tilde{a}_n)=\sum_{i=1}^{n}{}^{\oplus}\tilde{a}_{(i)}^{\omega_i}=\left(\prod_{i=1}^{n}(u_{\tilde{a}_{(i)}})^{\omega_i},1-\prod_{i=1}^{n}(1-\gamma_{\tilde{a}_{(i)}})^{\omega_i}\right),$$

其中, $((1),\cdots,(n))$ 是 $(1,\cdots,n)$ 的置换, 使得 $\tilde{a}_{(1)}\geqslant\cdots\geqslant\tilde{a}_{(n)}$, ω_i 是 $\tilde{a}_{(j)}$ 对应的权重, $\omega_i\in[0,1]$, $\sum\limits_{i=1}^{n}\omega_i=1$.

直觉模糊集成函数的一个重要性质是递增性, 即对 $\tilde{a},\tilde{b}\in L^n$, 如果 $\tilde{a}_i\geqslant\tilde{b}_i$, $\forall i\in\{1,\cdots,n\}$, 则

$$f(\tilde{a}_1,\cdots,\tilde{a}_n)\geqslant f(\tilde{b}_1,\cdots,\tilde{b}_n),$$

其中, $\leqslant$ 是 L 上给定的一个序关系. 在多准则决策分析中, 递增性是对集成函数一个自然要求. 在直觉模糊多准则决策分析中, 候选方案在某准则上的评价值是用一直觉模糊值描述决策者对该方案的满意程度. 因此, 如果候选方案 $\tilde{a}$ 在每个准则上的评价值都优于另一候选方案 $\tilde{b}(\tilde{a}_i\geqslant\tilde{b}_i,\ \forall i\in\{1,\cdots,n\})$, 则 $\tilde{a}$ 的综合评价值至少不劣于 $\tilde{b}$ 的综合评价值 $(f(\tilde{a}_1,\cdots,\tilde{a}_n)\geqslant f(\tilde{b}_1,\cdots,\tilde{b}_n))$.

直觉模糊集成函数的递增性依赖于定义于直觉模糊值上的序关系的保序性质. 例如, 直觉模糊加权算术平均、IFWA_ω, 包含了两个算子: 伪加与伪乘算子. 序关系 $\leqslant_{\mathrm{sh}}$ 对伪加与伪乘是不保序的, 因此, 基于序关系 $\leqslant_{\mathrm{sh}}$, 集成函数 IFWA_ω 不是递增的. 为保证直觉模糊集成函数的递增性, 需要定义直觉模糊值上的各种运算的一个不变序. 此外, 序关系 $\leqslant_L$ 体现了直觉模糊值间的包含关系. 因此, 建立序关系 $\leqslant_L$ 与给定的运算不变序间的蕴涵关系则是合理的.

定义 12.4 称直觉模糊值上的全序关系为序关系 $\leqslant_L$ 蕴涵的不变全序关系, 记为 $\hat{\leqslant}$, 如果对 $\forall\tilde{a},\tilde{b},\tilde{c}\in L$, $\alpha>0$,

(1) 如果 $\tilde{a}\leqslant_L\tilde{b}$, 则 $\tilde{a}\hat{\leqslant}\tilde{b}$.

(2) 如果 $\tilde{a}\hat{\leqslant}\tilde{b}$, 则 $\tilde{a}\oplus\tilde{c}\hat{\leqslant}\tilde{b}\oplus\tilde{c}$, $\tilde{a}\otimes\tilde{c}\hat{\leqslant}\tilde{b}\otimes\tilde{c}$.

(3) 如果 $\tilde{a}\hat{\leqslant}\tilde{b}$, 则 $\alpha\tilde{a}\hat{\leqslant}\alpha\tilde{b}$, $\tilde{a}^{\alpha}\hat{\leqslant}\tilde{b}^{\alpha}$.

(4) 如果 $\tilde{a}\hat{\leqslant}\tilde{b}$, $\tilde{a}\hat{\leqslant}\tilde{c}$, 则 $\tilde{a}\hat{\leqslant}(\tilde{b}\cap\tilde{c})$.

(5) 如果 $\tilde{a}\hat{\leqslant}\tilde{c}$, $\tilde{b}\hat{\leqslant}\tilde{c}$, 则 $(\tilde{a}\cup\tilde{b})\hat{\leqslant}\tilde{c}$.

显然, 基于 $\leqslant_L$ 蕴涵的不变全序关系, 定义 12.2 及定义 12.3 所给出的 4 个直觉模糊集成函数将是递增的. 下面的例子提供了一个 $\leqslant_L$ 蕴涵的不变全序关系.

例 12.1 设 $\tilde{a}=(\mu_{\tilde{a}},\gamma_{\tilde{a}})$, $\tilde{b}=(\mu_{\tilde{b}},\gamma_{\tilde{b}})\in L$, 隶属度优先序关系, $\leqslant_{\mathrm{MF}}$, 可定义如下:

(1) 如果 $\mu_{\tilde{a}}<\mu_{\tilde{b}}$, 则 $\tilde{a}<_{\mathrm{MF}}\tilde{b}$;

(2) 如果 $\mu_{\tilde{a}}=\mu_{\tilde{b}}$, 则

 (a) 如果 $\gamma_{\tilde{a}}>\gamma_{\tilde{b}}$, 则 $\tilde{a}<_{\mathrm{MF}}\tilde{b}$,

 (b) 如果 $\gamma_{\tilde{a}}<\gamma_{\tilde{b}}$, 则 $\tilde{a}>_{\mathrm{MF}}\tilde{b}$,

 (c) 如果 $\gamma_{\tilde{a}}=\gamma_{\tilde{b}}$, 则 $\tilde{a}=_{\mathrm{MF}}\tilde{b}$.

显然, 序关系 $\leqslant_{\mathrm{MF}}$ 满足定义 12.4 中与 $\leqslant_L$ 之间的蕴涵关系以及关于各运算的保序关系. 虽然 $\leqslant_{\mathrm{MF}}$ 是一个 $\leqslant_L$ 蕴涵的不变全序关系, 但通过其定义可以该序关系过于强调了隶属度, 或多或少地忽略了非隶属度的作用. 相对于序关系 $\leqslant_{\mathrm{sh}}$, 序关系 $\leqslant_{\mathrm{MF}}$ 在充分描述直觉模糊值的特征方面有所欠缺.

因此, 定义更能全面反映直觉模糊值特征的 $\leqslant_L$ 蕴涵的不变全序关系, 对多准则决策以及其他多准则分析领域来说是一件十分重要的工作.

下面研究直觉模糊值与 Choquet 积分相结合的问题.

12.2 直觉模糊值 Choquet 积分及其性质

鉴于直觉模糊值运算的特殊性, 本节对式 (2.12) 所给出的离散 Choquet 积分的表述形式进行拓展, 提出直觉模糊值 Choquet 积分 (intuitionistic fuzzy-valued Choquet integral, IFCI) 与直觉模糊值共轭 Choquet 积分 (intuitionistic fuzzy-valued conjugate Choquet integral, IFCCI).

12.2.1 直觉模糊值 Choquet 积分 (IFCI) 的定义及其性质

定义 12.5 设 $\tilde{f}:X\to L$ 是 X 上的直觉模糊值函数, μ 为 X 上的非可加测度, 则函数 $\tilde{f}$ 关于 μ 的直觉模糊值 Choquet 积分(IFCI) 可定义为

$$(\mathrm{C})\int\tilde{f}\,\mathrm{d}\mu=\sum_{i=1}^{n}{}^{\oplus}[\mu(X_{(i)})-\mu(X_{(i+1)})]\tilde{f}(x_{(i)}),\tag{12.1}$$

其中, $X_{(\cdot)}$ 为集合 X 上一个置换, 使得对于直觉模糊值上给定序关系 $\leqslant$, 有

$$\tilde{f}(x_{(1)}) \leqslant \cdots \leqslant \tilde{f}(x_{(n)}), \quad X_{(i)} = \{x_{(i)}, \cdots, x_{(n)}\}, \quad X_{(n+1)} = \varnothing.$$

例 12.2 设 $X = \{x_1, x_2\}$, 直觉模糊值函数 $\tilde{f}: X \to L$ 定义为

$$\tilde{f}(\{x_1\}) = (0.4, 0.5), \quad \tilde{f}(\{x_2\}) = (0.7, 0.2).$$

非可加测度 $\mu: \mathcal{P}(X) \to [0,1]$ 定义为

$$\mu(\varnothing) = 0, \quad \mu(\{x_1\}) = 0.4, \quad \mu(\{x_2\}) = 0.5, \quad \mu(\{x_1, x_2\}) = 1.$$

因各函数值的计分值分别为

$$s(\tilde{f}(\{x_1\})) = -0.1, \quad s(\tilde{f}(\{x_2\})) = 0.5,$$

可得 $\tilde{f}(\{x_1\}) <_{\text{sh}} \tilde{f}(\{x_2\})$. 由式 (12.1), 可得

$$\begin{aligned}(\mathrm{C})\int \tilde{f}\mathrm{d}\mu &= [\mu(X_{(1)}) - \mu(X_{(2)})]\tilde{f}(x_{(1)}) \oplus [\mu(X_{(2)}) - \mu(X_{(3)})]\tilde{f}(x_{(2)}) \\ &= [\mu(X) - \mu(\{x_2\})]\tilde{f}(x_{(1)}) \oplus [\mu(\{x_2\}) - \mu(\varnothing)]\tilde{f}(x_{(2)}) \\ &= 0.5(0.4, 0.5) \oplus 0.5(0.7, 0.2). \\ &= (0.58, 0.34).\end{aligned}$$

令 $\tilde{f}(x) = (f_1(x), f_2(x))$, 可得 IFCI 的如下表述形式:

$$\begin{aligned}(\mathrm{C})\int \tilde{f}\mathrm{d}\mu &= \sum_{i=1}^{n}{}^{\oplus}[\mu(X_{(i)}) - \mu(X_{(i+1)})](f_1(x_{(i)}), f_2(x_{(i)})) \\ &= \left(1 - \prod_{i=1}^{2}(1 - f_1(x_{(i)}))^{[\mu(X_{(i)}) - \mu(X_{(i+1)})]}, \prod_{i=1}^{2} f_2(x_{(i)})^{[\mu(X_{(i)}) - \mu(X_{(i+1)})]}\right) \\ &\quad \oplus \sum_{i=3}^{n}{}^{\oplus}[\mu(X_{(i)}) - \mu(X_{(i+1)})](f_1(x_{(i)}), f_2(x_{(i)})) \\ &= \cdots \\ &= \left(1 - \prod_{i=1}^{n}(1 - f_1(x_{(i)}))^{[\mu(X_{(i)}) - \mu(X_{(i+1)})]}, \prod_{i=1}^{n} f_2(x_{(i)})^{[\mu(X_{(i)}) - \mu(X_{(i+1)})]}\right),\end{aligned}$$

即有

$$(\mathrm{C})\int \tilde{f}\mathrm{d}\mu = \left(1 - \prod_{i=1}^{n}(1 - f_1(x_{(i)}))^{[\mu(X_{(i)}) - \mu(X_{(i+1)})]}, \prod_{i=1}^{n} f_2(x_{(i)})^{[\mu(X_{(i)}) - \mu(X_{(i+1)})]}\right). \tag{12.2}$$

下面的定理研究了 IFCI 的有关性质.

定理 12.2 设 $\tilde{f}, \tilde{g}$ 是 X 上的直觉模糊值函数, $\tilde{a}$ 为直觉模糊值, μ, v 为 X 上的非可加测度.

(1) $(\mathrm{C})\int \tilde{f}\mathrm{d}\mu \in L$.

(2) 如果对任意 $x_i \in X$, 有 $\tilde{f}(x_i) = \tilde{a}$, 则 $(\mathrm{C})\int \tilde{f}\mathrm{d}\mu = \tilde{a}$.

(3) $(\mathrm{C})\int \tilde{f}\mathrm{d}\mu \oplus (\mathrm{C})\int \tilde{f}\mathrm{d}v = (\mathrm{C})\int \tilde{f}\mathrm{d}(\mu + v)$,

$(\mathrm{C})\int \tilde{f}\mathrm{d}(\alpha\mu) = \alpha(\mathrm{C})\int \tilde{f}\mathrm{d}\mu, \quad \alpha > 0$.

(4) $(\mathrm{C})\int \tilde{f}\mathrm{dPos}_A = \bigvee\limits_{x\in A} f(x)$, $(\mathrm{C})\int \tilde{f}\mathrm{dNec}_A = \bigwedge\limits_{x\in A} f(x)$,

其中, $\vee, \wedge$ 表示取大与取小算子.

(5) $\bigcap\limits_{i=1}^{n} \tilde{f}(x_i) \leqslant_L (\mathrm{C})\int \tilde{f}\,\mathrm{d}\mu \leqslant_L \bigcup\limits_{i=1}^{n} \tilde{f}(x_i)$.

(6) 对于 $\leqslant_L$ 蕴涵的不变全序关系 $\hat{\leqslant}$,

$$\bigwedge_{i=1}^{n} f(x_i) \hat{\leqslant} (\mathrm{C})\int \tilde{f}\mathrm{d}\mu \hat{\leqslant} \bigvee_{i=1}^{n} f(x_i),$$

$$(\mathrm{C})\int \tilde{f}\mathrm{dNec}_X \hat{\leqslant} (\mathrm{C})\int \tilde{f}\mathrm{d}\mu \hat{\leqslant} (\mathrm{C})\int \tilde{f}\mathrm{dPos}_X,$$

其中, Pos_A 为基于集合 A 的 0-1 可能性非可加测度 (见定义 3.3), 即有

$$\mathrm{Pos}_A(B) = 1 \text{ 当且仅当 } A \cap B \neq \varnothing, \quad \mathrm{Pos}_A(B) = 0 \text{ 当且仅当 } A \cap B = \varnothing,$$

Nec_A 为基于集合 A 的 0-1 必要性非可加测度 (见定义 3.4), 即有

$$\mathrm{Nec}_A(B) = 1 \text{ 当且仅当 } B \subset A, \quad \mathrm{Nec}_A(B) = 0 \text{ 当且仅当 } B \not\subset A.$$

(7) 对于 $\leqslant_L$ 蕴涵的不变全序关系 $\hat{\leqslant}$, 若 $\tilde{f}, \tilde{g}$ 是同单调的, $\tilde{f} \sim \tilde{g}$, 即 $\tilde{f}(x_i) \hat{\leqslant} \tilde{f}(x_j)$ 当且仅当 $\tilde{g}(x_i) \hat{\leqslant} \tilde{g}(x_j)$, $\forall i, j \in \{1, \cdots, n\}$), 则

$$(\mathrm{C})\int \tilde{f}\mathrm{d}\mu \oplus (\mathrm{C})\int \tilde{g}\mathrm{d}\mu \hat{=} (\mathrm{C})\int (\tilde{f} \oplus \tilde{g})\mathrm{d}\mu.$$

(8) 对于 $\leqslant_L$ 蕴涵的不变全序关系 $\hat{\leqslant}$,

$$(\mathrm{C})\int \tilde{f}\mathrm{d}\mu \oplus \tilde{a} \hat{=} (\mathrm{C})\int (\tilde{f} \oplus \tilde{a})\mathrm{d}\mu.$$

(9) 对于 $\leqslant_L$ 蕴涵的不变全序关系 $\hat{\leqslant}$,

$$(\mathrm{C})\int \alpha\tilde{f}\mathrm{d}\mu \hat{=} \alpha(\mathrm{C})\int \tilde{f}\mathrm{d}\mu, \quad \alpha > 0.$$

(10) 对于 $\leqslant_L$ 蕴涵的不变全序关系 $\hat{\leqslant}$, 若对所有 $x_i \in X$, 有 $\tilde{f}(x_i)\hat{\geqslant}\tilde{g}(x_i)$, 则

$$(\mathrm{C})\int \tilde{f}\mathrm{d}\mu \,\hat{\geqslant}\, (\mathrm{C})\int \tilde{g}\mathrm{d}\mu.$$

(11) 对于 $\leqslant_L$ 蕴涵的不变全序关系 $\hat{\leqslant}$,

$$(\mathrm{C})\int (\tilde{f}\vee\tilde{g})\,\mathrm{d}\mu \,\hat{\geqslant}\, (\mathrm{C})\int \tilde{f}\,\mathrm{d}\mu \vee (\mathrm{C})\int \tilde{g}\,\mathrm{d}\mu,$$

$$(\mathrm{C})\int (\tilde{f}\wedge\tilde{g})\mathrm{d}\mu \,\hat{\leqslant}\, (\mathrm{C})\int \tilde{f}\,\mathrm{d}\mu \wedge (\mathrm{C})\int \tilde{g}\,\mathrm{d}\mu,$$

$$(\mathrm{C})\int (\tilde{f}\cup\tilde{g})\,\mathrm{d}\mu \,\hat{\geqslant}\, (\mathrm{C})\int \tilde{f}\,\mathrm{d}\mu \cup (\mathrm{C})\int \tilde{g}\,\mathrm{d}\mu,$$

$$(\mathrm{C})\int (\tilde{f}\cap\tilde{g})\,\mathrm{d}\mu \,\hat{\leqslant}\, (\mathrm{C})\int \tilde{f}\,\mathrm{d}\mu \cap (\mathrm{C})\int \tilde{g}\,\mathrm{d}\mu.$$

需要指出的是, 在命题 (3) 中, 集函数 $\mu+v$, $\alpha\mu$, $\alpha>0$, 并不满足规范化的边界条件 (见定义 2.1), 它们的值域分别为 $[0,2]$, $[0,\alpha]$. 但此时, 仍可利用式 (12.1) 及 (12.2) 对表达式 $(\mathrm{C})\int \tilde{f}\mathrm{d}(\mu+v)$, $(\mathrm{C})\int \tilde{f}\mathrm{d}(\alpha\mu)$ 进行计算 (见命题 (3) 的证明).

证明 (1) 可由 IFCI 的定义直接获得.

(2) 由 IFCI 的定义可得

$$(\mathrm{C})\int \tilde{f}\mathrm{d}\mu = \sum_{i=1}^{n}{}^{\oplus}[\mu(X_{(i)})-\mu(X_{(i+1)})]\tilde{a}.$$

依据定理 10.1 的命题 (6) 可得

$$(\mathrm{C})\int \tilde{f}\mathrm{d}\mu = \left(\sum_{i=1}^{n}[\mu(X_{(i)})-\mu(X_{(i+1)})]\right)\tilde{a} = \mu(X)\tilde{a} = \tilde{a}.$$

(3) 由 IFCI 的定义, 有

$$\begin{aligned}(\mathrm{C})\int \tilde{f}\mathrm{d}\mu \oplus (\mathrm{C})\int \tilde{f}\mathrm{d}v = &\sum_{i=1}^{n}{}^{\oplus}[\mu(X_{(i)})-\mu(X_{(i+1)})][f(x_{(i)})]\\ &\oplus\sum_{i=1}^{n}{}^{\oplus}[v(X_{(i)})-v(X_{(i+1)})][f(x_{(i)})].\end{aligned}$$

依据定理 10.1 的命题 (6) 可得

$$
\begin{aligned}
&(\mathrm{C})\int \tilde{f}\,\mathrm{d}\mu \oplus (\mathrm{C})\int \tilde{f}\,\mathrm{d}v \\
&=\sum_{i=1}^{n}{}^{\oplus}\left([\mu(X_{(i)})-\mu(X_{(i+1)})]+[v(X_{(i)})-v(X_{(i+1)})]\right)[f(x_{(i)})] \\
&=\sum_{i=1}^{n}{}^{\oplus}\left([\mu(X_{(i)})+v(X_{(i)})]-[\mu(X_{(i+1)})+v(X_{(i+1)})]\right)[f(x_{(i)})] \\
&=(\mathrm{C})\int \tilde{f}\,\mathrm{d}(\mu+v).
\end{aligned}
$$

类似地, 由 IFCI 的定义及定理 10.1 的命题 (7) 可证:

$$(\mathrm{C})\int \tilde{f}\,\mathrm{d}(\alpha\mu)=\alpha(\mathrm{C})\int \tilde{f}\mathrm{d}\mu, \quad \alpha>0.$$

(4) 设 $\tilde{f}(x_{(k)})=\bigvee\limits_{x\in A}\tilde{f}(x)$, 则

$$\mathrm{Pos}_A(X_{(1)})=\cdots=\mathrm{Pos}_A(X_{(k)})=1, \quad \mathrm{Pos}_A(X_{(k+1)})=\cdots=\mathrm{Pos}_A(X_{(n+1)})=0.$$

因此,

$$
\begin{aligned}
(\mathrm{C})\int \tilde{f}\mathrm{dPos}_A=&\left(\sum_{i=1}^{k-1}{}^{\oplus}[\mathrm{Pos}_A(X_{(i)})-\mathrm{Pos}_A(X_{(i-1)})]\tilde{f}(x_{(i)})\right)\\
&\oplus[\mathrm{Pos}_A(X_{(k)})-\mathrm{Pos}_A(X_{(k+1)})]\tilde{f}(x_{(k)})\\
&\oplus\left(\sum_{i=k+1}^{n}{}^{\oplus}[\mathrm{Pos}_A(X_{(i)})-\mathrm{Pos}_A(X_{(i)})]\tilde{f}(x_{(i)})\right)\\
=&\left(\sum_{i=1}^{k-1}{}^{\oplus}(1-1)\tilde{f}(x_{(i)})\right)\oplus(1-0)\tilde{f}(x_{(k)})\oplus\left(\sum_{i=k+1}^{n}{}^{\oplus}(0-0)\tilde{f}(x_{(i)})\right).
\end{aligned}
$$

由定理 10.1 的命题 (4), 有

$$(\mathrm{C})\int \tilde{f}\,\mathrm{dPos}_A=(0,1)\oplus\tilde{f}(x_{(k)})\oplus(0,1)=\tilde{f}(x_{(k)})=\bigvee_{x\in A}\tilde{f}(x).$$

令 $\tilde{f}(x_{(l)})=\bigwedge\limits_{x\in A}\tilde{f}(x)$, 因

$$\mathrm{Nec}_A(X_{(1)})=\cdots=\mathrm{Nec}_A(X_{(l)})=1, \quad \mathrm{Nec}_A(X_{(l+1)})=\cdots=\mathrm{Pos}_A(X_{(n+1)})=0,$$

可得

$$\begin{aligned}(\mathrm{C})\int \tilde{f}\mathrm{dNec}_A &= \left(\sum_{i=1}^{l-1}{}^{\oplus}[\mathrm{Nec}_A(X_{(i)}) - \mathrm{Nec}_A(X_{(i-1)})]\tilde{f}(x_{(i)})\right)\\ &\quad \oplus[\mathrm{Nec}_A(X_{(l)}) - \mathrm{Nec}_A(X_{(l+1)})]\tilde{f}(x_{(l)})\\ &\quad \oplus\left(\sum_{i=l+1}^{n}{}^{\oplus}[\mathrm{Nec}_A(X_{(i)}) - \mathrm{Nec}_A(X_{(i)})]\tilde{f}(x_{(i)})\right)\\ &= \left(\sum_{i=1}^{l-1}{}^{\oplus}(1-1)\tilde{f}(x_{(i)})\right)\oplus(1-0)\tilde{f}(x_{(l)})\oplus\left(\sum_{i=l+1}^{n}{}^{\oplus}(0-0)\tilde{f}(x_{(i)})\right)\\ &= (0,1)\oplus\tilde{f}(x_{(l)})\oplus(0,1)\\ &= \tilde{f}(x_{(l)})\\ &= \bigwedge_{x\in A}\tilde{f}(x).\end{aligned}$$

(5) 对所有 $x_i \in X$, 有

$$\bigcap_{i=1}^{n} f(x_i) \leqslant_L f(x_i) \leqslant_L \bigcup_{i=1}^{n} f(x_i).$$

由定理 12.1 的命题 (3), 有

$$\begin{aligned}&\sum_{i=1}^{n}{}^{\oplus}[\mu(X_{(i)}) - \mu(X_{(i+1)})]\bigcap_{i=1}^{n}\tilde{f}(x_i) \leqslant_L (\mathrm{C})\int \tilde{f}\mathrm{d}\mu\\ \leqslant_L &\sum_{i=1}^{n}{}^{\oplus}[\mu(X_{(i)}) - \mu(X_{(i+1)})]\bigcup_{i=1}^{n}\tilde{f}(x_i).\end{aligned}$$

由命题 (2), 可得

$$\bigcap_{i=1}^{n}\tilde{f}(x_i) \leqslant_L (\mathrm{C})\int \tilde{f}\mathrm{d}\mu \leqslant_L \bigcup_{i=1}^{n}\tilde{f}(x_i).$$

(6) 由定义 12.4 的条件, 可得

$$\sum_{i=1}^{n}{}^{\oplus}[\mu(X_{(i)})-\mu(X_{(i+1)})]\bigwedge_{i=1}^{n}\tilde{f}(x_i)\hat{\leqslant}(\mathrm{C})\int \tilde{f}\mathrm{d}\mu\hat{\leqslant}\sum_{i=1}^{n}{}^{\oplus}[\mu(X_{(i)})-\mu(X_{(i+1)})]\bigvee_{i=1}^{n}\tilde{f}(x_i),$$

由命题 (2), 有

$$\bigwedge_{i=1}^{n}\tilde{f}(x_i)\hat{\leqslant}(\mathrm{C})\int \tilde{f}\mathrm{d}\mu\hat{\leqslant}\bigvee_{i=1}^{n}\tilde{f}(x_i).$$

此外, 由命题 (4), 可得

$$(\mathrm{C})\int \tilde{f}\mathrm{dNec}_X\hat{\leqslant}(\mathrm{C})\int \tilde{f}\mathrm{d}\mu\hat{\leqslant}(\mathrm{C})\int \tilde{f}\mathrm{dPos}_X.$$

(7) 令 $(\pi(1),\cdots,\pi(n))$ 是 $(1,\cdots,n)$ 上的一个置换, 使得

$$\tilde{f}(x_{\pi(1)})\hat{\leqslant}\cdots\hat{\leqslant}\tilde{f}(x_{\pi(n)}).$$

因 $\tilde{f},\tilde{g}$ 关于序关系 $\hat{\leqslant}$ 是同单调的, 对同一置换 $(\pi(1),\cdots,\pi(n))$, 有

$$\tilde{g}(x_{\pi(1)})\hat{\leqslant}\cdots\hat{\leqslant}\tilde{g}(x_{\pi(n)}),\quad [\tilde{f}(x_{\pi(1)})\oplus\tilde{g}(x_{\pi(1)})]\hat{\leqslant}\cdots\hat{\leqslant}[\tilde{f}(x_{\pi(n)})\oplus\tilde{g}(x_{\pi(n)})],$$

因此,

$$\begin{aligned}&(\mathrm{C})\int\tilde{f}\mathrm{d}\mu\oplus(\mathrm{C})\int\tilde{g}\mathrm{d}\mu\\ \hat{=}&\sum_{i=1}^{n}{}^{\oplus}[\mu(X_{\pi(i)})-\mu(X_{\pi(i+1)})]\tilde{f}(x_{\pi(i)})\oplus\sum_{i=1}^{n}{}^{\oplus}[\mu(X_{\pi(i)})-\mu(X_{\pi(i+1)})]\tilde{g}(x_{\pi(i)}).\end{aligned}$$

由定理 10.1 的命题 (5), 可得

$$\begin{aligned}(\mathrm{C})\int\tilde{f}\mathrm{d}\mu\oplus(\mathrm{C})\int\tilde{g}\mathrm{d}\mu&\hat{=}\sum_{i=1}^{n}{}^{\oplus}[\mu(X_{\pi(i)})-\mu(X_{\pi(i+1)})][\tilde{f}(x_{\pi(i)})\oplus\tilde{g}(x_{\pi(i)})]\\&\hat{=}(\mathrm{C})\int(\tilde{f}\oplus\tilde{g})\mathrm{d}\mu.\end{aligned}$$

(8) 可定义 X 上的直觉模糊值函数 $\tilde{g}$ 为

$$\tilde{g}(x_i)=\tilde{a},\quad \forall x_i\in X.$$

因函数 $\tilde{g}$ 与 X 上的任一直觉模糊值函数是同单调的, 故由命题 (7), 得

$$(\mathrm{C})\int\tilde{f}\mathrm{d}\mu\oplus(\mathrm{C})\int\tilde{g}\mathrm{d}\mu\hat{=}(\mathrm{C})\int\tilde{f}\mathrm{d}\mu\oplus\tilde{a}\hat{=}(\mathrm{C})\int(\tilde{f}\oplus\tilde{a})\mathrm{d}\mu.$$

(9) 设 $((1),\cdots,(n))$ 为 $(1,\cdots,n)$ 上一置换, 使得

$$\tilde{f}(x_{(1)})\hat{\leqslant}\cdots\hat{\leqslant}\tilde{f}(x_{(n)}),$$

因 $\hat{\leqslant}$ 是 $\leqslant_L$ 蕴涵的运算不变序, 则由定义 12.4 的条件, 可得对任意 $\alpha\geqslant 0$, 有

$$\alpha\tilde{f}(x_{(1)})\hat{\leqslant}\cdots\hat{\leqslant}\alpha\tilde{f}(x_{(n)}),$$

进而, 有

$$\begin{aligned}(\mathrm{C})\int\alpha\tilde{f}\mathrm{d}\mu&\hat{=}\sum_{i=1}^{n}{}^{\oplus}[\mu(X_{(i)})-\mu(X_{(i+1)})]\alpha\tilde{f}(x_{(i)})\\&\hat{=}\alpha\sum_{i=1}^{n}{}^{\oplus}[\mu(X_{(i)})-\mu(X_{(i+1)})]\tilde{f}(x_{(i)})\hat{=}\alpha(\mathrm{C})\int\tilde{f}\mathrm{d}\mu.\end{aligned}$$

(10) 该命题等价于: 对任意给定的 $i \in \{1, \cdots, n\}$, 如果对 $j \neq i, j \in \{1, \cdots, n\}$, 有 $\tilde{f}(x_i) \hat{\geqslant} \tilde{g}(x_i)$, $\tilde{f}(x_j) \hat{=} \tilde{g}(x_j)$, 则 (C) $\int \tilde{f} \mathrm{d}\mu \hat{\geqslant}$ (C) $\int \tilde{g} \mathrm{d}\mu$.

下面给出证明. 令 $(\pi(1), \cdots, \pi(n))$ 是 $(1, \cdots, n)$ 上一个置换, 使得

$$\tilde{g}(x_{\pi(1)}) \hat{\leqslant} \cdots \hat{\leqslant} \tilde{g}(x_{\pi(n)}),$$

可假定存在 $i' \in \{1, \cdots, n\}$ 使得

$$\tilde{f}(x_{\pi(i')}) \hat{\geqslant} \tilde{g}(x_{\pi(i')}), \text{ 且对 } j \neq i', \quad j \in \{1, \cdots, n\}, \quad \tilde{f}(x_{\pi(j)}) \hat{=} \tilde{g}(x_{\pi(j)}).$$

易证, 当 $i' = n$, 有 (C) $\int \tilde{f} \mathrm{d}\mu \hat{\geqslant}$ (C) $\int \tilde{g} \mathrm{d}\mu$. 以下可假定 $i' \leqslant n-1$.

下面将基于 k 进行归纳法证明.

现定义直觉模糊值函数 $\tilde{g}^{(k)}$, $k \leqslant n - i'$ 为

当 $j = i', \cdots, i'+k-1$, 令 $\tilde{g}^{(k)}(x_{\pi(j)}) \hat{=} \tilde{g}(x_{\pi(j+1)})$;

否则, 令 $\tilde{g}^{(k)}(x_{\pi(j)}) = \tilde{g}(x_{\pi(j)})$.

并定义置换 $(\pi^{(k)}(1), \cdots, \pi^{(k)}(n))$, $k \leqslant n - i'$ 为

当 $j = i', \cdots, i'+k-1$, 令 $\pi^{(k)}(j) = \pi(j+1)$;

$\pi^{(k)}(j) = \pi(i')$, 若 $j = i' + k$;

其他情况下, 令 $\pi^{(k)}(j) = \pi(j)$.

首先, 当 $k = 1$, 有

$$\tilde{g}(x_{\pi(i')}) \hat{\leqslant} \tilde{f}(x_{\pi(i')}) \hat{\leqslant} \tilde{g}(x_{\pi(i'+1)}) \hat{\leqslant} \cdots \hat{\leqslant} \tilde{g}(x_{\pi(n)}).$$

此种情形下, 有

$$\begin{aligned}
(\mathrm{C}) \int \tilde{g} \mathrm{d}\mu \hat{=} & \sum_{j=1}^{i'-1}{}^{\oplus} [\mu(X_{\pi(j)}) - \mu(X_{\pi(j+1)})] \tilde{g}(x_{\pi(j)}) \\
& \oplus [\mu(X_{\pi(i')}) - \mu(X_{\pi(i'+1)})] \tilde{g}(x_{\pi(i')}) \\
& \oplus \sum_{j=i'+1}^{n}{}^{\oplus} [\mu(X_{\pi(j)}) - \mu(X_{\pi(j+1)})] \tilde{g}(x_{\pi(j)}).
\end{aligned}$$

考虑到对于 $j \neq i'$, 有 $\tilde{f}(x_{\pi(j)}) \hat{=} \tilde{g}(x_{\pi(j)})$, 以及 $\tilde{g}(x_{\pi(i')}) \hat{\leqslant} \tilde{f}(x_{\pi(i')}) \hat{\leqslant} \tilde{g}(x_{\pi(i'+1)})$, 可得

$$\begin{aligned}
(\mathrm{C}) \int \tilde{g} \mathrm{d}\mu \hat{\leqslant} & \sum_{j=1}^{i'-1}{}^{\oplus} [\mu(X_{\pi(j)}) - \mu(X_{\pi(j+1)})] \tilde{g}(x_{\pi(j)}) \\
& \oplus [\mu(X_{\pi(i')}) - \mu(X_{\pi(i'+1)})] \tilde{f}(x_{\pi(i')}) \\
& \oplus \sum_{j=i'+1}^{n}{}^{\oplus} [\mu(X_{\pi(j)}) - \mu(X_{\pi(j+1)})] \tilde{g}(x_{\pi(j)}) \hat{=} (\mathrm{C}) \int \tilde{f} \, \mathrm{d}\mu.
\end{aligned}$$

又因直觉模糊值函数 $\tilde{g}^{(1)}$ 为

如果 $j=i'$, $\tilde{g}^{(1)}(x_{\pi(j)})=\tilde{g}(x_{\pi(j+1)})$;

否则, $\tilde{g}^{(1)}(x_{\pi(j)})\hat{=}\tilde{g}(x_{\pi(j)})$.

进而有

$$(\mathrm{C})\int\tilde{g}\mathrm{d}\mu\hat{\leqslant}(\mathrm{C})\int\tilde{g}^{(1)}\mathrm{d}\mu.$$

其次, 对 $k=2$, 有

$$\tilde{g}(x_{\pi(i'+1)})\hat{\leqslant}\tilde{f}(x_{\pi(i')})\hat{\leqslant}\tilde{g}(x_{\pi(i'+2)})\hat{\leqslant}\cdots\hat{\leqslant}\tilde{g}(x_{\pi(n)}).$$

在此种情形下, 易证 $\tilde{f}$, $\tilde{g}^{(1)}$ 是同单调的.

此外, 有

$$\begin{aligned}(\mathrm{C})\int\tilde{g}^{(1)\mathrm{d}}\mu\hat{=}&\sum_{j=1}^{i'-1}{}^{\oplus}[\mu(X_{\pi(j)})-\mu(X_{\pi(j+1)})]\tilde{g}(x_{\pi(j)})\\&\oplus[\mu(X_{\pi(i')})-\mu(X_{\pi(i'+1)})]\tilde{g}(x_{\pi(i'+1)})\\&\oplus[\mu(X_{\pi(i'+1)})-\mu(X_{\pi(i'+2)})]\tilde{g}(x_{\pi(i'+1)})\\&\oplus\sum_{j=i'+2}^{n}{}^{\oplus}[\mu(X_{\pi(j)})-\mu(X_{\pi(j+1)})]\tilde{g}(x_{\pi(j)})\\\hat{=}&\sum_{j=1}^{i'-1}{}^{\oplus}[\mu(X_{\pi(j)})-\mu(X_{\pi(j+1)})]\tilde{g}(x_{\pi(j)})\\&\oplus[\mu(X_{\pi(i')})-\mu(X_{\pi(i'+2)})]\tilde{g}(x_{\pi(i+1)})\\&\oplus\sum_{j=i'+2}^{n}{}^{\oplus}[\mu(X_{\pi(j)})-\mu(X_{\pi(j+1)})]\tilde{g}(x_{\pi(j)})\end{aligned}$$

又因 $(1,\cdots,n)$ 上的置换 $(\pi^{(1)}(1),\cdots,\pi^{(1)}(n))$ 定义为

$$\pi^{(1)}(i')=\pi(i'+1),\quad \pi^{(1)}(i'+1)=\pi(i'),\quad \text{且对任意}\, j\neq i,i+1, \text{有}\, \pi^{(1)}(j)=\pi(j),$$

进而有

$$X_{\pi(i')}=\{x_{\pi(i')},x_{\pi(i'+1)},\cdots,x_{\pi(n)}\}=X_{\pi^{(1)}(i')},\ \text{且对}\, j\neq i,i+1,\ X_{\pi(j)}=X_{\pi^{(1)}(j)}.$$

因此,

$$\begin{aligned}(\mathrm{C})\int\tilde{g}^{(1)}\mathrm{d}\mu\hat{=}&\sum_{j=1}^{i'-1}{}^{\oplus}[\mu(X_{\pi(j)})-\mu(X_{\pi(j+1)})]\tilde{g}(x_{\pi(j)})\\&\oplus[\mu(X_{\pi(i')})-\mu(X_{\pi(i'+2)})]\tilde{g}(x_{\pi(i+1)})\\&\oplus\sum_{j=i'+2}^{n}{}^{\oplus}[\mu(X_{\pi(j)})-\mu(X_{\pi(j+1)})]\tilde{g}(x_{\pi(j)}).\end{aligned}$$

因为

$$[\mu(X_{\pi(i')}) - \mu(X_{\pi(i'+2)})] = [\mu(X_{\pi^{(1)}(i')}) - \mu(X_{\pi^{(1)}(i'+1)})] + [\mu(X_{\pi^{(1)}(i'+1)}) - \mu(X_{\pi^{(1)}(i'+2)})],$$

则

$$\begin{aligned}(\mathrm{C})\int \tilde{g}^{(1)}\mathrm{d}\mu \hat{=} & \sum_{j=1}^{i'-1}{}^{\oplus}[\mu(X_{\pi^{(1)}(j)}) - \mu(X_{\pi^{(1)}(j+1)})]\tilde{g}(x_{\pi^{(1)}(j)}) \\ & \oplus[\mu(X_{\pi^{(1)}(i')}) - \mu(X_{\pi^{(1)}(i'+1)})]\tilde{g}(x_{\pi^{(1)}(i'+1)}) \\ & \oplus[\mu(X_{\pi^{(1)}(i'+1)}) - \mu(X_{\pi^{(1)}(i'+2)})]\tilde{g}(x_{\pi^{(1)}(i'+1)}) \\ & \oplus \sum_{j=i'+2}^{n}{}^{\oplus}[\mu(X_{\pi^{(1)}(j)}) - \mu(X_{\pi^{(1)}(j+1)})]\tilde{g}(x_{\pi^{(1)}(j)}).\end{aligned}$$

另外, 对于置换 $(\pi^{(1)}(1),\cdots,\pi^{(1)}(n))$, 有

$$\tilde{f}(x_{\pi^{(1)}(1)})\hat{\leqslant}\cdots\hat{\leqslant}\tilde{f}(x_{\pi^{(1)}(n)}), \quad \tilde{g}^{(1)}(x_{\pi^{(1)}(1)})\hat{\leqslant}\cdots\hat{\leqslant}\tilde{g}^{(1)}(x_{\pi^{(1)}(n)}).$$

考虑到

$$\tilde{g}^{(1)}(x_{\pi(i')}) = \tilde{g}^{(1)}(x_{\pi(i'+1)}) = \tilde{g}(x_{\pi(i'+1)}), \quad \tilde{g}(x_{\pi(i'+1)})\hat{\leqslant}\tilde{f}(x_{\pi(i')})\hat{\leqslant}\tilde{g}(x_{\pi(i'+2)}),$$

则有

$$\begin{aligned}\tilde{f}(x_{\pi^{(1)}(i')})\hat{=}\tilde{f}(x_{\pi(i'+1)})\hat{=}\tilde{g}(x_{\pi(i'+1)}) = \tilde{g}^{(1)}(x_{\pi^{(1)}(i')}), \\ \tilde{f}(x_{\pi^{(1)}(i'+1)})\hat{=}\tilde{f}(x_{\pi(i')})\hat{\geqslant}\tilde{g}(x_{\pi(i'+1)}) = \tilde{g}^{(1)}(x_{\pi^{(1)}(i'+1)}).\end{aligned}$$

因此, 有

$$(\mathrm{C})\int \tilde{g}^{(1)}\mathrm{d}\mu\hat{\leqslant}(\mathrm{C})\int \tilde{f}\mathrm{d}\mu,$$

进而,

$$(\mathrm{C})\int \tilde{g}\mathrm{d}\mu\hat{\leqslant}(\mathrm{C})\int \tilde{g}^{(1)}\mathrm{d}\mu\hat{\leqslant}(\mathrm{C})\int \tilde{f}\mathrm{d}\mu.$$

又因直觉模糊值函数 $\tilde{g}^{(2)}$ 定义为

当 $j = i', i'+1$, 有 $\tilde{g}^{(2)}(x_{\pi(j)})\hat{=}\tilde{g}(x_{\pi(j+1)})$;

否则, $\tilde{g}^{(2)}(x_{\pi(j)}) = \tilde{g}(x_{\pi(j)})$,

可得

$$(\mathrm{C})\int \tilde{g}\mathrm{d}\mu\hat{\leqslant}(\mathrm{C})\int \tilde{g}^{(1)}\mathrm{d}\mu\hat{\leqslant}(\mathrm{C})\int \tilde{g}^{(2)}\mathrm{d}\mu.$$

最后, 可假定

$$(\mathrm{C})\int \tilde{g}\mathrm{d}\mu\hat{\leqslant}(\mathrm{C})\int \tilde{g}^{(1)}\mathrm{d}\mu\hat{\leqslant}\cdots\hat{\leqslant}(\mathrm{C})\int \tilde{g}^{(k-1)}\mathrm{d}\mu,$$

现考虑

$$\tilde{g}(x_{\pi(i'+k)})\hat{\leqslant}\tilde{f}(x_{\pi(i')})\hat{\leqslant}\tilde{g}(x_{\pi(i'+k+1)})\hat{\leqslant}\cdots\hat{\leqslant}\tilde{g}(x_{\pi(n)}),$$

在此种情形下, 函数 $\tilde{f}, \tilde{g}^{(k-1)}$ 是同单调的, 即对置换 $(\pi^{(k-1)}(1), \cdots, \pi^{(k-1)}(n))$, 有

$$\tilde{f}(x_{\pi^{(k-1)}(1)}) \hat{\leqslant} \cdots \hat{\leqslant} \tilde{f}(x_{\pi^{(k-1)}(n)}), \quad \tilde{g}^{(k-1)}(x_{\pi^{(k-1)}(1)}) \hat{\leqslant} \cdots \hat{\leqslant} \tilde{g}^{(k-1)}(x_{\pi^{(k-1)}(n)}).$$

因此,

$$\begin{aligned}(\mathrm{C})\int \tilde{g}^{(k-1)}\mathrm{d}\mu \hat{=} & \sum_{j=1}^{i'+k-3}{}^{\oplus}[\mu(X_{\pi^{(k-2)}(j)}) - \mu(X_{\pi^{(k-2)}(j+1)})]\tilde{g}(x_{\pi^{(k-2)}(j)}) \\ & \oplus[\mu(X_{\pi^{(k-2)}(i'+k-2)}) - \mu(X_{\pi^{(k-2)}(i'+k-1)})]\tilde{g}(x_{\pi^{(k-2)}(i'+k-2)}) \\ & \oplus[\mu(X_{\pi^{(k-2)}(i'+k-1)}) - \mu(X_{\pi^{(k-2)}(i'+k)})]\tilde{g}(x_{\pi^{(k-2)}(i'+k-1)}) \\ & \oplus \sum_{j=i'+k}^{n}{}^{\oplus}[\mu(X_{\pi^{(k-2)}(j)}) - \mu(X_{\pi^{(k-2)}(j+1)})]\tilde{g}(x_{\pi^{(k-2)}(j)}).\end{aligned}$$

考虑到

$$\tilde{g}(x_{\pi^{(k-2)}(i'+k-2)}) = \tilde{g}(x_{\pi(i'+k-1)}) = \tilde{g}(x_{\pi^{(k-2)}(i'+k-1)}),$$

以及

$$\begin{aligned}& [\mu(X_{\pi^{(k-2)}(i'+k-2)}) - \mu(X_{\pi^{(k-2)}(i'+k-1)})] + [\mu(X_{\pi^{(k-2)}(i'+k-1)}) - \mu(X_{\pi^{(k-2)}(i'+k)})] \\ = & [\mu(X_{\pi^{(k-2)}(i'+k-2)}) - \mu(X_{\pi^{(k-2)}(i'+k)})] = [\mu(X_{\pi^{(k-1)}(i'+k-2)}) - \mu(X_{\pi^{(k-1)}(i'+k)})] \\ = & [\mu(X_{\pi^{(k-1)}(i'+k-2)}) - \mu(X_{\pi^{(k-1)}(i'+k-1)})] + [\mu(X_{\pi^{(k-1)}(i'+k-1)}) - \mu(X_{\pi^{(k-1)}(i'+k)})],\end{aligned}$$

进而有

$$\begin{aligned}(\mathrm{C})\int \tilde{g}^{(k-1)}\mathrm{d}\mu \hat{=} & \sum_{j=1}^{i'+k-3}{}^{\oplus}[\mu(X_{\pi^{(k-1)}(j)}) - \mu(X_{\pi^{(k-1)}(j+1)})]\tilde{g}\left(x_{\pi^{(k-1)}(j)}\right) \\ & \oplus[\mu(X_{\pi^{(k-1)}(i'+k-2)}) - \mu(X_{\pi^{(k-1)}(i'+k-1)})]\tilde{g}\left(x_{\pi^{(k-1)}(i'+k-2)}\right) \\ & \oplus[\mu(X_{\pi^{(k-1)}(i'+k-1)}) - \mu(X_{\pi^{(k-1)}(i'+k)})]\tilde{g}\left(x_{\pi^{(k-1)}(i'+k-1)}\right) \\ & \oplus \sum_{j=i'+k}^{n}{}^{\oplus}[\mu(X_{\pi^{(k-1)}(j)}) - \mu(X_{\pi^{(k-1)}(j+1)})]\tilde{g}\left(x_{\pi^{(k-1)}(j)}\right) \\ \hat{\leqslant} & (\mathrm{C})\int \tilde{f}\,\mathrm{d}\mu.\end{aligned}$$

从而, 有

$$(\mathrm{C})\int \tilde{g}\mathrm{d}\mu \hat{\leqslant} (\mathrm{C})\int \tilde{g}^{(1)}\mathrm{d}\mu \hat{\leqslant} \cdots \hat{\leqslant} (\mathrm{C})\int \tilde{g}^{(k-1)}\mathrm{d}\mu \hat{\leqslant} (\mathrm{C})\int \tilde{f}\mathrm{d}\mu.$$

(11) 对 $\forall x_i \in X$, 有

$$\tilde{f}(x_i) \vee \tilde{g}(x_i) \hat{\geqslant} \tilde{f}(x_i), \quad \tilde{f}(x_i) \vee \tilde{g}(x_i) \hat{\geqslant} \tilde{g}(x_i),$$

即

$$(\tilde{f}\vee\tilde{g})\hat{\geqslant}\tilde{f},\quad (\tilde{f}\vee\tilde{g})\hat{\geqslant}\tilde{g}.$$

由命题 (10), 可得

$$(\mathrm{C})\int(\tilde{f}\vee\tilde{g})\mathrm{d}\mu\hat{\geqslant}(\mathrm{C})\int\tilde{f}\mathrm{d}\mu,\quad (\mathrm{C})\int(\tilde{f}\vee\tilde{g})\mathrm{d}\mu\hat{\geqslant}(\mathrm{C})\int\tilde{f}\mathrm{d}\mu.$$

从而, 可得

$$(\mathrm{C})\int(\tilde{f}\vee\tilde{g})\mathrm{d}\mu\hat{\geqslant}(\mathrm{C})\int\tilde{f}\mathrm{d}\mu\vee(\mathrm{C})\int\tilde{g}\mathrm{d}\mu.$$

类似可证得

$$(\mathrm{C})\int(\tilde{f}\wedge\tilde{g})\mathrm{d}\mu\hat{\leqslant}(\mathrm{C})\int\tilde{f}\mathrm{d}\mu\wedge(\mathrm{C})\int\tilde{g}\mathrm{d}\mu.$$

因 $\tilde{f}\cup\tilde{g}\geqslant_L\tilde{f}$ 及 $\tilde{f}\cup\tilde{g}\geqslant_L\tilde{g}$, 则有

$$\tilde{f}\cup\tilde{g}\hat{\geqslant}\tilde{f},\quad \tilde{f}\cup\tilde{g}\hat{\geqslant}\tilde{g}.$$

由命题 (10), 有

$$(\mathrm{C})\int(\tilde{f}\cup\tilde{g})\mathrm{d}\mu\hat{\geqslant}(\mathrm{C})\int\tilde{f}\mathrm{d}\mu,\quad (\mathrm{C})\int(\tilde{f}\cup\tilde{g})\mathrm{d}\mu\hat{\geqslant}(\mathrm{C})\int\tilde{g}\mathrm{d}\mu.$$

由定义 12.4 的条件 (5), 有

$$(\mathrm{C})\int(\tilde{f}\cup\tilde{g})\mathrm{d}\mu\hat{\geqslant}(\mathrm{C})\int\tilde{f}\mathrm{d}\mu\cup(\mathrm{C})\int\tilde{g}\mathrm{d}\mu.$$

类似地可证得

$$(\mathrm{C})\int(\tilde{f}\cap\tilde{g})\mathrm{d}\mu\hat{\leqslant}(\mathrm{C})\int\tilde{f}\mathrm{d}\mu\cap(\mathrm{C})\int\tilde{g}\mathrm{d}\mu.$$

证毕.

在上述定理中,

命题 (1) 说明 IFCI 的结果仍是一直觉模糊值;

命题 (2) 意味着关于一个全序, 比如序关系 $\leqslant_{\mathrm{sh}}$ 与 $\hat{\leqslant}$, 是幂等的;

命题 (3) 给出了关于非可加测度的 IFCI 与关于广义非可加测度 (满足空集的测度值为零的单调集函数) 的 IFCI 之间的关系;

命题 (4) 指出 IFCI 可以表述关于子集 $A\subset X$ 的取小与取大算子;

命题 (5) 给出 IFCI 值域基于序关系 $\leqslant_L$ 或 $\leqslant_L$ 蕴涵全序 (如 $\leqslant_{\mathrm{sh}}$ 与 $\hat{\leqslant}$) 的值域边界;

命题 (6) 说明基于 $\leqslant_L$ 蕴涵的不变全序关系 $\hat{\leqslant}$ 的 IFCI 是内部的或补偿的;

命题 (7) 说明基于 $\leqslant_L$ 蕴涵的不变全序关系 $\hat{\leqslant}$ 的 IFCI 是同单调可加的;

命题 (8) 与 (9) 意味着基于 $\leqslant_L$ 蕴涵的不变全序关系 $\hat{\leqslant}$ 的 IFCI 关于正数乘变换及转换是稳定的, 进而对正线性变换是稳定的, 即

$$(\mathrm{C})\int(\alpha\tilde{f}\oplus\tilde{a})\,\mathrm{d}\mu\hat{=}\alpha(\mathrm{C})\int\tilde{f}\,\mathrm{d}\mu\oplus\tilde{a},\quad \alpha>0;$$

命题 (10) 表示基于 $\leqslant_L$ 蕴涵的不变全序关系 $\hat{\leqslant}$ 的 IFCI 是递增的.

总之, IFCI 的性质强烈依赖于所给定的序关系. 比如, 基于序关系 $\leqslant_{\mathrm{sh}}$, IFCI 则只拥有命题 (1)—(5) 所示的性质. 然而, 基于一个 $\leqslant_L$ 蕴涵的不变全序关系 $\hat{\leqslant}$, IFCI 则拥有上述 11 个命题的全部性质.

下面说明 IFCI 可表述 IFWA_ω, IFOWA_ω 两个集成函数.

定理 12.3 设 $\tilde{f}$ 为 X 上的直觉模糊值函数, μ 为 X 上的非可加测度, 则非可加测度 μ 是可加的当且仅当存在 $\omega\in[0,1]^n$ 使得 $(\mathrm{C})\int\tilde{f}\,\mathrm{d}\mu=\mathrm{IFWA}_\omega$ 与 IFWA_ω 相对应的可加测度 μ 定义为

$$\mu(S)=\sum_{x_i\in S}\omega_i,\quad \forall S\subseteq X.$$

例 12.3 令 $X=\{x_1,x_2,x_3\}$, 非可加测度 μ 定义为

$$\mu(\varnothing)=0,\quad \mu(\{x_1\})=0.2,\quad \mu(\{x_2\})=0.5,\quad \mu(\{x_3\})=0.3,$$

$$\mu(\{x_1,x_2\})=0.7,\quad \mu(\{x_1,x_3\})=0.5,\quad \mu(\{x_2,x_3\})=0.8,\quad \mu(X)=1.$$

因非可加测度 μ 是可加, 关于 μ 的 IFCI 将退化为以 $\omega_1=0.2$, $\omega_2=0.5$, $\omega_3=0.3$ 为权重的 IFWA_ω.

定理 12.4 设 $\tilde{f}$ 为 X 上的直觉模糊值函数, μ 为 X 上的非可加测度, 则非可加测度 μ 是基于势的当且仅当存在 $\omega\in[0,1]^n$ 使得 $(\mathrm{C})\int\tilde{f}\mathrm{d}\mu=\mathrm{IFOWA}_\omega$. 与 IFOWA_ω 相对应的基于势的非可加测度 μ 定义为

$$\mu(S)=\sum_{i=n-|S|+1}^{n}\omega_i,\quad 对任意非空\, S\subseteq X.$$

例 12.4 令 $X=\{x_1,x_2,x_3\}$, 非可加测度 μ 定义为

$$\mu(\varnothing)=0,\quad \mu(\{x_1\})=\mu(\{x_2\})=\mu(\{x_3\})=0.2,$$

$$\mu(\{x_1,x_2\})=\mu(\{x_2,x_3\})=\mu(\{x_1,x_3\})=0.7,\quad \mu(X)=1.$$

因非可加测度 μ 是基于势的, 关于 μ 的 IFCI 退化为以 $\omega_1=0.3$, $\omega_2=0.5$, $\omega_3=0.2$ 的 IFOWA_ω 集成函数.

下面研究直觉模糊值共轭 Choquet 积分 (IFCCI).

12.2.2 直觉模糊值共轭 Choquet 积分 (IFCCI) 的定义及其性质

定义 12.6 设 $\tilde{f}: X \to L$ 是 X 上的直觉模糊值函数, μ 为 X 上的非可加测度, 则函数 $\tilde{f}$ 关于 μ 的直觉模糊值共轭 Choquet 积分(IFCCI) 可定义为

$$(\bar{\mathrm{C}})\int \tilde{f}\mathrm{d}\mu = \overline{\left(\sum_{i=1}^{n}{}^{\oplus}[\mu(X_{(i)}) - \mu(X_{(i+1)})]\ \left(\overline{\tilde{f}(x_{(i)})}\right)\right)}, \tag{12.3}$$

其中, $_{(\cdot)}$ 为集合 X 上一个置换, 使得对于直觉模糊值上给定序关系 $\leqslant$ 有

$$\tilde{f}(x_{(1)}) \leqslant \cdots \leqslant \tilde{f}(x_{(n)}), \quad X_{(i)} = \{x_{(i)}, \cdots, x_{(n)}\}, \quad X_{(n+1)} = \varnothing.$$

例 12.2(续) 函数 $\tilde{f}$ 关于 μ 的直觉模糊值共轭 Choquet 积分 (IFCCI) 值为

$$\begin{aligned}(\bar{\mathrm{C}})\int \tilde{f}\mathrm{d}\mu &= \overline{\left([\mu(X_{(1)}) - \mu(X_{(2)})]\left(\overline{\tilde{f}(x_{(1)})}\right) \oplus [\mu(X_{(2)}) - \mu(X_{(3)})]\left(\overline{\tilde{f}(x_{(2)})}\right)\right)}\\ &= \overline{(1-0.5)(0.5, 0.4) \oplus 0.5(0.2, 0.7)}\\ &= \overline{(0.38, 0.53)}\\ &= (0.53, 0.38).\end{aligned}$$

由定理 6.1 的命题 (10), 上述 IFCCI 定义的可表述为

$$(\bar{\mathrm{C}})\int \tilde{f}\mathrm{d}\mu = \prod_{i=1}^{n}{}^{\otimes}\left(\tilde{f}(x_{(i)})\right)^{[\mu(X_{(i)}) - \mu(X_{(i+1)})]}. \tag{12.4}$$

此外, 可设 $\tilde{f}(x) = (f_1(x), f_2(x))$, 则

$$\begin{aligned}(\bar{\mathrm{C}})\int \tilde{f}\mathrm{d}\mu &= \overline{\left(\sum_{i=1}^{n}{}^{\oplus}[\mu(X_{(i)}) - \mu(X_{(i+1)})]\ \left(\overline{(f_1(x_{(i)}), f_2(x_{(i)}))}\right)\right)}\\ &= \overline{\left(\sum_{i=1}^{n}{}^{\oplus}[\mu(X_{(i)}) - \mu(X_{(i+1)})]\ \left((f_2(x_{(i)}), f_1(x_{(i)}))\right)\right)}.\end{aligned}$$

由式 (12.2), 可得

$$(\bar{\mathrm{C}})\int \tilde{f}\mathrm{d}\mu = \overline{\left(1 - \prod_{i=1}^{n}(1 - f_2(x_{(i)}))^{[\mu(X_{(i)}) - \mu(X_{(i+1)})]}, \prod_{i=1}^{n} f_1(x_{(i)})^{[\mu(X_{(i)}) - \mu(X_{(i+1)})]}\right)}.$$

进而有

$$(\bar{\mathrm{C}})\int \tilde{f}\mathrm{d}\mu = \left(\prod_{i=1}^{n} f_1(x_{(i)})^{[\mu(X_{(i)}) - \mu(X_{(i+1)})]}, 1 - \prod_{i=1}^{n}(1 - f_2(x_{(i)}))^{[\mu(X_{(i)}) - \mu(X_{(i+1)})]}\right). \tag{12.5}$$

下面的定理给出了 IFCCI 的性质.

定理 12.5 设 $\tilde{f}, \tilde{g}$ 是 X 上的直觉模糊值函数, $\tilde{a}$ 为直觉模糊值, μ, υ 为 X 上的非可加测度.

(1) $(\bar{\mathrm{C}})\int \tilde{f}\mathrm{d}\mu \in L$.

(2) 如果对任意 $x_i \in X$, 有 $\tilde{f}(x_i)=\tilde{a}$, 则 $(\bar{\mathrm{C}})\int \tilde{f}\mathrm{d}\mu=\tilde{a}$.

(3) $(\bar{\mathrm{C}})\int \tilde{f}\mathrm{d}\mu \otimes (\bar{\mathrm{C}})\int \tilde{f}\mathrm{d}\upsilon=(\bar{\mathrm{C}})\int \tilde{f}\mathrm{d}(\mu+\upsilon)$,

$(\bar{\mathrm{C}})\int \tilde{f}\mathrm{d}(\alpha\mu)=\left((\bar{\mathrm{C}})\int \tilde{f}\mathrm{d}\mu\right)^{\alpha}, \quad \alpha>0$.

(4)$(\bar{\mathrm{C}})\int \tilde{f}\mathrm{d}\,\mathrm{Pos}_A=\bigvee\limits_{x\in A} f(x)$, $(\bar{\mathrm{C}})\int \tilde{f}\mathrm{d}\,\mathrm{Nec}_A=\bigwedge\limits_{x\in A} f(x)$,

其中, $\vee, \wedge$ 表示取大与取小算子.

(5) $\bigcap\limits_{i=1}^{n} \tilde{f}(x_i) \leqslant (\bar{\mathrm{C}})\int \tilde{f}\mathrm{d}\mu \leqslant \bigcup\limits_{i=1}^{n} \tilde{f}(x_i)$.

(6) 对于 $\leqslant_L$ 蕴涵的不变全序关系 $\hat{\leqslant}$,

$$\bigwedge_{i=1}^{n} f(x_i) \hat{\leqslant} (\bar{\mathrm{C}})\int \tilde{f}\mathrm{d}\mu \hat{\leqslant} \bigvee_{i=1}^{n} f(x_i),$$

$$(\bar{\mathrm{C}})\int \tilde{f}\mathrm{dNec}_X \hat{\leqslant} (\bar{\mathrm{C}})\int \tilde{f}\mathrm{d}\mu \hat{\leqslant} (\bar{\mathrm{C}})\int \tilde{f}\mathrm{dPos}_X.$$

(7) 对于 $\leqslant_L$ 蕴涵的不变全序关系 $\hat{\leqslant}$, 若 $\tilde{f}, \tilde{g}$ 是同单调的, $\tilde{f}\sim\tilde{g}$, 即 $\tilde{f}(x_i)\hat{\leqslant}\tilde{f}(x_j)$ 当且仅当 $\tilde{g}(x_i)\hat{\leqslant}\tilde{g}(x_j)$, $\forall i,j\in\{1,\cdots,n\}$), 则

$$(\bar{\mathrm{C}})\int \tilde{f}\mathrm{d}\mu \otimes (\bar{\mathrm{C}})\int \tilde{g}\mathrm{d}\mu \hat{=} (\bar{\mathrm{C}})\int (\tilde{f}\otimes\tilde{g})\mathrm{d}\mu.$$

(8) 对于 $\leqslant_L$ 蕴涵的不变全序关系 $\hat{\leqslant}$,

$$(\bar{\mathrm{C}})\int \tilde{f}\mathrm{d}\mu \otimes \tilde{a} \hat{=} (\bar{\mathrm{C}})\int (\tilde{f}\otimes\tilde{a})\mathrm{d}\mu$$

(9) 对于 $\leqslant_L$ 蕴涵的不变全序关系 $\hat{\leqslant}$,

$$(\bar{\mathrm{C}})\int \tilde{f}^{\alpha}\mathrm{d}\mu \hat{=} \left((\bar{\mathrm{C}})\int \tilde{f}\mathrm{d}\mu\right)^{\alpha}, \quad \alpha>0.$$

(10) 对于 $\leqslant_L$ 蕴涵的不变全序关系 $\hat{\leqslant}$, 若对所有 $x_i\in X$, 有 $\tilde{f}(x_i)\hat{\geqslant}\tilde{g}(x_i)$, 则

$$(\bar{\mathrm{C}})\int \tilde{f}\mathrm{d}\mu \hat{\geqslant} (\bar{\mathrm{C}})\int \tilde{g}\mathrm{d}\mu.$$

(11) 对于 $\leqslant_L$ 蕴涵的不变全序关系 $\hat{\leqslant}$,

$$(\bar{\mathrm{C}})\int(\tilde{f}\vee\tilde{g})\mathrm{d}\mu\hat{\geqslant}(\bar{\mathrm{C}})\int\tilde{f}\mathrm{d}\mu\vee(\bar{\mathrm{C}})\int\tilde{g}\mathrm{d}\mu,$$

$$(\bar{\mathrm{C}})\int(\tilde{f}\wedge\tilde{g})\mathrm{d}\mu\hat{\leqslant}(\bar{\mathrm{C}})\int\tilde{f}\mathrm{d}\mu\wedge(\bar{\mathrm{C}})\int\tilde{g}\mathrm{d}\mu,$$

$$(\bar{\mathrm{C}})\int(\tilde{f}\cup\tilde{g})\mathrm{d}\mu\hat{\geqslant}(\bar{\mathrm{C}})\int\tilde{f}\mathrm{d}\mu\cup(\bar{\mathrm{C}})\int\tilde{g}\mathrm{d}\mu,$$

$$(\bar{\mathrm{C}})\int(\tilde{f}\cap\tilde{g})\mathrm{d}\mu\hat{\leqslant}(\bar{\mathrm{C}})\int\tilde{f}\mathrm{d}\mu\cap(\bar{\mathrm{C}})\int\tilde{g}\mathrm{d}\mu.$$

需要指出的是, 在命题 (3) 中, 集函数 $\mu+v$, $\alpha\mu$, $\alpha>0$, 并不满足规范化的边界条件 (见定义 2.1), 它们的值域分别为 $[0,2]$, $[0,\alpha]$. 但此时, 仍可利用式 (12.3)—(12.5) 对表达式 $(\bar{\mathrm{C}})\int\tilde{f}\mathrm{d}(\mu+v)$, $(\bar{\mathrm{C}})\int\tilde{f}\mathrm{d}(\alpha\mu)$ 进行计算.

证明　该定理的证明类似于定理 12.2 的证明. 现只给出命题 (4) 证明, 省略其他命题的证明.

(4) 令 $\tilde{f}(x_{(k)})=\bigvee\limits_{x\in A}\tilde{f}(x)$, 则有

$$\mathrm{Pos}_A(X_{(1)})=\cdots=\mathrm{Pos}_A(X_{(k)})=1,\quad \mathrm{Pos}_A(X_{(k+1)})=\cdots=\mathrm{Pos}_A(X_{(n+1)})=0.$$

进而有

$$\begin{aligned}(\bar{\mathrm{C}})\int\tilde{f}\mathrm{dPos}_A=&\left(\prod_{i=1}^{k-1}{}^{\otimes}\left(\tilde{f}(x_{(i)})\right)^{[\mathrm{Pos}_A(X_{(i)})-\mathrm{Pos}_A(X_{(i+1)})]}\right)\\&\otimes\tilde{f}(x_{(k)})^{[\mathrm{Pos}_A(X_{(k)})-\mathrm{Pos}_A(X_{(k+1)})]}\\&\otimes\left(\prod_{i=k+1}^{n}{}^{\otimes}\left(\tilde{f}(x_{(i)})\right)^{[\mathrm{Pos}_A(X_{(i)})-\mathrm{Pos}_A(X_{(i+1)})]}\right)\\=&\prod_{i=1}^{k-1}{}^{\otimes}\left(\tilde{f}(x_{(i)})\right)^{0}\otimes\left(\tilde{f}(x_{(k)})\right)^{1}\otimes\prod_{i=k+1}^{n}{}^{\otimes}\left(\tilde{f}(x_{(i)})\right)^{0}\\=&(1,0)\otimes\tilde{f}(x_{(k)})\otimes(1,0)\\=&\tilde{f}(x_{(k)})\\=&\bigvee_{x\in A}\tilde{f}(x).\end{aligned}$$

令 $\tilde{f}(x_{(l)})=\bigwedge\limits_{x\in A}\tilde{f}(x)$, 因

$$\mathrm{Nec}_A(X_{(1)})=\cdots=\mathrm{Nec}_A(X_{(l)})=1,\quad \mathrm{Nec}_A(X_{(l+1)})=\cdots=\mathrm{Pos}_A(X_{(n+1)})=0,$$

可得

$$
\begin{aligned}
(\bar{\mathrm{C}})\int \tilde{f}\mathrm{dNec}_A &= \left(\prod_{i=1}^{l-1}{}^{\otimes}\left(\tilde{f}(x_{(i)})\right)^{[\mathrm{Nec}_A(X_{(i)})-\mathrm{Nec}_A(X_{(i+1)})]}\right)\\
&\quad\otimes\tilde{f}(x_{(l)})^{[\mathrm{Nec}_A(X_{(l)})-\mathrm{Nec}_A(X_{(l+1)})]}\\
&\quad\otimes\left(\prod_{i=l+1}^{n}{}^{\otimes}\left(\tilde{f}(x_{(i)})\right)^{[\mathrm{Nec}_A(X_{(i)})-\mathrm{Nec}_A(X_{(i+1)})]}\right)\\
&=\prod_{i=1}^{l-1}{}^{\otimes}\left(\tilde{f}(x_{(i)})\right)^{0}\otimes\left(\tilde{f}(x_{(l)})\right)^{1}\otimes\prod_{i=l+1}^{n}{}^{\otimes}\left(\tilde{f}(x_{(i)})\right)^{0}\\
&=(1,0)\otimes\tilde{f}(x_{(l)})\otimes(1,0)\\
&=\tilde{f}(x_{(l)})\\
&=\bigwedge_{x\in A}\tilde{f}(x).
\end{aligned}
$$

证毕.

通过定理 12.2 和定理 12.5, 可以看出, IFCCI 的性质类似于 IFCI 性质, 比如基于序关系 $\leqslant_{\mathrm{sh}}$, IFCCI 则只拥有命题 (1)—(5) 所示的性质. 然而, 基于 $\leqslant_L$ 蕴涵的不变全序关系 $\hat{\leqslant}$, IFCCI 则拥有定理 12.5 所述的全部性质.

集成函数 IFCCI 可表述 IFWG_ω 与 IFOWG_ω 两个集成函数.

定理 12.6 设 $\tilde{f}$ 为 X 上的直觉模糊值函数, μ 为 X 上的非可加测度, 则非可加测度 μ 是可加的当且仅当存在 $\omega\in[0,1]^n$ 使得 $(\bar{\mathrm{C}})\int\tilde{f}\mathrm{d}\mu=\mathrm{IFWG}_\omega$ 与 IFWG_ω 相对应的可加测度 μ 定义为

$$\mu(S)=\sum_{x_i\in S}\omega_i,\quad\forall S\subseteq X.$$

定理 12.7 设 $\tilde{f}$ 为 X 上的直觉模糊值函数, μ 为 X 上的非可加测度, 则非可加测度 μ 是基于势的当且仅当存在 $\omega\in[0,1]^n$ 使得 $(\bar{\mathrm{C}})\int\tilde{f}\mathrm{d}\mu=\mathrm{IFOWG}_\omega$ 与 IFOWG_ω 相对应的基于势的非可加测度 μ 定义为

$$\mu(S)=\sum_{i=n-|S|+1}^{n}\omega_i,\quad 对任意非空\,S\subseteq X.$$

12.2.3 基于 IFCI 与 IFCCI 的多准则决策方法

如前所述 IFCI 与 IFCCI 可以表述大部分传统的直觉模糊值集成函数, 它们的主要优势在于可以通过非可加测度来柔性地描述决策准则间的交互现象, 进而有效处理存在着关联性的决策信息. 然而, IFCI 与 IFCCI 在应用中面临的主要缺陷, 正

如传统 Choquet 积分所面临, 是确定非可加测度的指数级复杂性. 因此, 可采用第 5 章所述的特殊类型的非可加测度来减少参数的数量.

基于 IFCI 与 IFCCI 的多准则决策方法的具有步骤可表述如下.

步骤 1 定义准则集 $X=\{x_1,x_2,\cdots,x_n\}$ 上的非可加测度.

为避免指数级复杂性, 一个较可行的办法是采用特殊的非可加测度, 尤其当决策准则数量较多时 ($n\geqslant 5$). 例如, k 序可加测度[5] 忽略了高阶的交互作用, 可利用较少的参数来有效地描述交互作用, 比较易于操作. 当然, 也可采用第 6 章及第 8 章所研究的确定方法来确定非可加测度.

步骤 2 获得直觉模糊值决策矩阵.

设候选对方案集为 $Y=\{y_1,y_2,\cdots,y_m\}$, 记方案 $y_i(i=1,\cdots,m)$ 在准则 x_j $(j=1,\cdots,n)$ 上的评价值为 $\tilde{d}_{ij}=(\mu_{ij},\gamma_{ij})$, 其中 μ_{ij} 表明方案 y_i 是准则 x_j 上隶属于 "优秀" 的程度, γ_{ij} 则表明其不隶属于 "优秀" 的程度. 因此, 直觉模糊指标 $\pi_{ij}=1-\mu_{ij}-\gamma_{ij}$ 可理解为决策者认为的不确定程度. 在群决策环境中, μ_{ij}, γ_{ij} 及 π_{ij} 可理解为在 "就准则 x_j 而言, y_i 是一优秀的候选方案" 的投票中所得的支持率、反对率以及弃权率. 各候选方案在各准则上的评价值可构成决策矩阵 $\tilde{\boldsymbol{D}}=[\tilde{d}_{ij}]_{m\times n}$.

步骤 3 选择 IFCI 或 IFCCI 来集成各准则上的评价值, 进而得到全局评价值.

显然, 对同一候选方案, 两个集成函数所得最终评价值存在着较大的差异 (见例 12.2). 在某些情况下, 这种差异会导致最优候选方案或各候选方案的排序出现很大分歧. 其实, 比较式 (12.2) 与 (12.4), 可以看出 IFCI 与 IFCCI 之间的主要差异, 前者对直觉模糊值执行了伪加运算, 后者对直觉模糊值执行了伪乘运算.

现在, 可以对 IFCI 与 IFCCI 的集成特性进行直观比较. 假定决策准则集为例 12.2 中的 X, 非可加测度为例 12.2 中的 μ, 某方案在各决策准则上的评价值为 $(0,1)$, $(1,0)$. 而 IFCI 与 IFCCI 得到的综合评价值分别为 $(1,0)$ 和 $(0,1)$. 这意味着 IFCI 趋向于最大值, 而 IFCCI 趋向于最小值.

在多准则决策分析框架下, IFCI 可理解为强调决策准则间的替代性 (负的交互作用); 相反地, IFCCI 更强调决策准则间的互补性 (正的交互作用)

步骤 4 依据给定的序关系对所有综合评价值进行排序, 进而选择出最好的候选方案.

12.3 实 例 分 析

本节以软件开发风险水平评估的实例对上述方法进行验证.

风险管理在软件项目开发管理中起着至关重要的作用[152]. 风险评估方法被广泛应用于识别和评估软件开发中不可避免的风险因素[153−156].

软件开发风险评估问题通常涉及多个准则 (风险因素), 且准则间往往是相互关联甚至是相互矛盾的. 在现有的诸多研究文献中 (如文献 [152], [154], [155] 和 [157]) 都假定这些风险因素是相互独立的 [153]. 基于非可加测度的 Choquet 适用于存在交互作用的多准则决策. 另一方面, 在风险评价过程中遇到的信息经常是不确定的、模糊的或不精确的[153,154], 而直觉模糊值较适宜描述这类信息.

现考虑如下问题 (改编自文献 [153]): 软件公司 ABC 现需对 6 个软件开发项目进行风险评估, 即候选方案集可表述为 $Y=\{y_1,y_2,y_3,y_4,y_5,y_6\}$. 简便起见, 只考虑 3 个主要方面的风险因素[153,158]:

(1) 产品工程风险. 这类风险来自系统开发与设计中各种活动. 比如, 需求分析、软件设计、实施、集成以及系统测试等.

(2) 开发环境风险. 该类风险主要指由开发步骤及系统、管理手段以及工作环境等导致的风险.

(3) 规划限制相关风险. 主要指资源、协议合同等外部风险因素.

记决策准则集为 $X=\{1,2,3\}$. 现由五位资深软件工程师组成专家团给出了各准则的重要性及其间的交互作用, 如表 12.1 所示.

表 12.1 各风险因素的重要性与交互作用

	产品工程风险	开发环境风险	规划限制相关风险	重要性
产品工程风险	—	0.20	0.15	0.35
开发环境风险	0.20	—	0.25	0.35
规划限制相关风险	0.15	0.25	—	0.30

因此, 可得

$$I_1=I_2=0.35,\quad I_3=0.30,\quad I_{12}=0.20,\quad I_{13}=0.15,\quad I_{23}=0.25.$$

显然, 所有准则间的交互作用都为正值, 且有 $I_{23}>I_{12}>I_{13}>0$.

可根据 2 序可加测度的 Shapley 交互作用值与非可加测度的转换关系 (见 5.2 节) 可得如表 12.2 所示的 2 序可加测度值.

现决策者给出如表 12.3 所示的直觉模糊值决策矩阵:

$$\tilde{\boldsymbol{D}}=[\tilde{d}_{ij}]_{6\times 3},$$

其中, 直觉模糊值 $\tilde{d}_{ij}=(\mu_{ij},\gamma_{ij})$ 是软件开发项目 $y_i(i=1,\cdots,6)$ 在主要风险 $j(j=1,2,3)$ 上的评价值.

表 12.2　各准则子集的 2 序可加测度值

A	$\mu(A)$	A	$\mu(A)$
$\varnothing$	0.000	{1,2}	0.500
{1}	0.175	{1,3}	0.425
{2}	0.125	{2,3}	0.475
{3}	0.100	{1,2,3}	1.000

表 12.3　直觉模糊值决策矩阵 $\tilde{D}=[\tilde{d}_{ij}]_{6\times 3}$

	准则 1	准则 2	准则 3
y_1	(0.60, 0.30)	(0.50, 0.20)	(0.60, 0.35)
y_2	(0.60, 0.30)	(0.50, 0.20)	(0.20, 0.00)
y_3	(0.31, 0.00)	(0.50, 0.20)	(0.60, 0.35)
y_4	(0.20, 0.00)	(0.50, 0.20)	(0.60, 0.30)
y_5	(0.70, 0.30)	(0.40, 0.20)	(0.80, 0.10)
y_6	(0.60, 0.30)	(0.80, 0.20)	(0.50, 0.20)

首先, 基于序关系 $\leqslant_{\mathrm{sh}}$, 利用集成函数 IFWA, IFWG, IFCI, 以及 IFCCI 来生成 6 个项目的综合评价值. 其中, IFWA 及 IFWG 函数所需的准则权重为

$$\omega_1 = I_1 = 0.35, \quad \omega_2 = I_2 = 0.35, \quad \omega_3 = I_3 = 0.3.$$

方便起见, 分别记 IFWA, IFWG, IFCI, 以及 IFCCI 所得的项目 y_i 的综合评价值为

$$\mathrm{IFWA}(y_i), \quad \mathrm{IFWG}(y_i), \quad \mathrm{IFCI}(y_i), \quad \mathrm{IFCCI}(y_i).$$

由以上四个函数, 基于序关系 $\leqslant_{\mathrm{sh}}$, 生成的综合评价值以及相应排序分别如表 12.4 与表 12.5 所示.

表 12.4　基于序关系 $\leqslant_{\mathrm{sh}}$ 求得的各项目的综合评价值

	IFWA	IFWG	IFCI	IFCCI
y_1	(0.5675, 0.2726)	(0.5629, 0.2826)	(0.5651, 0.2617)	(0.5603, 0.2695)
y_2	(0.4675, 0.0000)	(0.4049, 0.1837)	(0.5339, 0.0000)	(0.5020, 0.2373)
y_3	(0.4766, 0.0000)	(0.4467, 0.1873)	(0.4210, 0.0000)	(0.3962, 0.1191)
y_4	(0.4488, 0.0000)	(0.3832, 0.1690)	(0.5144, 0.0000)	(0.4666, 0.2219)
y_5	(0.6614, 0.1872)	(0.5990, 0.2091)	(0.7235, 0.1613)	(0.6785, 0.1875)
y_6	(0.6644, 0.2305)	(0.6282, 0.2365)	(0.7254, 0.2282)	(0.6951, 0.2340)

通过比较表 12.5 中的排序, 很难决定项目间的优劣程度. 而且, 由表 12.3 可得

$$\tilde{d}_{11} =_{\mathrm{sh}} \tilde{d}_{21}, \quad \tilde{d}_{12} =_{\mathrm{sh}} \tilde{d}_{22}, \quad \tilde{d}_{13} >_{\mathrm{sh}} \tilde{d}_{23}(s(0.60, 0.35) = 0.25 > 0.20 = s(0.20, 0.00)).$$

表 12.5 基于序关系 $\leqslant_{\mathrm{sh}}$ 所得的各项目综合排序

	优劣次序
IFWA	$y_3 \succ y_5 \succ y_2 \succ y_4 \succ y_6 \succ y_1$
IFWG	$y_6 \succ y_5 \succ y_1 \succ y_3 \succ y_2 \succ y_4$
IFCI	$y_5 \succ y_2 \succ y_4 \succ y_6 \succ y_3 \succ y_1$
IFCCI	$y_5 \succ y_6 \succ y_1 \succ y_3 \succ y_2 \succ y_4$

这意味着: y_1 在每一个准则上的评价值都优于 y_2 的评价值, 简记为 $y_1 \geqslant_{\mathrm{sh}} y_2$. 因此, y_1 的综合评价值应高于 y_2 的综合评价值. 但 IFWA 与 IFCI 两个函数生成的排序却得出了相反的结果:

$$\mathrm{IFWA}(y_1) <_{\mathrm{sh}} \mathrm{IFWA}(y_2),$$

$$\mathrm{IFCI}(y_1) <_{\mathrm{sh}} \mathrm{IFCI}(y_2).$$

显然, 上述结果是不合理的. 表 12.6 给出了基于序关系 $\leqslant_{\mathrm{sh}}$ 所导致的其他不合理结果. 如前所述, 其主要原因是 $\leqslant_{\mathrm{sh}}$ 不是一个运算不变全序, 进而基于序关系 $\leqslant_{\mathrm{sh}}$ 的以上四个集成函数不具有递增性.

表 12.6 由序关系 $\leqslant_{\mathrm{sh}}$ 所导致的不合理排序结果

	相应的不合理排序结果
$y_1 \geqslant_{\mathrm{sh}} y_2$	$\mathrm{IFWA}(y_1) <_{\mathrm{sh}} \mathrm{IFWA}(y_2), \mathrm{IFCI}(y_1) <_{\mathrm{sh}} \mathrm{IFCI}(y_2)$
$y_1 \leqslant_{\mathrm{sh}} y_3$	$\mathrm{IFWG}(y_1) >_{\mathrm{sh}} \mathrm{IFWG}(y_3), \mathrm{IFCCI}(y_1) >_{\mathrm{sh}} \mathrm{IFCCI}(y_3)$
$y_2 \leqslant_{\mathrm{sh}} y_3$	$\mathrm{IFCI}(y_2) >_{\mathrm{sh}} \mathrm{IFCI}(y_3)$
$y_2 \leqslant_{\mathrm{sh}} y_6$	$\mathrm{IFWA}(y_2) <_{\mathrm{sh}} \mathrm{IFWA}(y_6), \mathrm{IFCI}(y_2) >_{\mathrm{sh}} \mathrm{IFCI}(y_6)$
$y_3 \leqslant_{\mathrm{sh}} y_6$	$\mathrm{IFWA}(y_3) >_{\mathrm{sh}} \mathrm{IFWA}(y_6)$

要避免产生如表 12.6 所示的不合理结果, 就需要在集成过程中采用由定义 12.4 所给出的 $\leqslant_L$ 蕴涵的不变全序关系. 基于隶属度优先序关系 $\leqslant_{\mathrm{MF}}$, 现利用 IFCI 与 IFCCI 对以上 6 个项目的评价值进行集成, 其综合评价值与排序如表 12.7 所示.

表 12.7 由序关系 $\leqslant_{\mathrm{sh}}$ 所得的各项目的综合评价值及相应排序

	IFCI	IFCCI
y_1	(0.5887, 0.3010)	(0.5865, 0.3064)
y_2	(0.5339, 0.0000)	(0.5020, 0.2373)
y_3	(0.5135, 0.0000)	(0.5500, 0.2502)
y_4	(0.5063, 0.0000)	(0.5264, 0.2219)
y_5	(0.7329, 0.1646)	(0.6978, 0.1929)
y_6	(0.7254, 0.2282)	(0.6951, 0.2340)
优劣次序	$y_5 \succ y_6 \succ y_1 \succ y_2 \succ y_3 \succ y_4$	$y_5 \succ y_6 \succ y_1 \succ y_3 \succ y_4 \succ y_2$

由表 12.7, 可以看出, IFCI 与 IFCCI 得到了相同的最优方案 y_5, 并且两个函数产生的各项目的优劣次序有很多相同之处, 例如:

$$y_5 \succ y_6 \succ y_1 \succ y_2,$$
$$y_5 \succ y_6 \succ y_1 \succ y_4,$$
$$y_3 \succ y_4.$$

两个函数导致的各项目的优劣次序的不同为

$$\text{IFCI}(y_2) \geqslant_{\text{MF}} \text{IFCI}(y_3) \geqslant_{\text{MF}} \text{IFCI}(y_4),$$

而

$$\text{IFCCI}(y_3) \geqslant_{\text{MF}} \text{IFCCI}(y_4) \geqslant_{\text{MF}} \text{IFCCI}(y_2).$$

其实, 通过表 12.3 可知. 如果交换 y_2 在准则 1 与准则 3 上的评价值, 就恰好得到 y_4 的评价值, 即

$$\tilde{d}_{21} = \tilde{d}_{43} = (0.60, 0.30), \quad \tilde{d}_{22} = \tilde{d}_{42} = (0.50, 0.20), \quad \tilde{d}_{23} = \tilde{d}_{41} = (0.20, 0.00).$$

再由表 12.1 中所给的各准则的重要性及交互作用值, 可知, 准则 1 的重要性大于准则 3 的重要性, 即

$$I_1 = 0.35 > 0.30 = I_3;$$

准则 1 与准则 2 间的交互作用小于准则 1 与准则 3 之间的交互作用, 即

$$I_{12} = 0.20 < 0.25 = I_{23} \text{ 且 } I_{12}, I_{23} > 0.$$

进而, 次序

$$\text{IFCCI}(y_4) \geqslant_{\text{MF}} \text{IFCCI}(y_2)$$

可理解为 IFCCI 更注重准则间的正交互作用对综合评价值的影响, 而准则的重要性产生了较小的影响. 相反地, 次序

$$\text{IFCI}(y_2) \geqslant_{\text{MF}} \text{IFCI}(y_4)$$

则说明 IFCI 更强调准则的重要性对综合评价值的作用, 而相对忽略了准则间交互作用的影响. 这一结果与 12.3 节的分析相一致. 因此, 两个集成函数导致的各项目的优劣次序的不同是合理且可接受的.

因此, 从风险角度考虑, 软件公司 ABC 的最佳开发项目为 y_5.

直觉模糊值 Choquet 积分, 相比于其他传统的直觉模糊集成函数, 不仅能用直觉模糊值来描述评价信息, 还可充分考虑和处理决策准则间的各种交互作用. 本章

对 IFCI 以及 IFCCI 进行定义, 重点研究了它们作为集成函数的性质, 对基于 IFCI 与 IFCCI 的多准则决策方法进行了说明和实例验证. 需要指出的是, 直觉模糊值函数的集成性质与直觉模糊值上的序关系的保序性质密切相关, 因此, 寻找更能反映直觉模糊值特征的 $\leqslant_L$ 蕴涵的不变全序关系显得尤为重要. 另外, 进一步将 Choquet 积分与区间直觉模糊值相结合, 进而探讨其集成性质, 也必将是有意义的研究课题.

第 13 章　非单调 Choquet 积分的拓展

本章阐述非单调 Choquet 积分的定义及其拓展情况. 其实, 在第 9 章和第 11 章已经拓展了非可加测度的边界条件, 即不再强调其满足全集的测度为 1 的规范性条件, 称之为广义非可加测度. 如果再进一步放宽约束条件, 即不再限制单调性, 就可以得到非单调非可加测度. 而基于非单调非可加测度的 Choquet 积分 (以及其他类型的非线性积分) 就不再具有单调性, 称之为非单调 Choquet 积分 (非单调非线性积分). 进而区间值和模糊值非单调 Choquet 积分拓展也就面临一些困难.

定义 13.1[94−96,99,100]　设 $X=\{x_1,x_2,\cdots,x_n\}$ 为非空有限集, $\mathcal{P}(X)$ 为其幂集, 则称集函数为 X 上的非单调非可加测度, 如果 $\mu(\varnothing)=0$.

对比于本书第一个定义 2.1, 可直接得到非单调非可加测度与正规非可加测度之间的明显差异. 非单调非可加测度只要求空集的测度值为零. 简便起见, 可简称非单调非可加测度为非单调测度.

定义 13.2[2,94−96,99,100]　设 $X=\{x_1,x_2,\cdots,x_n\}$ 为非空有限集, μ 为 X 上的非单调测度, $f:X\to R$ 为 X 上的实值函数, 则函数 f 关于 μ 的非单调 Choquet 积分定义为

$$(\mathrm{C})\int f\,\mathrm{d}\mu=\int_{-\infty}^{0}[\mu(F_\alpha)-\mu(X)]\,\mathrm{d}\alpha\ +\int_{0}^{\infty}[\mu(F_\alpha)-\mu(\varnothing)]\,\mathrm{d}\alpha,$$

如果上式右端的两个 Riemann 积分都存在且至少一个是有限的, 其中, $F_\alpha=\{x|f(x)\geqslant\alpha\}$, 称为函数 f 的 α 截集.

例 13.1(改编自文献 [96])　人的胃完全排空的正常时间在 276±147 分钟左右. 在药用研究, 经常使用一种或几种药来调整患者的胃排空时间。当患者使用多种药, 药物间通常会对胃排空时间产生联合效用. 这种联合效用通常不等于各药物独自效用之和. 现考虑 A,B,C 三种药物, 研究表明单独使用 A 或 C 会减少胃排空时间, 而单独使用 B 会延长胃排空时间. 联合使用药物 A 和 B 可以增加胃排空时间, 而联合使用药物 A 和 C, B 和 C 可以减少胃排空时间. 同时使用三种药物也将减少胃排空时间. 研究还发现在一定的比例范围内, 这些功效是几乎恒定的, 即效用与药物量是成比例关系的. 为了量化这些现象, 拟采用集函数 μ 来描述对胃排空时间的影响率, 函数值表示单位药物对胃排空时间的减少分钟数. 于是, 可得如

下非单调测度:

$$\mu(\varnothing)=0.0,\quad \mu(\{A\})=5.0,\quad \mu(\{B\})=-4.0,\quad \mu(\{\mathrm{C}\})=7.0,\quad \mu(\{A,B\})=-1.0,$$
$$\mu(\{A,C\})=25.0,\quad \mu(\{B,C\})=2.0,\quad \mu(\{A,B,C\})=15.0.$$

显然, $\varnothing$ 的测度值为零表示不用任何药的情形下, 胃排空时间不变. 现某患者服用 A,B,C 三种药物的量分别为 1, 2 和 3 个单位. 可以通过定义 13.2 的非单调 Choquet 积分来估计对胃排空时间的影响值. 据上述分析, 可设 $X=\{A,B,C\}$, 函数 $f:X\to R^+$ 为

$$f(A)=1,\quad f(B)=2,\quad f(C)=3,$$

则非单调 Choquet 积分

$$\begin{aligned}(\mathrm{C})\int f\mathrm{d}\mu &= \int_{-\infty}^{0}[\mu(F_\alpha)-\mu(X)]\mathrm{d}\alpha+\int_0^\infty[\mu(F_\alpha)-\mu(\varnothing)]\mathrm{d}\alpha\\ &= \int_0^\infty[\mu(F_\alpha)-\mu(\varnothing)]\mathrm{d}\alpha\\ &= [\mu(F_1)-\mu(\varnothing)][f(A)-0]+[\mu(F_2)-\mu(\varnothing)][f(B)-f(A)]\\ &\quad +[\mu(F_3)-\mu(\varnothing)][f(\mathrm{C})-f(B)]\\ &= \mu(\{A,B,C\})[f(A)-0]+\mu(\{B,C\})[f(B)-f(A)]\\ &\quad +\mu(\{B,C\})[f(\mathrm{C})-f(B)]\\ &= 15\times1+2\times1+7\times1\\ &= 24.\end{aligned}$$

因此, 若服用 A,B,C 三种药物的量分别为 1, 2 和 3 个单位, 则可估计出对胃排空时间的减少量为 24 分钟 (注: 本例主要目的是对非单调测度与 Choquet 积分进行说明, 药效作用的交互影响还需实证研究和谨慎实践).

下面介绍非单调 Choquet 积分的两种不同的模糊拓展形式[94−96,100]. 两种拓展的共同点是被积分函数都是模糊值函数, 主要差别是 Choquet 积分的集成结果, 一种集成结果为实数, 见文献 [94] 和 [95], 另一种集成结果为模糊值, 可参见文献 [96] 和 [100].

13.1 模糊值被积函数的实值非单调 Choquet 积分

定义 13.3[94,95] 设 $\tilde{a}$ 是实数集 R 上的一个模糊子集, 即 $\forall t\in R$ 隶属于集合 $\tilde{a}$ 的隶属度 $m_{\tilde{a}}(t)\in[0,1]$. 则称 R 上的一组模糊子集 $(\tilde{a}_1,\tilde{a}_2,\cdots,\tilde{a}_n)$ 为 $\tilde{a}$ 的一个模糊分割, 如果对所有的 $t\in R$, 都有

$$\sum_{i=1}^{n}m_i(t)=m_{\tilde{a}}(t),$$

其中, $m_i(t)$ 是 a_i 的隶属度函数. 特别地, 如果 $\tilde{a}$ 是实数集 R 上的精确集 I, 则上述条件变为

$$\sum_{i=1}^{n} m_i(t) = \begin{cases} 1, & x \in I, \\ 0, & x \notin I. \end{cases}$$

例 13.2[94]　某期刊编辑需要对接收到的稿件进行评价, 评价区间为 $I = [0, 5]$. 然而, 审稿人通常只要求对稿件整体给出 "优、良、可、差、极差" 的评语. 显然, 这些评语都模糊概念, 可以分别如下梯形模糊数来表示 $\tilde{a}_{\mathrm{e}} = (4, 4.5, 5, 5)$, $\tilde{a}_{\mathrm{g}} = (3, 3.5, 4, 4.5)$, $\tilde{a}_{\mathrm{f}} = (2, 2.5, 3, 3.5)$, $\tilde{a}_{\mathrm{w}} = (1, 1.5, 2, 2.5)$, $\tilde{a}_{\mathrm{b}} = (0, 0, 1, 1.5)$, 如图 13.1 所示. 可见, $\{\tilde{a}_{\mathrm{e}}, \tilde{a}_{\mathrm{g}}, \tilde{a}_{\mathrm{f}}, \tilde{a}_{\mathrm{w}}, \tilde{a}_{\mathrm{b}}\}$ 是 I 的一个模糊分割.

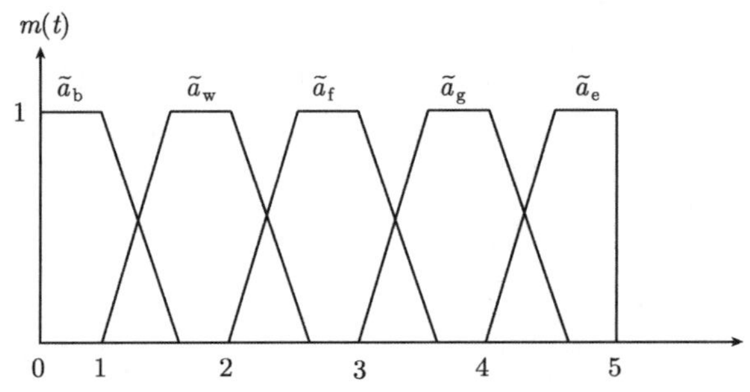

图 13.1　$\tilde{a}_{\mathrm{e}}, \tilde{a}_{\mathrm{g}}, \tilde{a}_{\mathrm{f}}, \tilde{a}_{\mathrm{w}}, \tilde{a}_{\mathrm{b}}$ 的隶属度函数

设 $X = \{x_1, x_2, \cdots, x_n\}$ 为非空有限集, $\mathcal{P}(X)$ 为其幂集, X 的所有模糊子集构成的集合记为 $\mathcal{F}(X)$. X 的任意模糊子集 $\tilde{A} \in \mathcal{F}(X)$ 可以表示为

$$\tilde{A} = \{d_1/x_1, d_2/x_2, \cdots, d_n/x_n\},$$

其中, d_i 是 x_i 属于 $\tilde{A}$ 的隶属度. 在不引起歧义的情况下, 可简记为

$$\tilde{A} = \{d_1, d_2, \cdots, d_n\}.$$

定义 13.4[94,95]　设 $X = \{x_1, x_2, \cdots, x_n\}$ 为非空有限集, μ 是 X 上的非单调测度, 对任意的任意模糊子集 $\tilde{A} \in \mathcal{F}(X)$, 其隶属度函数为 $m_{\tilde{A}}(x) : X \to [0, 1]$, 则称

$$\tilde{\mu}(\tilde{A}) = (\mathrm{C}) \int m_{\tilde{A}}(x) \mathrm{d}\mu$$

为非单调测度 μ 关于模糊集 $\tilde{A}$ 的 Choquet 积分拓展. 若记集合 A 的特征函数为

$$\chi_A(x) = \begin{cases} 1, & x \in A, \\ 0, & x \notin A, \end{cases}$$

则 $\tilde{\mu}(A) = (\mathrm{C}) \int \chi_A(x) \mathrm{d}\mu = \mu(A)$.

例 13.3[94] 设 $X=\{x_1,x_2,x_3\}$, μ 为 X 上的非单调测度, 有

$$\mu(\varnothing)=0,\quad \mu(\{x_1\})=1,\quad \mu(\{x_2\})=-1,\quad \mu(\{x_3\})=2,\quad \mu(\{x_1,x_2\})=3,$$

$$\mu(\{x_1,x_3\})=-1,\quad \mu(\{x_2,x_3\})=4,\quad \mu(\{x_1,x_2,x_3\})=5,$$

X 上的模糊集合 $\tilde{A}=(0.5,1,0.25)$, 即

$$m_{\tilde{A}}(x)=\begin{cases}0.5, & x=x_1,\\ 1, & x=x_2,\\ 0.25, & x=x_3,\end{cases}$$

则

$$\begin{aligned}\tilde{\mu}(\tilde{A})&=(\mathrm{C})\int m_{\tilde{A}}(x)\mathrm{d}\mu\\&=\mu(\{x_1,x_2,x_3\})m_{\tilde{A}}(x_3)+\mu(\{x_1,x_2\})[m_{\tilde{A}}(x_1)-m_{\tilde{A}}(x_3)]\\&\quad+\mu(\{x_2\})[m_{\tilde{A}}(x_2)-m_{\tilde{A}}(x_1)]\\&=5\times0.25+3\times0.25-1\times0.5\\&=1.5.\end{aligned}$$

定义 13.5 设 $X=\{x_1,x_2,\cdots,x_n\}$ 为非空有限集, 则称 $\tilde{f}:X\to\mathcal{F}(R)$ 为 X 上的模糊值函数, 即 $\tilde{f}=(\tilde{f}(x_1),\tilde{f}(x_2),\cdots,\tilde{f}(x_n))$. $\tilde{f}(x_i)$ 的隶属度函数可简记 m_i, 则模糊值函数也可简记为 $\tilde{f}=(m_1,m_2,\cdots,m_n)$. 其中 $\mathcal{F}(R)$ 表示实数集上的所有模糊集. 显然, 非负模糊数的集合 (见定义 9.2)$\tilde{R}^+$ 是 $\mathcal{F}(R)$ 一个子集.

定义 13.6[94,95] 设 $X=\{x_1,x_2,\cdots,x_n\}$ 为非空有限集, 对任意给定 $\alpha\in R$, X 上的模糊值函数 $\tilde{f}:X\to\mathcal{F}(R)$ 的 α 截集, 记为 $\tilde{F}_\alpha$, 是 X 的一个模糊子集, 其隶属度函数 m_{F_α} 为

$$m_{F_\alpha}(x_i)=\begin{cases}\dfrac{\displaystyle\int_\alpha^\infty m_i(t)\mathrm{d}t}{\displaystyle\int_\infty^\infty m_i(t)\mathrm{d}t}, & \displaystyle\int_\infty^\infty m_i(t)\mathrm{d}t\neq0,\\ \max_{t\geqslant\alpha}m_i(t), & \text{其他}.\end{cases}$$

可以看出, 模糊值函数的 α 截集是对实值函数 α 截集概念的拓展, 即如果当 $\tilde{f}$ 退化成实值函数时, 上述定义的 α 截集也退化为实值函数的 α 截集. 其实, 上述拓展是很直观的. 它只是使用 α 右侧隶属度函数 m_i 与实数轴围成的面积所占整个隶属度函数 m_i 与实数轴围成的总面积的比例作为 x_i 属于 $\tilde{F}_\alpha$ 的隶属度. 特别地, 当隶属度函数与实数轴围成的面积为零, 即 $\tilde{f}(x_i)$ 退化为一个精确数 β 时, 上述比

例就成为 $\frac{0}{0}$, 因此, 可以定义此时的隶属度为 $\max_{t\geqslant\alpha} m_i(t)$, 即

$$m_i(t)=\begin{cases}1, & \alpha\leqslant\beta,\\ 0, & \alpha>\beta.\end{cases}$$

根据上述定义, 如果 $\tilde{f}(x_i)$ 是区间 (模糊数)$[a,b]$, 则

$$m_{F_\alpha}(x_i)=\begin{cases}1, & \alpha<a,\\ \dfrac{b-\alpha}{b-a}, & a\leqslant\alpha\leqslant b,\\ 0, & \alpha>b.\end{cases}$$

例 13.4[94] 设 $X=\{x_1,x_2,x_3\}$, μ 为 X 上的非单调测度, 其取值同例 13.3 中的非单调测度. 现有 X 上的模糊值函数 $\tilde{f}=(\tilde{a}_{\rm w},\tilde{a}_{\rm e},\tilde{a}_{\rm g})$, $\tilde{a}_{\rm w},\tilde{a}_{\rm e},\tilde{a}_{\rm g}$ 的隶属度函数见例 13.2(图 13.1). 若取 $\alpha=2$, 可得函数 $\tilde{f}$ 的截集 $\tilde{F}_2=(0.25,1,1)$. 若取 $\alpha=3.5$, 可得函数 $\tilde{f}$ 的截集 $\tilde{F}_{3.5}=(0,1,0.75)$, 则

$$\tilde{\mu}(\tilde{F}_2)=({\rm C})\int m_{\tilde{F}_2}(x){\rm d}\mu=({\rm C})\int(0.25,1,1){\rm d}\mu=4.25,$$

$$\tilde{\mu}(\tilde{F}_{3.5})=({\rm C})\int m_{\tilde{F}_{3.5}}(x){\rm d}\mu=({\rm C})\int(0,1,0.75){\rm d}\mu=2.75.$$

定义 13.7[94,95] 设 $X=\{x_1,x_2,\cdots,x_n\}$ 为非空有限集, μ 是 X 上的非单调测度, $\tilde{f}:X\to\mathcal{F}(R)$ 为 X 上的模糊值函数, 则 $\tilde{f}$ 关于 μ 的 Choquet 积分定义为

$$({\rm C})\int\tilde{f}{\rm d}\mu=\int_{-\infty}^{0}[\tilde{\mu}(\tilde{F}_\alpha)-\mu(X)]{\rm d}\alpha+\int_0^\infty[\tilde{\mu}(\tilde{F}_\alpha)-\mu(\varnothing)]{\rm d}\alpha.$$

文献 [94] 指出上式右端的 Riemann 积分值一定存在. 显然, 上式的最终计算结果是一个实值, 因此称为模糊值函数的实值 Choquet 积分.

由于 $\tilde{\mu}(\tilde{F}_\alpha)$ 关于 α 的变化情况较为复杂, 很难得到类似于实值离散 Choquet 积分的简便求解公式.

定理 13.1[94,95] 设 $X=\{x_1,x_2,\cdots,x_n\}$ 为非空有限集, μ 是 X 上的非单调测度, $\tilde{f}:X\to\mathcal{F}(R)$ 为 X 上的模糊值函数, 则对任意 $a\in R$, 有

$$({\rm C})\int\tilde{f}{\rm d}\mu=({\rm C})\int\left(\tilde{f}-a\right){\rm d}\mu+a\mu(X).$$

上述定理可以使得在计算模糊值函数的实值 Choquet 积分时, 给模糊值函数减去某个常量 (隶属度不为零的最小实数), 使其值都变为非负模糊值, 即负数的隶属度为零. 这样, 当 $\alpha<0$, 就有 $\tilde{\mu}(\tilde{F}_\alpha)=\mu(X)$, 则只需要计算

$$({\rm C})\int\tilde{f}{\rm d}\mu=\int_0^\infty[\tilde{\mu}(\tilde{F}_\alpha)-\mu(\varnothing)]{\rm d}\alpha+a\mu(X),$$

减少了计算复杂度.

下面给出计算模糊值函数的实值 Choquet 积分的近似数值求解方法[94,95]:

(1) 算法初始化. 确定 n(决策准则的个数)、K 对整个区间的分段数、模糊值函数 $\tilde{f}$(简便起见, 设其值为梯形模糊数, 即 $\tilde{f}(x_i)=(a_{il},a_{ib},a_{ic},a_{ir})$, $i=1,2,\cdots,n$), 以及 X 上非单调测度 μ.

(2) 取 $a=\min_i a_{il}$, $b=\max_i a_{ir}$, 令 $\delta=(b-a)/K$.

(3) 用 $a_{il}-a,a_{ib}-a,a_{ic}-a,a_{ir}-a$ 分别代替 $a_{il},a_{ib},a_{ic},a_{ir}$.

(4) 令 $\alpha=0$, $S=\mu(X)/2$.

(5) $\alpha+\delta\Rightarrow\alpha$.

(6) 若 $\alpha>b-a$, 则 $\delta(S-\Delta S/2)+a\mu(X)\Rightarrow S$, 输出 S 作为 (C)$\int\tilde{f}\,\mathrm{d}\mu$ 的近似值. 若 $\alpha\leqslant b-a$, 继续执行下面步骤.

(7) 计算 $\tilde{F}_\alpha$, 计算 $\Delta S=\tilde{\mu}(\tilde{F}_\alpha)=(\mathrm{C})\int m_{\tilde{F}_\alpha}(x)\,\mathrm{d}\mu$.

(8) 令 $S+\Delta S\Rightarrow S$, 执行 (5).

例 13.5[94] 在例 13.2 中, 假定现用三个准则对一篇稿件进行评价, x_1: 创新性, x_2: 学科贡献度, x_3: 语言表述. 这三个准则的重要程度用如下测度来表示:

$$\begin{aligned}
&\mu(\{x_1\})=0.2,\quad \mu(\{x_2\})=0.3,\quad \mu(\{x_3\})=0.1,\\
&\mu(\{x_1,x_2\})=0.8,\quad \mu(\{x_1,x_3\})=0.4,\\
&\mu(\{x_2,x_3\})=0.4,\quad \mu(\{x_1,x_2,x_3\})=1.
\end{aligned}$$

现有论文 A 在三个准则的评价值分别为: 优、可、差. 参照图 13.1, 如此评价可以用一个模糊函数来表示, $\tilde{f}=(\tilde{a}_{\mathrm{e}},\tilde{a}_{\mathrm{f}},\tilde{a}_{\mathrm{w}})$. 使用上述算法, 可得

$$(\mathrm{C})\int\tilde{f}\,\mathrm{d}\mu\approx\begin{cases}2.92176, & K=100,\\ 2.92222, & K=1000.\end{cases}$$

另一篇论文 B 在三个准则的评价值分别为: 极差、可、优. 参照图 13.1, 如此评价可以用一个模糊函数来表示, $\tilde{g}=(\tilde{a}_{\mathrm{b}},\tilde{a}_{\mathrm{g}},\tilde{a}_{\mathrm{e}})$. 经计算得

$$(\mathrm{C})\int\tilde{g}\,\mathrm{d}\mu\approx\begin{cases}1.96618, & K=100,\\ 1.96611, & K=1000.\end{cases}$$

这意味着论文 A 相比于 B 更宜在该期刊上刊发.

13.2 模糊值非单调 Choquet 积分

本节分析非单调 Choquet 积分的另一个拓展方式. 本节模糊值积分的定义仍然使用第 11 章给出的相关定义, 只是将其定义中的非可加测度更换为非单调测度,

并且将可测函数的定义域推广到整个模糊数集. 记实数集 R 上所有的模糊数 (即定义 9.2 中的定义域 R^+ 拓展为 R) 构成的集合为 $\tilde{R}$. 记 R 上所有的矩形模糊数 (即所有闭区间) 构成的集合为 $\bar{R}$.

定义 13.8[2,93−96] 设 X 是一非空集合, 区间值函数 $\bar{f}:X\to\bar{R}$ 是可测的 (即函数 f^-,f^+ 都是可测的), μ 为 X 上的非单调测度, 则 $\bar{f}$ 关于 μ 的区间值 Choquet 积分定义为

$$(\mathrm{C})\int\bar{f}\mathrm{d}\mu=\left\{(\mathrm{C})\int f\mathrm{d}\mu|g(x)\in\bar{f}(x)\ \ \forall x\in X,\ g:X\to R^+\text{是可测的}\right\}.$$

定义 13.9[2,93−95] 设 X 是一非空集合, 模糊值函数 $\tilde{f}:X\to\tilde{R}^+$ 是可测的, μ 为 X 上的非单调测度, 则 $\tilde{f}$ 关于 μ 的模糊值 Choquet 积分定义为

$$(\mathrm{C})\int\tilde{f}\mathrm{d}\mu=\cup_{0\leqslant\alpha\leqslant 1}\left(\alpha\,(\mathrm{C})\int\tilde{f}_\alpha\mathrm{d}\mu\right).$$

其中, $\tilde{f}_\alpha=\{r\in R:m_{\tilde{f}}(r)\geqslant\alpha\}$, $\alpha\tilde{f}$ 的隶属度函数为 $m_{\alpha\tilde{f}}(r)=\alpha\wedge m_{\tilde{f}}(r)$, $r\in R$.

上述定义中, $\tilde{f}_\alpha$ 是一闭区间, 因此区间值 Choquet 积分的求解对计算模糊值 Choquet 积分也有重要意义.

定理 13.2[94,95] 设 $X=\{x_1,x_2,\cdots,x_n\}$ 为非空有限集, 区间值函数 $\bar{f}:X\to\bar{R}$ 是可测的, μ 为 X 上的非可加测度, 则

$$(\mathrm{C})\int\bar{f}\mathrm{d}\mu=\left[(\mathrm{C})\int f^-\mathrm{d}\mu,(\mathrm{C})\int f^+\mathrm{d}\mu\right].$$

因非可加测度满足单调性, 上述结果很容易证明. 上述定理简化了关于非可加测度的区间值 Choquet 积分的计算, 进而可以简化关于非可加测度的模糊值 Choquet 积分的计算.

例 13.6[96] 设 $X=\{x_1,x_2\}$, μ 为 X 上的非可加测度,

$$\mu(\{x_1\})=0.1,\quad\mu(\{x_2\})=0.2,\quad\mu(X)=1.$$

X 上的三角模糊值函数 $\tilde{f}$ 的隶属度函数 (图 13.2) 为

$$m_{\tilde{f}(x_1)}(t)=\begin{cases}t, & t\in[0,1],\\ 0, & \text{其他},\end{cases}$$

$$m_{\tilde{f}(x_2)}(t)=\begin{cases}1.5t, & t\in[0.5,1.5],\\ 0, & \text{其他},\end{cases}$$

则 $\tilde{f}$ 的 α 截集为

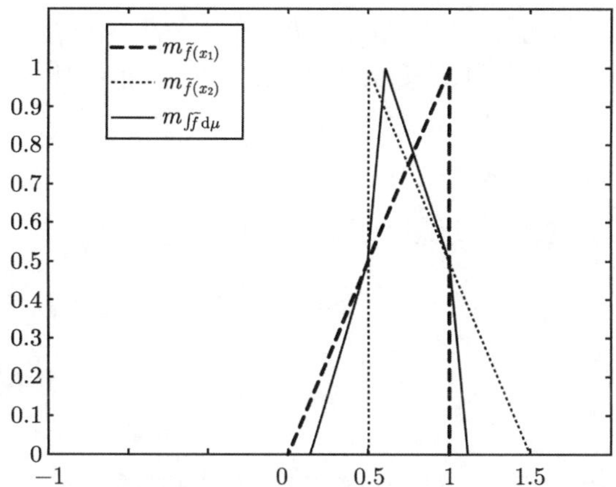

图 13.2 例 13.5 各模糊值函数与 Choquet 积分值的隶属度函数

$$\tilde{f}_\alpha(x_1) = [\alpha, 1], \quad \tilde{f}_\alpha(x_2) = [0.5, 1.5 - \alpha],$$

当 $0 \leqslant \alpha \leqslant 0.5$ 时, 有

$$\left(\tilde{f}_\alpha(x_1)\right)^- = \alpha \leqslant \left(\tilde{f}_\alpha(x_2)\right)^- = 0.5,$$

$$\left(\tilde{f}_\alpha(x_1)\right)^+ = 1 \leqslant \left(\tilde{f}_\alpha(x_2)\right)^- = 1.5 - \alpha.$$

而

$$(\mathrm{C})\int \left(\tilde{f}_\alpha\right)^- \mathrm{d}\mu = 1 \times \alpha + 0.2 \times (0.5 - \alpha) = 0.1 + 0.8\alpha,$$

$$(\mathrm{C})\int \left(\tilde{f}_\alpha\right)^+ \mathrm{d}\mu = 1 \times 1 + 0.2 \times (0.5 - \alpha) = 1.1 - 0.2\alpha,$$

则

$$(\mathrm{C})\int \tilde{f}_\alpha \,\mathrm{d}\mu = [0.1 + 0.8\alpha, 1.1 - 0.2\alpha].$$

类似地, 当 $0.5 < \alpha \leqslant 1.0$ 时, 有

$$(\mathrm{C})\int \tilde{f}_\alpha \,\mathrm{d}\mu = [0.45 + 0.1\alpha, 1.45 - 0.9\alpha].$$

模糊值 Choquet 积分的隶属度函数如图 13.2 所示.

下面考虑非单调模糊值 Choquet 积分的求解. 因测度不再满足单调性, 则区间值函数左右端点的积分不再是区间函数 Choquet 积分的上下界, 即不再满足定理 13.2, 因此求解过程变得十分复杂. 文献 [96] 给出了一种基于遗传算法的求解方法. 文献 [100] 通过 Choquet 积分的默比乌斯表示 (见定义 2.8, 式 (2.10)) 出发, 找到了求解非单调模糊值 Choquet 积分的更为有效的算法.

设模糊数 $\tilde{a}_1, \tilde{a}_2, \cdots, \tilde{a}_n \in \tilde{R}$, 函数 $f: R^n \to R$ 为连续函数, 可根据模糊集理论的 sup-min 扩张原理[120,132] 可定义函数 $f(\tilde{a}_1, \tilde{a}_2, \cdots, \tilde{a}_n)$, 则其隶属度函数定义为

$$m_{f(\tilde{a}_1,\tilde{a}_2,\cdots,\tilde{a}_n)}(r) = \sup_{f(x_1,x_2,\cdots,x_n)=r} \min\{m_{\tilde{a}_1}(x_1), m_{\tilde{a}_2}(x_2), \cdots, m_{\tilde{a}_n}(x_n)\}, \quad \forall r \in R.$$

现在可以拓展实数的 "+" 运算得到模糊数的 "$\tilde{+}$" 运算:

$$m_{\tilde{a}_1 \tilde{+} \tilde{a}_2}(r) = \sup_{x_1+x_2=r} \min\{m_{\tilde{a}_1}(x_1), m_{\tilde{a}_2}(x_2)\}.$$

特别地, 当两个梯形模糊数, $\tilde{a}_1 = (a_{1l}, a_{1a}, a_{1b}, a_{1r})$, $\tilde{a}_2 = (a_{2l}, a_{2a}, a_{2b}, a_{2r})$ 相加时有

$$\tilde{a}_1 \tilde{+} \tilde{a}_2 = (a_{1l} + a_{2l}, a_{1a} + a_{2a}, a_{1b} + a_{2b}, a_{1r} + a_{2r}).$$

类似地, 也可以拓展数乘运算: 对 $\forall r \in R$, 有

$$(r \cdot \tilde{a}_1)_\alpha = r\,(\tilde{a}_1)_\alpha,$$

特别地, 对于任意模糊数 $\tilde{a}_1 = (a_{1l}, a_{1a}, a_{1b}, a_{1r}), \forall r \in R$, 有

$$r\tilde{a}_1 = r(a_{1l}, a_{1a}, a_{1b}, a_{1r}) = (ra_{1l}, ra_{1a}, ra_{1b}, ra_{1r}).$$

最后来看取小运算 $\wedge$ 的拓展为 $\tilde{\wedge}$:

$$m_{\tilde{a}_1 \tilde{\wedge} \tilde{a}_2}(r) = \sup_{x_1 \wedge x_2 = r} \min\{m_{\tilde{a}_1}(x_1), m_{\tilde{a}_2}(x_2)\}.$$

这时, 两个梯形模糊数的 $\tilde{\wedge}$ 就不一定是梯形模糊数了. 图 13.3 显示了两个模糊数取小的情形, 其中粗线表示取小后的隶属度函数.

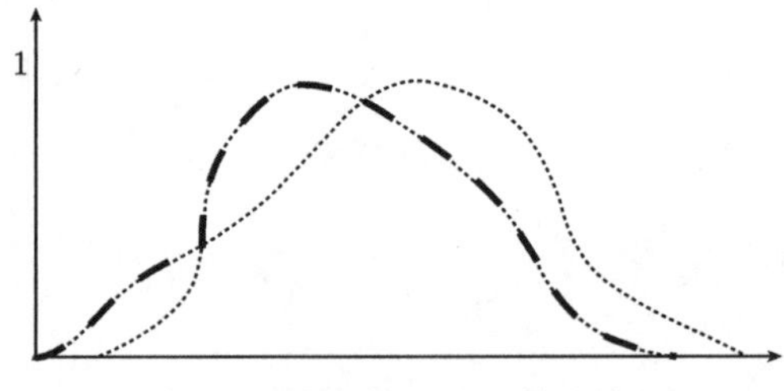

图 13.3　模糊数取小运算示意图

到此, 可以得到 Choquet 积分的默比乌斯表示的模糊拓展形式: 设模糊值 $\tilde{f}: X \to \tilde{R}^+$ 是可测的, μ 为 X 上的非单调测度, 其默比乌斯表示为 m_μ, 则 $\tilde{f}$ 关于 μ 的模糊值 Choquet 积分可表示为

$$C_{m_\mu}(\tilde{f}) = \widetilde{\sum_{S \subset X}} m(S) \mathop{\tilde{\bigwedge}}_{x_i \in S} \tilde{f}(x_i).$$

例 13.6(续)[96,100] 由集函数与其默比乌斯表示转换的公式 (定义 2.4, 式 (2.1)), 可得

$$m_\mu(\{x_1\}) = 0.1, \quad m_\mu(\{x_2\}) = 0.2, \quad m_\mu(x_1, x_2) = 0.7.$$

则,

$$\begin{aligned} C_{m_\mu}(\tilde{f}) &= m_\mu(\{x_1\})\tilde{f}(x_1)\tilde{+}m_\mu(\{x_2\})\tilde{f}(x_2)\tilde{+}m_\mu(x_1,x_2)\left(\tilde{f}(x_1)\tilde{\wedge}\tilde{f}(x_2)\right) \\ &= 0.1(0,1,1)\tilde{+}0.2(0.5,0.5,1.5)\tilde{+}0.7\left((0,1,1)\tilde{\wedge}(0.5,0.5,1.5)\right). \end{aligned}$$

各函数的隶属度函数如图 13.4 所示, 可见取得了与图 13.2 一样的结果.

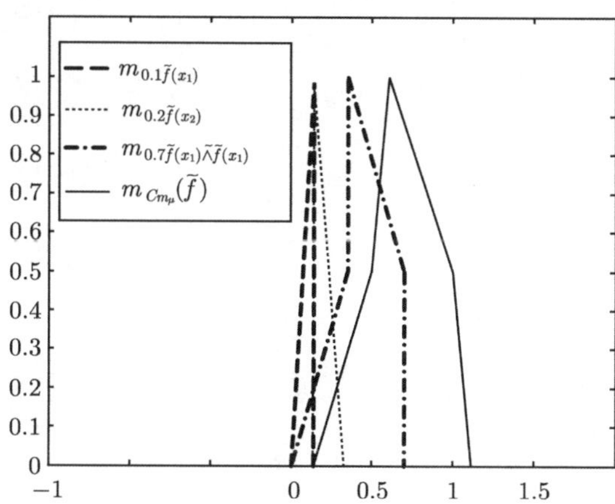

图 13.4 例 13.5 的模糊值 Choquet 积分默比乌斯表示求解示意

例 13.7[96,100] 设 $X = \{x_1, x_2, x_3, x_4\}$, X 上的非单调测度 μ 定义如表 13.1 所示.

表 13.1 例 13.6 中非单调测度值

$\mu(\varnothing)$	0	$\mu(\{x_3\})$	3	$\mu(\{x_4\})$	2	$\mu(\{x_3,x_4\})$	2
$\mu(\{x_1\})$	1	$\mu(\{x_1,x_3\})$	11	$\mu(\{x_1,x_4\})$	7	$\mu(\{x_1,x_3,x_4\})$	−2
$\mu(\{x_2\})$	−2	$\mu(\{x_2,x_3\})$	−1	$\mu(\{x_2,x_4\})$	−9	$\mu(\{x_2,x_3,x_4\})$	2
$\mu(\{x_1,x_2\})$	2	$\mu(\{x_1,x_2,x_3\})$	4	$\mu(\{x_1,x_2,x_4\})$	1	$\mu(\{x_1,x_2,x_3,x_4\})$	2

X 上的模糊值函数 $\tilde{f}(x) = \left(\tilde{f}_1(x), \tilde{f}_2(x), \tilde{f}_3(x), \tilde{f}_4(x),\right)$, 其隶属度分别为

$$m_{\tilde{f}(x_1)}(t) = \begin{cases} t, & t \in [0,1], \\ 0, & \text{其他}, \end{cases} \qquad m_{\tilde{f}(x_2)}(t) = \begin{cases} 1.5t, & t \in [0.5,1.5], \\ 0, & \text{其他}, \end{cases}$$

$$m_{\tilde{f}(x_3)}(t) = \mathrm{e}^{-((t-10)/1)^2}, \quad m_{\tilde{f}(x_4)}(t) = \mathrm{e}^{-((t-10)/1)^2}.$$

$\tilde{f}_1(x), \tilde{f}_2(x)$ 的隶属函数如图 13.2 所示, $\tilde{f}_3(x), \tilde{f}_4(x)$ 如图 13.5 所示. 利用 Choquet 积分的默比乌斯表示的模糊拓展形式, 可求得 $\tilde{f}(x)$ 关于 μ 的模糊值 Choquet 积分值, 其隶属度函数如图 13.6 所示.

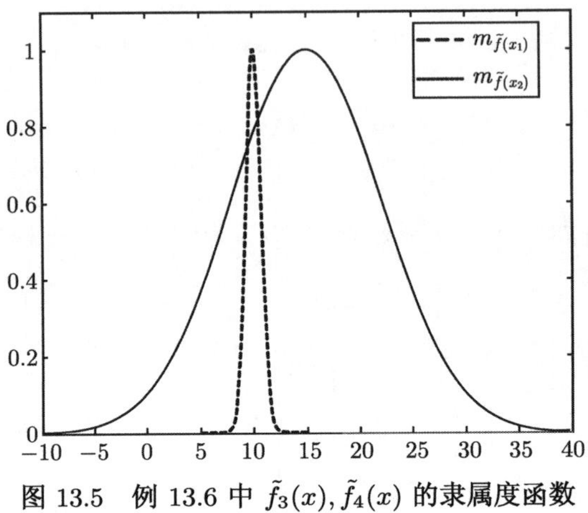

图 13.5 例 13.6 中 $\tilde{f}_3(x), \tilde{f}_4(x)$ 的隶属度函数

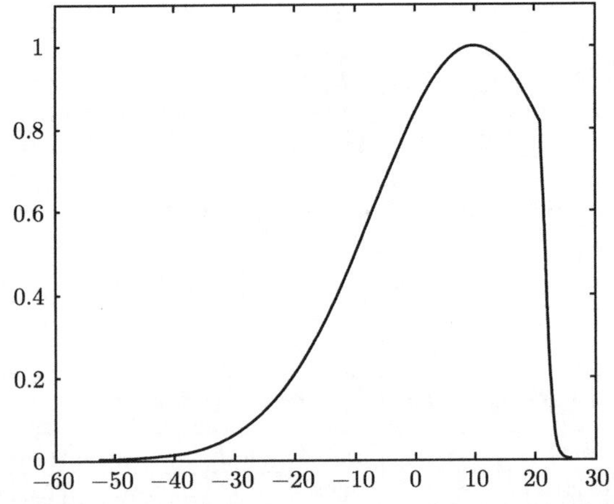

图 13.6 例 13.6 模糊值 Choquet 积分的隶属度函数

参 考 文 献

[1] Sugeno M. Theory of fuzzy integral and its applications[D].Tokyo: Tokyo Institute of Technology, 1974.

[2] 王熙照. 模糊测度和模糊积分在分类技术中的应用[M]. 北京: 科学出版社, 2008.

[3] Zadeh L A. Fuzzy sets as a basis for a theory of possibility[J]. Fuzzy Sets and Systems, 1978, 1(1):3–28.

[4] Weber S. Perpendicular-decomposable measures and integrals for Archimedean t-conorms perpendicular[J]. Journal of Mathematical Analysis and Applications, 1984, 101(1): 114–138.

[5] Grabisch M. K-order additive discrete fuzzy measures and their representation[J]. Fuzzy Sets and Systems, 1997, 92(2):167–189.

[6] Rota G C. On the foundations of combinatorial theory I, theory of Möbius functions[J]. Probability Theory and Related Fields, 1964, 2(4):340–368.

[7] Miranda P, Grabisch M, Gil P. p-symmetric fuzzy measures[J]. International Journal of Uncertainty, Fuzziness, and Knowledge Based Systems, 2002, 10(supplement): 105–123.

[8] Marichal J L. k-intolerant capacities and Choquet integrals[J]. European Journal of Operational Research, 2007, 177(3):1453–1468.

[9] Grabisch M. Fuzzy integral in multicriteria decision making[J]. Fuzzy Sets and Systems, 1995, 69(3): 279–298.

[10] Grabisch M. Alternative representations of discrete fuzzy measures for decision making[J]. International Journal of Uncertainty, Fuzziness, and Knowledge Based System, 1997, 5(5):587–607.

[11] Curiel I. Cooperative Game Theory and Applications: Cooperative Games Arising from Combinatorial Optimization Problems[M]. Dordrecht: Kluwer Academic Publishers, 1997.

[12] Shapley L S. A value for n-person games[C]//Contributions to the Theory of Games, vol. 2, Number 28 in Annals of Mathematics Studies, Princeton: Princeton University Press, 1953: 307–317.

[13] Owen G. Multilinear extensions of games[J]. Management Science, 1972, 18(5):64–79.

[14] Murofushi T, Soneda S. Techniques for reading fuzzy measures (iii): interaction index[C]//Nineth Fuzzy System Symposium, Saporo, Japan, 1993:693–696.

[15] Grabisch M, Roubens M. An axiomatic approach to the concept of interaction among

players in cooperative games[J]. International Journal of Game Theory, 1999, 28(4): 547–565.

[16] Grabisch M, Roubens M. Probabilistic interactions among players of a cooperative game[C]//Beliefs, Interactions and Preferences in Decision Making. Mons, Dordrecht: Kluwer Academic Publishers, 1999: 205–216.

[17] Banzhaf J F. Weighted voting doesn't work: A mathematical analysis[J]. Rutgers Law Review, 1965, 19(2):317–343.

[18] Weber R J. Probabilistic values for games[C]//The Shapley Value. Essays in Honor of Lloyd S. Shapley. Cambridge Univ. Press, 1988:101–119.

[19] Dubey P, Neyman A, Weber R J. Value theory without efficiency[J]. Mathematics of Operations Research, 1981, 6(1):122–128.

[20] Marichal J L, Roubens M. The chaining interaction index among players in cooperative games[C]//Meskens N, Roubens M. Advances in Decision Analysis. Mons, Dordrecht: Kluwer Academic Publishers, 1999:69–85.

[21] Kojadinovic I. An axiomatic approach to the measurement of the amount of interaction among criteria or players[J]. Fuzzy Sets and Systems, 2005, 152(3):417–435.

[22] Fujimoto K, Kojadinovic I, Marichal J L. Axiomatic characterizations of probabilistic and cardinal- probabilistic interaction indices[J]. Games and Economic Behavior, 2006, 55(1):72–99.

[23] Wang Z, Leung K S, Wang J. A genetic algorithm for determining nonadditive set functions in information fusion[J]. Fuzzy Sets and Systems, 1999, 102(3):462–469.

[24] Chen T Y, Wang J C. Identification of λ-measures using sampling design and genetic algorithms[J]. Fuzzy Sets and Systems, 2001, 123(3):321–341.

[25] Grabisch M. Modelling data by the Choquet integral[C]//Torra V. Information fusion in data mining, Berlin/Heidelberg: Springer-Verlag, 2003:135–148.

[26] Combarroa E F, Miranda P. Identification of fuzzy measures from sample data with genetic algorithms[J]. Computers & Operations Research, 2006, 33(10):3046–3066.

[27] Grabisch M, Nguyen H T, Walker E A. Fundamentals of Uncertainty Calculi with Applications to Fuzzy Inference[M]. Dordrecht: Kluwer Academic Publishers, 1995.

[28] Miranda P, Grabisch M. Optimization issues for fuzzy measures[J]. International Journal of Uncertainty, Fuzziness, and Knowledge Based Systems, 1999, 7(6):545–560.

[29] Ishii K, Sugeno M. A model of human evaluation process using fuzzy measure[J]. International Journal of Man-Machine Studies, 1985, 22 (1):19–38.

[30] Grabisch M. A new algorithm for identifying fuzzy measures and its application to pattern recognition[C]//Proceedings of international 4th IEEE Conference on Fuzzy Systems, Washington: IEEE Press, 1995:145–150

[31] Marichal J L, Roubens M. Determination of weights of interacting criteria from a reference set[J]. European Journal of Operational Research, 2000, 124(3):641–650.

[32] Marichal J L. Entropy of discrete Choquet capacities[J]. European Journal of Operational Research, 2002, 137(3): 612–624.

[33] Kojadinovic I, Marichal J L, Roubens M. An axiomatic approach to the definition of the entropy of a discrete Choquet capacity[J]. Information Sciences, 2005, 172 (1/2):131–153.

[34] Shannon C E, Weaver W. A Mathematical Theory of Communication[M]. Urbana: University of Illinois Press, 1949.

[35] Kojadinovic I. Minimum variance capacity identification[J]. European Journal of Operational Research, 2007, 177(1):498–514.

[36] Havrda J, Charvat F. Quantification method in classification processes: concept of structural a-entropy[J]. Kybernetika, 1967, 3:30–35.

[37] Roubens M. Ordinal multiattribute sorting and ordering in the presence of interacting points of view[C]//Bouyssou D, Jacquet-Lagrμeze E, Perny P, Slowinski R, Vanderpooten D, Vincke P. Aiding Decisions with Multiple Criteria: Essays in Honor of Bernard Roy, Dordrecht: Kluwer Academic Publishers, 2001:229–246.

[38] Meyer P, Roubens M. Choice, Ranking and Sorting in Fuzzy Multiple Criteria Decision Aid[C]//Igueira J, Greco S, Ehrgott M. Multiple Criteria Decision Analysis: State of the Art Surveys, Boston/Dordrecht/London: Springer Verlag, 2005: 471–506.

[39] Marichal J L, Meyer P, Roubens M. Sorting multi-attribute alternatives: the TOMASO method[J]. Computers and Operations Research, 2005, 32(4):861–877.

[40] Labreuche C, Grabisch M. The Choquet integral for the aggregation of interval scales in multicriteria decision making[J]. Fuzzy Sets and Systems, 2003, 137(1): 11–26.

[41] Bana e Costa C A, Vansnick J C. MACBETH: An interactive path towards the construction of cardinal value functions[J]. International Transactions in Operational Research, 1994, 1(4):387–500.

[42] Yue S, Li P, Yin Z. Parameter estimation for Choquet fuzzy integral based on Takagi-Sugeno fuzzy model[J]. Information Fusion, 2005, 6(2):175–182.

[43] Fujimoto K, Murofushi T. Some characterizations of the systems represented by Choquet and multi-linear functional through the use of mobius inversion[J]. International Journal of Uncertainty, Fuzziness and Knowledge-Based Systems, 1997, 5(5): 547–561.

[44] Angilella S, Grecoa S, Matarazzo B. Non-additive robust ordinal regression: a multiple criteria decision model based on the Choquet integral[J]. European Journal of Operational Research, 2010, 201(1): 277–288.

[45] Greco S, Slowinski R, Mousseau V. Robust ordinal regression[C]//Ehrgott M, Greco S, Figueira J. New Trends in Multiple Criteria Decision Analysis, New York: Springer Science+Bussiness Media, 2010: 241–283.

[46] Grabisch M, Kojadinovic I, Meyer P. A review of methods for capacity identification

in Choquet integral based multi-attribute utility theory Applications of the Kappalab R package[J]. European Journal of Operational Research, 2008, 186(2):766–785.

[47] Grabisch M, Labreuche C. A decade of application of the Choquet and Sugeno integrals in multi-criteria decision aid[J]. 4OR: A Quarterly Journal of Operations Research, 2008, 6(1):1–44.

[48] R Development Core Team. R: A Language and Environment for Statistical Computing[M]. Vienna, Austria: R Foundation for Statistical Computing, 2005.

[49] Takahagi E. A fuzzy measure identification method by diamond pairwise comparisons and phi(s) transformation[J]. Fuzzy Optimization and Decision Making, 2008, 7(3):219–232.

[50] 章玲, 周德群. 基于 k-可加模糊测度的多属性决策分析 [J]. 管理科学学报, 2008, 11(6): 18–24.

[51] Grabisch M. The symmetric Sugeno integral[J]. Fuzzy Sets and Systems, 2003, 139(3): 473–490.

[52] 赵汝怀. (N) 模糊积分 [J]. 数学研究与评论, 1981, (2):55–72.

[53] Choquet G. Theory of capacities[J]. Annales de l'institut Fourier, 1953, 5:131–295.

[54] Mesiar R. Choquet-like integrals[J]. Journal of Mathematical Analysis and Applications, 1995, 194(2):477–488.

[55] Wang Z, Klir G J. Fuzzy Measure Theory[M]. New York: Plenum Publishing Corporation, 1992.

[56] 杨庆季. Fuzzy 测度空间上的泛积分 [J]. 模糊数学, 1985, (3):107–114.

[57] Wang Z, Wang W, Klir G J. Pan-integrals with respect to imprecise probabilities[J]. International Journal of General Systems, 1996, 25(3):229–243.

[58] Wang Z, Klir G J. Generalized Measure Theory[M]. New York: Springer Science+ Bussiness Media, 2009.

[59] Wang Z, Leung K S, Wong M L, et al. A new type of nonlinear integrals and the computational algorithm[J]. Fuzzy Sets and Systems, 2000, 112(2):223–231.

[60] Wang Z, Li W, Lee K H, et al. Lower integrals and upper integrals with respect to nonadditive set functions[J]. Fuzzy Sets and Systems, 2008, 159(6): 646–660.

[61] Cooman D. Possibility theory I: the measure-and integral-theoretic groundwork[J]. International Journal of General Systems, 1997, 25(4):291–323.

[62] Zhang Q, Mesiar R, Li J, et al. Generalized Lebesgue integral[J]. International Journal of Approximate Reasoning, 2011, 52(3):427–443.

[63] Grabisch M. The application of fuzzy integrals in multicriteria decision making[J]. European Journal of Operational Research, 1996, 89(3):445–456.

[64] Schmeidler D. Integral representation without additivity[J]. Proceedings of the American Mathematical Society, 1986, 97(2):255–261.

[65] Schmeidler D. Subjective probability and expected utility without additivity[J]. Econometrica: Journal of the Econometric Society, 1989, 57(3):571–587.

[66] Murofushi T, Sugeno M. An interpretation of fuzzy measures and the Choquet integral as an integral with respect to a fuzzy measure[J]. Fuzzy Sets and Systems, 1989, 29(2): 201–227.

[67] Inoue K, Anzai T. A study on the industrial design evaluation based upon non-additive measures[C]//7th FuzzySystem Symposium, Nagoya, Japan, 1991:521–524.

[68] Onisawa T, Sugeno M, Nishiwaki Y, et al. Fuzzy measure analysis of public attitude towards the use of nuclear energy[J]. Fuzzy Sets and Systems, 1986, 20(3):259–289.

[69] Tanaka K, Sugeno M. A study on subjective evaluations of printed color images[J]. International Journal of Approximate Reasoning, 1991, 5(3):213–222.

[70] Grabisch M, Murofushi T, Sugeno M. Fuzzy Measures and Integrals: Theory and Applications[M]. New York: Physica-Verlag, 2000.

[71] Marichal J L. Aggregation Operators for Multicriteria Decision Aid[D]. Liège, Belgium: University of Liège, 1998.

[72] Marichal J L. On Sugeno integral as an aggregation function[J]. Fuzzy Sets and Systems, 2000, 114(3):347–365.

[73] Marichal J L. An axiomatic approach of the discrete Sugeno integral as a tool to aggregate interacting criteria in a qualitative framework[J]. IEEE Transactions on Fuzzy Systems, 2001, 9(1):164–172.

[74] Marichal J L. An axiomatic approach of the discrete Choquet integral as a tool to aggregate interacting criteria[J]. IEEE Transactions on Fuzzy Systems, 2000, 8(6):800–807.

[75] Klir G J, Yuan B. Fuzzy Sets and Fuzzy Logic: Theory and Applications[M]. Englewood Cliffs, NJ:prentice-Hall, 1995.

[76] Zhang G Q, Meng X L. Lattice-valued fuzzy integrals of lattice-valued functions with respect to lattice-valued fuzzy measure[J]. Journal of Fuzzy Mathematics, 1993, 1(1):53–68

[77] Zhang D, Guo C. Fuzzy integrals of set-valued mappings and fuzzy mappings[J]. Fuzzy Sets and Systems, 1995, 75(1):103–109.

[78] Zhang D, Guo C. Generalized fuzzy integrals of set-valued functions[J]. Fuzzy Sets and Systems, 1995, 76(3):365–373.

[79] Cho S J, Lee B S, Lee G M, et al. Fuzzy integrals for set-valued mappings[J]. Fuzzy Sets and Systems, 2001, 117(3):333–337.

[80] Zhang D L, Wang Z X. Fuzzy integrals of fuzzy-valued functions[J]. Fuzzy Sets and Systems, 1993, 4(1):63–67.

[81] Guo C, Zhang D, Wu C. Fuzzy-valued fuzzy measures and generalized fuzzy integrals[J]. Fuzzy Sets and Systems, 1998, 97(2):255–260.

[82] Wu C, Zhang D, Guo C, et al. Fuzzy number fuzzy measures and fuzzy integrals.(I). Fuzzy integrals of functions with respect to fuzzy number fuzzy measures[J]. Fuzzy Sets and Systems, 1998, 98(3):355–360.

[83] Ban A, Fechete I. Componentwise decomposition of some lattice-valued fuzzy integrals[J]. Information Sciences, 2007, 177(6):1430–1440.

[84] Atanassov K. Intuitionistic fuzzy sets[J]. Fuzzy Sets and Systems, 1986, 20(1):87–96.

[85] Atanassov K. More on intuitionistic fuzzy sets[J]. Fuzzy Sets and Systems, 1989, 33(1):37–45.

[86] Zadeh L A. The concept of a linguistic variable and its application to approximate reasoning[J]. Information Sciences, 1975, 8(3):199–249.

[87] Dubois D, Gottwald S, Hajek P, et al. Terminological difficulties in fuzzy set theory—the case of "intuitionistic fuzzy sets"[J]. Fuzzy Sets and Systems, 2005, 156(3):485–491.

[88] Grzegorzewski P. Distances between intuitionistic fuzzy sets and/or interval-valued fuzzy sets based on the Hausdorff metric[J]. Fuzzy Sets and Systems, 2004, 148(2):319–328

[89] Jang L C, Kil B M, Kim Y K, et al. Some properties of Choquet integrals of set-valued functions[J]. Fuzzy Sets and Systems, 1997, 91(1):95–113.

[90] Zhang D, Guo C, Liu D. Set-valued Choquet integrals revisited[J]. Fuzzy Sets and Systems, 2004, 147(3):475–485.

[91] Jang L C. Interval-valued Choquet integrals and their applications[J]. Journal of Applied Mathematics and Computing, 2004,16(1/2):429–443.

[92] Jang L C. The application of interval-valued Choquet integrals in multicriteria decision aid[J]. Journal of Applied Mathematics and Computing, 2006,20(1/2): 549–556.

[93] Tsai H H, Lu I Y. The evaluation of service quality using generalized Choquet integral[J]. Information Sciences, 2006, 176(6):640–663.

[94] Wang Z, Yang R, Heng P A, et al. Real-valued Choquet integrals with fuzzy-valued integrand[J]. Fuzzy Sets and Systems, 2006, 157(2):256–269.

[95] Yang R,Wang Z, Heng P A, et al. Classification of heterogeneous fuzzy data by Choquet integral with fuzzy-valued integrand[J]. IEEE Transactions on Fuzzy Systems, 2007, 15(5):931–942.

[96] Yang R,Wang Z, Heng P A, et al. Fuzzy numbers and fuzzification of the Choquet integral[J]. Fuzzy Sets and Systems, 2005, 153(1):95–113.

[97] Xu Z S. Choquet integrals of weighted intuitionistic fuzzy information[J]. Information Sciences, 2010, 180(5):726–736.

[98] Tan C, Chen X. Intuitionistic fuzzy Choquet integral operator for multi-criteria decision making[J]. Expert Systems with Applications, 2010, 37(1):149–157.

[99] Waegenaere A D, Wakker P P. Nonmonotonic Choquet integrals[J]. Journal of Mathematical Economics, 2001, 36(1):45–60.

[100] Meyer P, Roubens M. On the use of the Choquet integral with fuzzy numbers in multiple criteria decision support[J]. Fuzzy Sets and Systems, 2006, 157(7):927–938.

[101] Pap E. Null-Additive Set Functions[M]. Boston: Kluwer Academic Publishers, 1995.

[102] Grabisch M, Marichal J L, Roubens M. Equivalent representations of set functions[J]. Mathematics of Operations Research, 2000, 25(2):157–178.

[103] Dubois D, Marichal J L, Prade H, et al. The use of the discrete Sugeno integral in decision-making: a survey[J]. International Journal of Uncertainty, Fuzziness and Knowledge-Based Systems, 2001, 9(5):539–561.

[104] Klement E P, Mesiar R, Pap E. A universal integral as common frame for choquet and sugeno integral[J]. IEEE Transactions on Fuzzy Systems, 2010, 18(1):178–187.

[105] 岳超源. 决策理论与方法 [M]. 北京: 科学出版社, 2003.

[106] Beliakov G, Pradera A, Calvo T. Aggregation Functions: A Guide for Practitioners[M]. New York: Springer Science+Bussiness Media, 2007.

[107] Calvo T, Mayor G, Mesiar R. Aggregation Operators: New Trends and Applications[M]. New York: Physica-Verlag, 2002.

[108] Grabisch M, Marichal J L, Mesiar R, et al. Aggregation Functions[M]. Cambridge: Cambridge University Press, 2009.

[109] Yager R R, Kacprzyk J. The Ordered Weighted Averaging Operators, Theory and Applications[M]. Boston: Kluwer Academic Publishers, 1997.

[110] Filev D, Yager R R. On the issue of obtaining OWA operator weights[J]. Fuzzy Sets and Systems, 1998, 94(2):157–169.

[111] Yager R R. On ordered weighted averaging aggregation operators in multicriteria decision making[J]. IEEE Transactions on Systems, Man and Cybernetics, 1988, 18(1): 183–190.

[112] Yager R R. On the dispersion measure of OWA operators[J]. Information Sciences, 2009, 179(22):3908–3919.

[113] Beliakov G. Construction of aggregation functions from data using linear programming[J]. Fuzzy Sets and Systems, 2009, 160(1):65–75.

[114] Grabisch M, Marichal J L, Mesiar R, et al. Aggregation functions: Means[J]. Information Sciences, 2011, 181(1):1–22.

[115] Grabisch M, Marichal J L, Mesiar R, et al. Aggregation functions: construction methods, conjunctive, disjunctive and mixed classes[J]. Information Sciences, 2011, 181(1):23–43.

[116] Denneberg D. Non-Additive Measure and Integral[M]. Dordrecht: Kluwer Academic Publishers, 1994.

[117] Klement E P, Mesiar R, Pap E. Triangular Norms[M]. Dordrecht: Kluwer Academic Publishers, 2000.

[118] Butnariu D, Klement E P. Triangular Norm-Based Measures and Games wih Fuzzy Coalitions[M]. Dordrecht/Netherlands: Kluwer Academic Publishers, 1993.

[119] Dubois D, Prade H. Possibility Theory, Probability Theory and Multiple-valued Logics: A Clarification[J]. Annals of Mathematics and Artificial Intelligence, 2001, 32 (1–4):35–66,.

[120] 胡宝清. 模糊理论基础[M]. 武汉: 武汉大学出版社, 2004.

[121] Angilella S, Greco S, Lamantia F, et al. Assessing non-additive utility for multicriteria decision aid[J]. European Journal of Operational Research, 2004, 158(3):734–744.

[122] Marichal J L. Tolerant or intolerant character of interacting criteria in aggregation by the Choquet integral[J]. European Journal of Operational Research, 2004, 155(3):771–791.

[123] Goldberg D E. Genetic algorithms in Search, Optimization and Machine Learning[M]. Reading, Massachusetts: Addison-Wesley, 1989.

[124] Yager R R. On the entropy of fuzzy measures[J]. IEEE Transactions on Fuzzy Systems, 2000, 8(4):453–461.

[125] Dukhovny A. General entropy of general measures[J]. International Journal of Uncertainty, Fuzziness and Knowledge-Based Systems, 2002, 10(3):213–225.

[126] Marichal J L, Roubens M. Entropy of discrete fuzzy measures[J]. International Journal of Uncertainty, Fuzziness and Knowledge-Based Systems, 2000, 8(6):625–640.

[127] Murofushi T, Sugeno M. A theory of fuzzy measures: representation, the Choquet integral and null sets[J]. Journal of Mathematical Analysis and Applications, 1991, 159 (2):532–549.

[128] Kojadinovic I. Quadratic distances for capacity and bi-capacity approximation and identification[J]. 4OR: A Quarterly Journal of Operations Research, 2007, 5(2):117–142.

[129] Grabisch M. A graphical interpretation of the Choquet integral[J]. IEEE Transactions on Fuzzy Systems, 2000, 8(5):627–631.

[130] Grabisch M, Labreuche C, Vansnick J C. On the extension of pseudo-Boolean functions for the aggregation of interacting criteria[J]. European Journal of Operational Research, 2003, 148(1):28–47.

[131] Karsak E E, Özogul C O. An integrated decision making approach for ERP system selection[J]. Expert Systems with Applications, 2009, 36(1):660–667.

[132] Zadeh L A. Fuzzy sets[J]. Information and Control, 1965, 8(3):338–356.

[133] De S K, Biswas R, Roy A R. Some operations on intuitionistic fuzzy sets[J]. Fuzzy Sets and Systems, 2000, 114(3):477–484.

[134] Xu Z S. Intuitionistic Fuzzy Aggregation Operators[J]. IEEE transactions on fuzzy systems, 2007, 15(6):1179–1187.

[135] 徐泽水. 直觉模糊信息集成理论及应用[M]. 北京: 科学出版社, 2008.

[136] Xu Z S, Yager R R. Some geometric aggregation operators based on intuitionistic fuzzy sets[J]. International Journal of General Systems, 2006, 35(4):417–433.

[137] Atanassov K, Gargov G. Interval valued intuitionistic fuzzy sets[J]. Fuzzy Sets and Systems, 1989, 31(3):343–349.

[138] 徐泽水. 区间直觉模糊信息的集成方法及其在决策中的应用[J]. 控制与决策, 2007, 27(4): 126–133.

[139] 谭春桥, 陈晓红. 基于直觉模糊值 Sugeno 积分算子的多属性群决策[J]. 北京理工大学学报, 2009, 29(1): 85–89.

[140] Atanassov K, Pasi G, Yager R R. Intuitionistic fuzzy interpretations of multi-criteria multiperson and multi-measurement tool decision making[J]. International Journal of Systems Science, 2005, 36(14):859–868.

[141] Chen S M, Tan J M. Handling multicriteria fuzzy decision-making problems based on vague set theory[J]. Fuzzy Sets and Systems, 1994, 67(2):163–172.

[142] Hong D H, Choi C H. Multicriteria fuzzy decision-making problems based on vague set theory[J]. Fuzzy Sets and Systems, 2000, 114(1):103–113.

[143] Liu H W, Wang G J. Multi-criteria decision-making methods based on intuitionistic fuzzy sets[J]. European Journal of Operational Research, 2007, 179(1):220–233.

[144] Szmidt E, Kacprzyk J. Using intuitionistic fuzzy sets in group decision making[J]. Control and Cybernetics, 2002, 31(4):1037–1053.

[145] Xu Z S, Yager R R. Dynamic intuitionistic fuzzy multi-attribute decision making[J]. International Journal of Approximate Reasoning, 2008, 48(1):246–262.

[146] Xu Z S, Cai X Q. Recent advances in intuitionistic fuzzy information aggregation[J]. Fuzzy Optimization and Decision Making, 2010, 9(4):359–381.

[147] Lin L, Yuan X H, Xia Z Q. Multicriteria fuzzy decision-making methods based on intuitionistic fuzzy sets[J]. Journal of Computer and System Sciences, 2007, 73(1):84–88.

[148] Wang Z, Li W K, Wang W. An approach to multiattribute decision making with interval-valued intuitionistic fuzzy assessments and incomplete weights[J]. Information Sciences, 2009, 179(17):3026–3040.

[149] Wei G W. Some induced geometric aggregation operators with intuitionistic fuzzy information and their application to group decision making[J]. Applied Soft Computing, 2010, 10(2):423–431.

[150] Xu Z S. Intuitionistic preference relation and their application in group decision making[J]. Information Sciences, 2007, 177(11):2363–2379.

[151] Liu H C. Liu's generalized intuitionistic fuzzy sets[J]. Journal of Educational Measurement and Statistics, 2010, 18(1):1–14.

[152] Barros M O, Werner C M L, Travassos G H. Supporting risks in software project management[J]. Journal of Systems and Software, 2004, 70(1–2):21–35.

[153] Büyüközkan G, Ruan D. Choquet integral based aggregation approach to software development risk assessment[J]. Information Sciences, 2010, 180(3):441–451.

[154] Lee H M, Lee T Y, Chen J J. A new algorithm for applying fuzzy set theory to evaluate the rate of aggregative risk in software development[J]. Information Sciences, 2003, 153(1):177–197.

[155] Mcmanus M. Risk Management in Software Development Projects[M]. Oxford: Butterworth-Heinemann, 2003.

[156] Na K -S, Simpson J T, Li X, et al. Software development risk and project performance measurement: evidence in Korea[J]. Journal of Systems and Software, 2007,80(4):596–605.

[157] Costa H R, Barros M O, Travassos G H. Evaluating software project portfolio risks[J]. Journal of Systems and Software, 2007, 80(1):16–31.

[158] Dey P K, Kinch J, Ogunlana S O. Managing risk in software development projects: a case study[J]. Industrial Management and Data Systems, 2007, 107(1):284–303.

[159] Wu J Z, Zhang Q, SANG S J. Supplier evaluation model based on fuzzy measures and Choquet integral[J]. Journal of Beijing Institute of Technology, 2010, 19(1):109–114.

[160] 武建章, 张强. 基于 2-可加模糊测度的多准则决策方法[J]. 系统工程理论与实践, 2010, 30(7):1229–1237.

[161] Wu J Z, Zhang Q. 2-order additive fuzzy measure identification method based on diamond pairwise comparison and maximum entropy principle[J]. Fuzzy Optimization and Decision Making, 2010, (9):435–453.

[162] 武建章, 张强. 基于最大熵原则的 2-可加模糊测度确定方法[J]. 系统工程与电子技术, 2010, 32(11):2346–2351.

[163] 武建章, 张强, 桑圣举. 基于 Sugeno 积分的区间直觉模糊多属性决策[J]. 北京理工大学学报 (自然科学中文版), 2010, 30(5):608–612.

[164] Wu J Z, Zhang Q. Multicriteria decision making method based on intuitionistic fuzzy weighted entropy[J]. Expert Systems with Applications, 2011, 38(1):916–922.

[165] Wu J Z, Chen F, Nie C P, et al. Intuitionistic fuzzy-valued Choquet integral and its application in multicriteria decision making[J]. Information Sciences, 2013, 222:509–527.

索　引

其他